奠基·计算机网络（华为微课加强版）

韩立刚　张怀亮　武永亮　袁子涵　编著

清华大学出版社
北　京

内 容 简 介

本书是一本讲解计算机网络基础的图书,但其内容并没有局限于计算机网络,还包括了网络安全、搭建网络服务器等实操内容。本书一改传统计算机网络教材艰涩的叙述方式,基于笔者多年的网络运营经验,从实用角度阐述理论,希望能给读者不一样的阅读体验。本书使用 eNSP 和 VMWare Workstation 虚拟软件为读者搭建好网络实验环境,为教学和自学扫除障碍。

本书涉及的内容,理论部分包括网络设备、开放系统互连(OSI)、IP 地址、TCP/IP、安装服务器、配置服务器网络安全等;路由器操作部分包括华为通用路由平台(VRP)配置,包含静态路由、路由汇总、默认路由、动态路由(RIP 和 OSPF)等;交换部分包括交换机端口安全和 VLAN 管理等;网络安全部分包括标准访问控制列表、扩展访问控制列表等;网络地址转换部分包括静态 NAT 和动态 NAT 以及端口地址转换等;IPv6 部分包括 IPv6 地址、IPv6 的动态和静态路由、IPv6 和 IPv4 共存技术等;广域网部分包括广域网封装 PPP、PPPoE、VPN 等。

本书关键章节配有视频微课教程,提供随书 PPT 教学课件和实验环境以及学习所需软件。

本书适合作为计算机网络自学教材、大专院校教材、社会培训教材、华为 HCIA 教辅等使用。另外,本书提供的一些实用网络操作,对网络从业人员也具有相当的实用参考价值。

版权所有,侵权必究。举报:010-62782989,beiqinquan@tup.tsinghua.edu.cn。

图书在版编目(CIP)数据

奠基·计算机网络:华为微课加强版 / 韩立刚等著.

北京:清华大学出版社,2025.4. -- (清华电脑学堂).

ISBN 978-7-302-68814-3

I. TP393

中国国家版本馆 CIP 数据核字第 2025FJ0126 号

责任编辑:栾大成
封面设计:杨玉兰
责任校对:胡伟民
责任印制:宋 林

出版发行:清华大学出版社
网　　址:https://www.tup.com.cn,https://www.wqxuetang.com
地　　址:北京清华大学学研大厦 A 座　　邮　编:100084
社 总 机:010-83470000　　邮　购:010-62786544
投稿与读者服务:010-62776969,c-service@tup.tsinghua.edu.cn
质量反馈:010-62772015,zhiliang@tup.tsinghua.edu.cn

印 装 者:涿州汇美亿浓印刷有限公司
经　　销:全国新华书店
开　　本:185mm×260mm　　印　张:20　　字　数:505 千字
版　　次:2025 年 5 月第 1 版　　印　次:2025 年 5 月第 1 次印刷
定　　价:69.00 元

产品编号:110548-01

前　言

当今社会，信息技术深刻改变着人们的生活。网上购物、网上订票、网上挂号、小视频和直播带货，还有疫情期间的线上学习，无不得益于网络的普及和信息技术的应用。

目前信息技术（IT）已经融入国家的政治、军事、金融、商业、交通、电信、文教、企业等各个方面，从生产设计、原材料采购、生产过程、市场、销售到客户管理、员工管理等都离不开信息化。这样就提供了大量的 IT 行业相关职位。从近几年高考填报志愿来看，信息技术相关专业（如网络工程、软件工程）是当下的热门专业。从就业角度来看，无论以后参军、考公务员、进入企业工作，学好 IT 技术也大有用武之地。

信息技术从大的方向可分为两大类：**IT 运维**和**软件开发**。

下图所示为 IT 运维技术的体系结构，列举了几个大的方向：云计算和虚拟化、网络安全、数据库管理、Linux 运维、Windows 桌面运维。掌握这几个大方向的高端技能，需要基础知识来作奠基。这几大方向的应用都离不开计算机网络和通信技术，而且计算机网络知识是掌握这些高端技能的基础。所以本书的定位是培养高端 IT 人才的基础课程。本书的名称为《奠基·计算机网络（华为微课加强版）》，寓意是打造 IT 大厦的基础。华为公司在通信领域全球领先，尤其是 5G 技术。5G 技术是未来工业世界的中枢神经和未来技术的中心。当前，国内企业和政府组网倾向于国产设备，因此本书以华为设备讲解计算机网络和通信技术，希望大家能够学习先进技术，掌握面向未来的通信技术，以便参加工作时能够顺利上手。

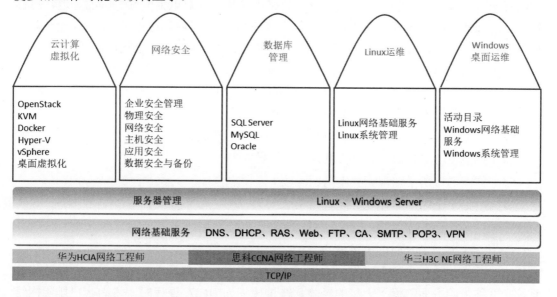

IT 运维技术体系结构

当然，从事软件开发、软件测试、大数据、人工智能等工作的人员也需要掌握网络通信技术。因为现在绝大多数的软件都需要网络通信，而大数据和人工智能更是需要通信来支撑。

1. 本书定位

"奠基·计算机网络（华为微课加强版）"是一本讲解计算机网络基础的图书，**本书的创作目标是让没有基础的人也可以学习。**

本书的定位是大学、大专、高职计算机网络课程的教材。本书配有教学大纲、教学进度计划、PPT、课后习题、关键知识点的视频讲解等。当然，在微课和搭建好的虚拟网络环境的配合下，本书用于自学也是一本卓尔不群的高品质资料。

本书致力于培养"学以致用"的网络工程师。学完之后，力求使读者能够掌握计算机网络基本概念和术语，掌握 TCP/IP 协议、规划 IP 地址、使用华为路由器和交换机组建企业网络。

2. 课程内容安排

本书共分为 14 章。其中：第 1~3 章主要讲解计算机通信理论、TCP/IP 和 OSI 参考模型、IP 地址和子网划分，这 3 章是华为、思科、华三认证网络工程师都要学习的内容，考虑这 3 章比较抽象，我们引入这些知识时都进行了很好的铺垫，也设计了典型实验，如通过抓包分析 TCP/IP 协议的应用层报文、传输层首部来讲解协议；第 4~12 章使用华为的路由器和交换机讲解路由和交换的知识，讲解理论后，再用华为路由器和交换机设计实验环境并进行配置，验证所需理论是否正确。

3. 为什么写这本书

对于立志于投身网络事业的青年人，选对教材是非常重要的。一个初学网络的人，如果选择了理论性很强的书作为入门读物可能是一个悲剧。这类专业网络图书风格相近：网络技术，计算机网络发展史，深不可测的路由算法，计算以太网数据帧的延迟，对称加密算法和非对称加密算法，HTTP，等等，这类图书对上述内容进行了无懈可击的阐述，你只要背过了这些定义，考个高分没问题。把这类专著学下来，你会觉得道理上明白了，但是对于解决具体的实际问题，还是会感到束手无策。

学完这样的网络专著，你可以提问自己以下几个问题。

- 你能使用捕包工具解决网络拥塞的问题吗？
- 你能通过所学的 TCP/IP 知识配置安全的服务器吗？
- 你能使用 IPSec 严格控制服务器的流量吗？
- 你能通过所学知识查找木马活动吗？
- 给你一个路由器你能够配置路由表吗？

……

学习完本书，上述问题可以解决。

笔者从事信息技术培训工作二十年，多年从事微软产品技术支持服务，在排除操作系统和网络故障方面积累了大量的经验。在讲授华为 HCIA 课程时，将为客户排除网络故障的大量案例插入相关章节，使抽象的理论和实际相结合。在授课过程中尽量避免使用高深的术语，而是使用直白流畅的语言进行阐述。经过多年的积累沉淀，笔者逐渐形成了自己的 HCIA 授课风格和内容，广受学员欢迎，尤其是初学网络的学员。

对于自学计算机网络的读者，没有网络设备，使得网络的学习由于仅停留于理论阶段而陷入困顿。有些学校即便有网络设备，也很难为每一个学员提供实验所需的网络环境。本书使用 VMWare Workstation 和 eNSP（enterprise Network Simulation Platform）搭建学习环境，读者只需一台内存 8GB、硬盘空间 18GB 的台式计算机就能完成所有试验。

4. 本书读者群体

- 计算机网络初学者
- 高校在校生
- 企业 IT 职工
- 职业院校师生
- 安防、监控、弱电从业者

另外，如果**你打算学完之后从事网络方面的工作，本书是极佳选择。**

5. 对读者的要求

能够熟练操作计算机，熟悉 Windows 10 或 Windows 11 均可。

6. 本书特色

- 侧重应用，尽量挖掘理论在实践中的应用。
- 使用路由器模拟软件 eNSP 设计实验和实验步骤。
- 针对理论设计了实验环境，帮助读者理解理论。
- 配有教材相对应的 PPT、习题，适合作为学校教材。
- 关键章节配有视频讲解。
- 提供课程所需软件和实验环境。

学生评价

下面是 51CTO 学院学生听完韩老师计算机网络原理后的评价。

| 课程目录 | 课程介绍 | 课程问答 | 学员笔记 | 课程评价 | 资料下载 |

★★★★★ 5 分
学了一半了，感觉还不错，能把抽象的概念或晦涩难懂的内容通过直白的语言讲出来，难能可贵啊！

★★★★★ 5 分
这套课程很适合那些刚接触网络，或者还没开始学但想学网络的。总而言之，这套课程对网络基础讲解得很详细。

★★★★★ 5 分
韩老师的课讲得很有条理，而且有很强的实用价值，对于我们这些对计算机感兴趣，又找不到好的教程的人来说，简直是如鱼得水。国家关注网络安全的时期，也是全民用网的时期，网络方面的知识是大家都需要的，希望韩老师出更多优秀视频，使更多网民学会安全用网。

技术支持

韩老师抖音号：372886879
韩老师微信：hanligangdongqing

公众号

抖音

课件下载

01章 应用层协议.pptx
02 传输层和网络层协议.pptx
03 IP地址和子网划分.pptx
04 管理华为设备.pptx
05 静态路由.pptx
06 动态路由.pptx
07 交换技术.pptx
08 生成树与链路聚合.pptx
09 DHCP.pptx
10 访问控制列表.pptx
11 网络地址转换.pptx
12 IPv6.pptx
13 无线局域网.pptx
14 网络排错.pptx

实验环境搭建

本书实验环境的搭建请参考第 4 章相关内容。相关配置请扫码下载。

致谢

首先感谢我们的祖国，各行各业迅猛发展，为那些不甘于平凡的人们提供展现个人才能的空间，很庆幸自己生活在这个时代。

互联网技术的发展为每个老师提供了广阔的舞台，感谢 51CTO 学院为全国的 IT 专家和 IT 教育工作者提供教学平台。

感谢清华大学出版社为本书出版做出的努力。

感谢我的学生们，正是他们的提问，才让我了解学习者的困惑，我授课的技巧提升离不开对学生的了解。更感谢那些工作在一线的 IT 运维人员，帮他们解决工作时遇到的疑难杂症，也丰富了我讲课的案例。

感谢那些深夜还在看视频学习我课程的学生们，虽然没有见过面，却能够让我感受到你通过知识改变命运的决心和毅力。这也一直激励着我，不断录制新课程，编写出版新教程。

韩立刚
2025 年 4 月

目 录

第 1 章 应用层协议 ... 1
1.1 计算机通信基本概念 ... 2
1.1.1 服务端和客户端 ... 2
1.1.2 应用层协议 ... 4
1.2 抓包分析应用层协议 ... 4
1.2.1 Wireshark 抓包工具 ... 4
1.2.2 Wireshark 的显示筛选器 ... 5
1.2.3 常见的显示过滤器 ... 6
1.3 HTTP 协议 ... 7
1.3.1 HTTP 协议概述 ... 7
1.3.2 实战——安装 Web 服务 ... 8
1.3.3 HTTP 请求报文 ... 9
1.3.4 HTTP 请求报文中的方法 ... 9
1.3.5 响应报文格式 ... 10
1.3.6 HTTP 响应报文状态码 ... 10
1.4 FTP ... 11
1.4.1 FTP 定义的命令和状态代码 ... 11
1.4.2 实战：安装 FTP 服务抓包分析 FTP 工作过程 ... 12
1.5 DHCP ... 15
1.5.1 静态地址和动态地址应用场景 ... 15
1.5.2 实战：安装 DHCP 服务器 ... 16
1.5.3 DHCP 地址租约 ... 17
1.5.4 DHCP 分配地址的过程 ... 18
1.5.5 DHCP 地址租约更新 ... 19
1.5.6 抓包分析 DHCP 报文和工作过程 ... 20
1.6 DNS ... 22
1.6.1 域名的结构 ... 22
1.6.2 Internet 中的域名服务器 ... 24
1.6.3 域名解析过程 ... 25
1.6.4 实战：安装 DNS 服务器 ... 27
1.7 习题 ... 28

第 2 章 传输层和网络层协议 31
2.1 传输层协议 32
2.1.1 TCP 的应用场景 33
2.1.2 UDP 的应用场景 34
2.1.3 传输层协议和应用层协议的关系 35
2.1.4 端口和服务的关系 36
2.1.5 端口和网络安全 37
2.2 IP 协议 39
2.2.1 IP 首部 39
2.2.2 IP 首部格式 40
2.2.3 数据包 TTL 详解 41
2.2.4 实战——指定 ping 命令发送数据包的 TTL 值 42
2.3 ICMP 协议 43
2.3.1 实战——抓包查看 ICMP 报文格式 44
2.3.2 ICMP 报文类型 45
2.4 ARP 46
2.4.1 以太网和 MAC 地址 46
2.4.2 ARP 工作过程 47
2.4.3 同一网段通信和跨网段通信 48
2.4.4 抓包分析 ARP 帧 50
2.5 习题 51

第 3 章 IP 地址和子网划分 55
3.1 IP 地址详解 55
3.1.1 MAC 地址和 IP 地址 56
3.1.2 IP 地址 57
3.1.3 子网掩码 57
3.1.4 特殊的 IP 地址 60
3.1.5 网段的大小 60
3.2 IP 地址的分类 62
3.3 公网地址和私网地址 63
3.3.1 公网地址 64
3.3.2 私网地址 64
3.4 子网划分 64
3.4.1 为什么需要子网划分 64
3.4.2 等长子网划分 65
3.4.3 等长子网划分示例 68
3.4.4 变长子网划分 69

3.4.5　点到点网络的网络掩码 70
　　3.4.6　判断 IP 地址所属的网段 71
　　3.4.7　子网划分需要注意的几个问题 72
3.5　合并网段 73
　　3.5.1　超网合并网段 73
　　3.5.2　合并网段的规律 74
　　3.5.3　判断一个网段是超网还是子网 77
3.6　习题 77

第 4 章　管理华为设备 82
4.1　介绍华为网络设备操作系统 82
4.2　介绍 eNSP 83
　　4.2.1　安装 eNSP 83
　　4.2.2　华为设备型号 84
4.3　VRP 命令行 86
　　4.3.1　命令行的基本概念 86
　　4.3.2　命令行的使用方法 88
4.4　登录设备 92
　　4.4.1　用户界面配置 92
　　4.4.2　通过 Console 口登录设备 94
　　4.4.3　通过 telnet 登录设备 96
4.5　基本配置 98
　　4.5.1　配置设备名称 99
　　4.5.2　配置设备时钟 99
　　4.5.3　配置设备 IP 地址 100
4.6　配置文件的管理 101
　　4.6.1　华为设备配置文件 101
　　4.6.2　保存当前配置 102
　　4.6.3　设置下一次启动加载的配置文件 104
4.7　习题 104

第 5 章　静态路由 108
5.1　静态路由 108
　　5.1.1　配置静态路由 109
　　5.1.2　路由汇总和默认路由 111
　　5.1.3　明细路由 112
　　5.1.4　默认路由 112
5.2　全网覆盖静态路由 113
　　5.2.1　案例 1——为企业网络配置静态路由 114

5.2.2 案例 2——在"Internet"配置静态路由 116
5.3 有去有回静态路由 119
　　5.3.1 案例 1——配置两个网络的往返路由 120
　　5.3.2 案例 2——配置企业内网的往返路由 121
5.4 路由环路 122
　　5.4.1 默认路由造成路由环路 122
　　5.4.2 默认路由造成的往复转发 123
5.5 计算机中的路由表 125
　　5.5.1 Windows 操作系统上的路由表 125
　　5.5.2 多网卡计算机的网关设置 126
5.6 VRRP 127
5.7 习题 130

第 6 章 动态路由 134

6.1 OSPF 协议概述 135
　　6.1.1 OSPF 协议简介 135
　　6.1.2 由最短路径生成路由表 136
　　6.1.3 OSPF 协议相关术语 138
　　6.1.4 OSPF 区域 139
6.2 实战 1——配置单区域 OSPF 协议 140
6.3 实战 2——配置多区域 OSPF 协议 143
　　6.3.1 配置多区域 OSPF 协议 144
　　6.3.2 配置路由汇总 146
6.4 习题 147

第 7 章 组建局域网 150

7.1 交换机端口安全 150
　　7.1.1 交换机端口安全配置步骤 150
　　7.1.2 配置交换机端口安全 151
　　7.1.3 镜像端口监控网络流量 153
　　7.1.4 端口隔离 155
7.2 创建和管理 VLAN 156
　　7.2.1 什么是 VLAN 156
　　7.2.2 VLAN 的划分策略与要点 157
　　7.2.3 理解 VLAN 158
　　7.2.4 跨交换机 VLAN 159
　　7.2.5 实战——管理跨交换机的 VLAN 161
7.3 实现 VLAN 间通信 164
　　7.3.1 使用三层交换实现 VLAN 间路由 164

  7.3.2 三层交换连接路由器 166
 7.4 习题 168

第 8 章　生成树与链路聚合 172
 8.1 交换机组网环路问题 172
 8.2 生成树协议 174
  8.2.1 生成树相关术语 174
  8.2.2 生成树协议工作过程 175
 8.3 生成树协议的三个版本 179
  8.3.1 STP 179
  8.3.2 RSTP 180
  8.3.3 MSTP 180
 8.4 实战——配置 RSTP 181
 8.5 链路聚合 184
  8.5.1 介绍链路聚合 184
  8.5.2 实现链路聚合的条件 185
  8.5.3 链路聚合技术的使用场景 186
  8.5.4 链路聚合的模式 186
  8.5.5 负载分担模式 187
  8.5.6 实战——配置链路聚合 189
 8.6 习题 190

第 9 章　DHCP 194
 9.1 静态地址和动态地址 194
 9.2 DHCP 协议概述 195
 9.3 DHCP 工作过程 196
 9.4 实战 1——将路由器配置为 DHCP 服务器 198
 9.5 实战 2——使用接口地址池为直连网段分配地址 201
 9.6 实战 3——跨网段分配 IP 地址 202
 9.7 DHCP 客户端的配置 204
 9.8 习题 206

第 10 章　访问控制列表 208
 10.1 介绍 ACL 208
  10.1.1 ACL 的作用 208
  10.1.2 ACL 组成 209
  10.1.3 ACL 类型 210
  10.1.4 通配符 210
 10.2 ACL 设计思路 212
 10.3 ACL 应用案例 214
  10.3.1 实战 1——使用基本 ACL 实现网络安全 214

    10.3.2 实战 2——使用基本 ACL 保护路由器安全..216
    10.3.3 实战 3——使用高级 ACL 实现网络安全..217
  10.4 习题..220

第 11 章　网络地址转换..223
  11.1 公网地址和私网地址..223
  11.2 NAT 的类型..224
    11.2.1 静态 NAT..225
    11.2.2 动态 NAT..225
    11.2.3 NAPT..226
    11.2.4 Easy IP..227
  11.3 配置 NAT 案例..228
    11.3.1 配置静态 NAT..228
    11.3.2 配置 NAPT..229
    11.3.3 配置 Easy IP..230
  11.4 NAT Server..231
    11.4.1 介绍 NAT Server..231
    11.4.2 配置 NAT Server..231
  11.5 习题..234

第 12 章　IPv6 网络层协议..237
  12.1 IPv6 概述..238
    12.1.1 IPv4 面临的困境..238
    12.1.2 IPv6 优势..238
    12.1.3 IPv6 的基本首部..240
    12.1.4 IPv6 的扩展首部..241
  12.2 IPv6 编址..243
    12.2.1 IPv6 地址概述..243
    12.2.2 IPv6 地址分类..244
    12.2.3 单播地址..244
    12.2.4 组播地址..246
    12.2.5 任播地址..248
    12.2.6 常见的 IPv6 地址类型和地址范围..249
  12.3 IPv6 地址配置..249
    12.3.1 计算机和路由器的 IPv6 地址..249
    12.3.2 邻居发现协议..250
    12.3.3 IPv6 单播地址业务流程..251
    12.3.4 IPv6 地址配置方式..252
    12.3.5 IPv6 地址自动配置的两种方式..252

	12.3.6 无状态地址自动配置和有状态地址自动配置的优缺点	254
12.4	实现 IPv6 地址自动配置	254
	12.4.1 实现 IPv6 地址无状态自动配置	254
	12.4.2 抓包分析 RA 和 RS 数据包	256
	12.4.3 实现 IPv6 地址有状态自动配置	258
12.5	习题	260

第 13 章 无线局域网 263

13.1	介绍无线局域网	263
13.2	无线设备和组网架构	265
	13.2.1 无线设备介绍	265
	13.2.2 无线组网架构	265
	13.2.3 有线侧组网相关概念	266
	13.2.4 无线侧组网概念	269
13.3	WLAN 工作流程	272
	13.3.1 配置 AP 上线	273
	13.3.2 业务配置下发	276
	13.3.3 STA 接入	279
	13.3.4 业务数据转发	280
13.4	案例：二层直连隧道转发	281
	13.4.1 配置网络互通	283
	13.4.2 配置 AP 上线	285
	13.4.3 配置无线网业务参数	286
	13.4.4 更改为直接转发	288
13.5	习题	289

第 14 章 网络排错 291

14.1	排查网络不通故障	292
	14.1.1 网络排错过程	292
	14.1.2 网络排错案例	292
14.2	排查网络拥堵的故障	298
	14.2.1 判断网络是否拥堵	298
	14.2.2 判断哪一段拥堵	298
	14.2.3 抓包分析可疑广播包	299
	14.2.4 分析程序占用的带宽	300
14.3	习题	302

第 1 章

应用层协议

💻 本章内容

- 应用层协议概述:介绍了应用层协议的概念、作用以及常见的应用层协议,如HTTP、FTP、DHCP、DNS等。
- HTTP协议:详细讲解了HTTP协议请求报文和响应报文的格式,包括请求行、首部行、实体主体等组成部分,以及HTTP请求报文中的方法(如GET、POST等)。
- FTP协议:介绍了FTP协议的基本概念、工作细节以及抓包分析FTP工作过程的方法,包括客户端向服务器发送请求的顺序,以及验证用户名和密码的过程等。
- DHCP协议:讲解了DHCP协议的作用、地址租约的概念以及如何通过抓包工具分析DHCP报文。
- DNS协议:介绍了DNS协议的基本概念、域名的层次结构以及抓包分析DNS工作过程的方法。
- 抓包分析:通过抓包工具(如Wireshark)分析网络通信过程,包括过滤表达式的使用,以及抓取和分析HTTP、FTP、DHCP、DNS等协议的数据包。

TCP/IP协议是一组至关重要的协议,如图1-1所示。它犹如一座坚固的基石,稳稳地支撑着互联网这座宏伟的大厦。正是因为有了TCP/IP 协议,不同操作系统、不同硬件架构的计算机才能够理解彼此传递的信息。

本章主要介绍应用层协议的基础知识,包括应用层协议的概念、作用以及常见协议(如HTTP、FTP、DHCP、DNS)的详细介绍。通过实例说明了应用层协议如何定义关键内容,如报文格式、命令和操作、状态代码及交互顺序等,强调了应用层协议在计算机通信中的重要性。

计算机通信,实质上是计算机上的应用程序通信,应用程序可分为客户端和服务端。客户端和服务端通信需要定义通信规范,就是应用层协议。

本章就以HTTP、FTP、DHCP、DNS协议为例学习应用层协议,HTTP部分重点展示请求报文和响应报文的格式,FTP部分重点展示客户端向服务器发送请求的顺序,先验证用户名、再验证用户密码,才允许后续的文件传输。举一反三,DHCP和DNS也定义了工作过程和不同的报文类型。

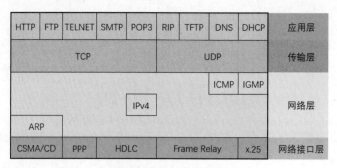

图 1-1　TCP/IP 协议

1.1　计算机通信基本概念

1.1.1　服务端和客户端

网络中的应用有很多,如访问网站、收发电子邮件、域名解析、计算机地址自动分配等,每一种应用都有服务端和客户端。

1. 服务端(Server)

服务端是指提供服务的计算机程序或设备。它通常运行在服务器上,等待客户端的请求,并根据请求提供相应的服务。服务端通常具有以下特点。

(1)稳定性高:服务端通常需要长时间运行,以保证随时能够响应客户端的请求。因此,服务端的硬件和软件通常需要具备较高的稳定性和可靠性。

(2)性能强大:服务端需要处理大量的客户端请求,因此通常需要具备较高的性能,包括处理能力、存储容量、网络带宽等。

(3)安全性高:服务端通常存储着重要的数据和资源,因此需要具备较高的安全性,以防止数据泄露和被攻击。

(4)提供服务:服务端的主要功能是提供各种服务,如文件存储、数据库管理、邮件服务、网页服务等。

(5)管理资源:服务端需要管理各种资源,如存储空间、数据库资源、网络带宽等,以保证服务的质量和效率。

(6)处理请求:服务端需要接收客户端的请求,并根据请求进行相应的处理,然后将处理结果返回给客户端。

2. 客户端(Client)

客户端是指请求服务的计算机程序或设备。它通常运行在用户的计算机上,向服务端发送请求,并接收服务端返回的结果。客户端通常具有以下特点。

(1)多样性:客户端可以是各种类型的计算机程序或设备,如桌面应用程序、移动应用程序、网页浏览器等。

（2）易用性高：客户端通常需要具备较高的易用性，以方便用户使用。因此，客户端的界面设计通常需要简洁明了、操作方便。

（3）安全性要求相对较低：客户端通常不存储重要的数据和资源，因此安全性要求相对较低。但是，客户端也需要采取一些安全措施，如防止病毒感染、防止网络钓鱼等。

（4）请求服务：客户端的主要功能是向服务端发送请求，请求服务端提供相应的服务。

（5）接收结果：客户端需要接收服务端返回的结果，并根据结果进行相应的处理，如显示结果、保存结果等。

（6）与用户交互：客户端需要与用户进行交互，接收用户的输入，并将用户的请求发送给服务端。

3. 服务端与客户端的关系

（1）服务端和客户端是相互依存的关系。服务端提供服务，客户端请求服务。没有服务端，客户端就无法获得服务；没有客户端，服务端的服务就无法被使用。

（2）服务端和客户端的角色可以相互转换。在某些情况下，一个计算机程序或设备既可以作为服务端，也可以作为客户端。例如，在P2P网络中，每个节点既可以作为服务端，为其他节点提供服务，也可以作为客户端，请求其他节点的服务。

（3）服务端程序接收到客户端依据应用层协议发送的请求后，按照同样的应用层协议来解析和理解请求的内容和意图。然后，服务端根据协议的要求进行相应的处理，并按照协议规定的格式和方式向客户端返回响应。

（4）客户端程序依据应用层协议向服务端程序发送请求。这些请求的内容、格式和发送方式都遵循应用层协议的规定。例如，在使用HTTP协议时，客户端会按照HTTP的请求格式发送请求获取网页资源。

如图1-2所示，计算机A上的IE浏览器和计算机B上的谷歌浏览器就是Web客户端，访问Web服务器上的Web服务。它们之间使用HTTP通信。

计算机A和计算机B的设置成自动获得IP地址，它们就成为DHCP客户端，网络中的DHCP服务器给DHCP客户端分配IP地址。

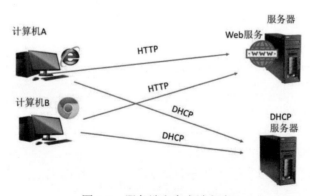

图1-2　服务端和客户端程序

（5）这里所说的客户端、服务端是针对某个应用来说的。比如，在计算机A上安装了DNS服务，计算机A就成了DNS服务器，计算机B使用计算机A解析域名，计算机B就成了DNS客户端。

1.1.2 应用层协议

为了使不同软件公司、设备厂家的服务端程序和不同软件公司、设备厂家的客户端程序能够实现通信，要求针对互联网中常见的应用，对客户端和服务端程序通信的过程进行标准化。这些标准就是应用层协议。

每一种应用层协议都需要规定以下内容。

（1）报文格式：发送请求和响应的报文格式。报文格式包括报文头部、主体和尾部等部分的格式和内容。例如，定义每个字段的长度、数据类型、含义和顺序等。

（2）命令和操作：客户端程序能够向服务端发送的请求（命令）和操作，以及它们的功能和效果。

（3）状态代码：服务端程序能够向客户端返回的响应（状态代码）。

（4）交互顺序：客户端向服务端发送请求（命令）的顺序，以及出现意外后如何处理。

这些内容的定义有助于确保应用层协议的清晰、准确和高效，使不同的应用程序能够在网络中进行可靠和有效的通信。

本章将以HTTP、FTP、DHCP、DNS等协议为例。其中，HTTP协议着重展示请求报文和响应报文的格式；FTP协议重点展示客户端向服务器发送请求的顺序，即先验证用户名，再验证用户密码，之后才允许进行后续的文件传输等操作。有些应用层协议定义了多种报文类型，例如，DHCP定义了8种类型的报文。

1.2 抓包分析应用层协议

1.2.1 Wireshark抓包工具

Wireshark是一款广泛使用的网络协议分析工具，具有强大的功能和广泛的应用场景。

1. 功能特点

（1）捕获网络数据包：能够从网络接口捕获实时的数据包。

（2）详细的协议解析：对各种网络协议进行深入解析，包括TCP、UDP、IP等，为您展示数据包的详细内容和结构。

（3）数据包过滤：可以根据各种条件（如源地址、目的地址、端口等）对捕获的数据包进行过滤，以便更专注于特定的流量。

（4）统计分析：提供丰富的统计信息，帮助您了解网络流量的特征和趋势。

2. 应用场景

(1) 网络故障排查：例如，当网络连接出现问题时，可以通过Wireshark捕获数据包来查找异常的通信。

(2) 安全分析：检测潜在的网络攻击、恶意软件通信等。

(3) 协议开发和调试：对于开发新的网络协议或调试现有协议的实现，Wireshark可以帮助验证协议的行为是否符合预期。

1.2.2　Wireshark 的显示筛选器

Wireshark的显示筛选器如图1-3所示，筛选器用于在已捕获的数据包集合中设置过滤条件，隐藏不想显示的数据包，只显示符合条件的数据包，以便更有针对性地进行分析。筛选分为协议筛选和表达式筛选，表达式筛选分为基本过滤表达式和复合过滤表达式。

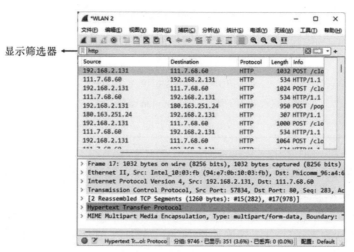

图 1-3　显示筛选

Wireshark 的显示筛选器分为协议筛选和表达式筛选，表达式筛选分为基本过滤表达式和复合过滤表达式。

1. 协议筛选

协议筛选是指根据通信协议筛选数据包，常用协议有HTTP、FTP、UDP、TCP、ARP、ICMP、SMTP、POP3、DNS、IP、Telnet、SSH、RDP、RIP、OSPF等。

2. 基本过滤表达式

基本过滤表达式由过滤项、过滤关系、过滤值组成。例如，表达式ip.addr==192.168.1.1，其中ip.addr是过滤项，== 是过滤关系，192.168.1.1是过滤值，整条表达式的意思是找出所有IP中源或目标IP地址等于192.168.1.1的数据包。

(1) 过滤项。初学者感觉的"过滤表达式复杂"，最主要的就是在这个过滤项上：一是不知道有哪些过滤项，二是不知道过滤项该怎么写。

这两个问题有一个共同的答案，Wireshark的过滤项是"协议"+"."+"协议字段"

的模式。以端口为例，端口出现于TCP中，所以有端口这个过滤项，其写法就是tcp.port。

推广到其他协议，如eth、IP、HTTP、Telnet、FTP、ICMP、SNMP等都是这个书写思路。当然Wireshark出于缩减长度的原因，有些字段没有使用协议规定的名称而是使用简写（如Destination Port在Wireshark中写为dstport），再加一些协议中没有的字段（如TCP只有源端口和目标端口字段，为了简便使用，Wireshark增加了tcp.port字段来同时代表源端口和目标端口），但总的思路是不变的。在实际使用时输入"协议"+"."，Wireshark就会有支持的字段提示，看下名称大概就知道要用哪个字段了。

（2）过滤关系。过滤关系就是大于、小于、等于等几种关系，我们可以直接看官方给出的表，具体详见表1-1。注意其中"English"和"C-like"两个字段。这个意思是说"English"和"C-like"这两种写法在Wireshark中是等价的，且都是可用的。

表1-1　常见的过滤关系

English	C-like	描述和案例
eq	==	等于。比如 ip.src==10.0.0.5
en	!=	不等于。比如 ip.src!==10.0.0.5
gt	>	大于。Frame.len > 10
lt	<	小于。Frame.len < 128
ge	>=	大于等于。Frame.len ge 0×100
le	<=	小于等于。Frame.len <= 0×20
contains		协议，字段或分片包括的值。比如 http contains "password"

（3）过滤值。过滤值就是设定的过滤项应该满足过滤关系的标准，如500、5000、50000等。过滤值的写法一般已经被过滤项和过滤关系设定好了，用户填自己的期望值即可。

3. 复合过滤表达式

复合过滤表达式是指由多条基本过滤表达式组合而成的表达式。基本过滤表达式的写法不变，复合过滤表达式由连接词连接基本过滤表达式构成。例如，ip.src==10.0.0.5 && tcp.flags.fin 表示筛选源IP地址为 10.0.0.5 且TCP标志位为FIN的数据包。

复合过滤表达式的连接词有以下几种。

（1）and（&&）：逻辑与。例如：ip.src==10.0.0.5 && tcp.flags.fin。

（2）or（||）：逻辑或。例如：ip.src==10.0.0.5 || tcp.flags.fin。

（3）not（!）：逻辑非。例如：!tcp。

这些连接词可以用于组合基本过滤表达式，形成更复杂的复合过滤表达式。

1.2.3　常见的显示过滤器

下面列出各层协议过滤表达式的例子。

1. 数据链路层过滤表达式示例

筛选目标MAC地址为04:f9:38:ad:13:26的数据包：eth.dst == 04:f9:38:ad:13:26。

筛选源MAC地址为04:f9:38:ad:13:26的数据包：eth.src == 04:f9:38:ad:13:26。

2. 网络层过滤表达式示例

筛选IP地址为192.168.1.1的数据包：ip.addr == 192.168.1.1。

筛选192.168.1.1和192.168.1.2之间的数据包：ip.addr == 192.168.1.1 && ip.addr == 192.168.1.2。

筛选从192.168.1.1到192.168.1.2的数据包：ip.src == 192.168.1.1 && ip.dst == 192.168.1.2。

3. 传输层过滤表达式示例

筛选TCP的数据包：tcp。

筛选除TCP以外的数据包：!tcp。

筛选端口为80的数据包：tcp.port == 80。

筛选源端口51933到目标端口80的数据包：tcp.srcport == 51933 && tcp.dstport == 80。

4. 应用层过滤表达式示例

筛选URL中包含.php的HTTP数据包：http.request.uri contains ".php"。

筛选URL中包含www.baixing.com域名的HTTP数据包：http.request.uri contains "www.baixing.com"。

筛选内容包含username的HTTP数据包：http contains "username"。

筛选内容包含password的HTTP数据包：http contains "password"。

1.3 HTTP 协议

1.3.1 HTTP 协议概述

HTTP（超文本传输协议）作为在万维网（World Wide Web）中实现通信的核心协议，发挥着至关重要的作用。其主要功能是将网站的各类文件，如HTML文件、图片文件，以及查询结果等数据，高效且准确地传输至用户使用的浏览器。

当用户在浏览器中输入网址或执行相关操作时，浏览器会根据用户的请求生成符合HTTP规范的请求消息，并将其发送至对应的服务器。服务器接收到请求后，依据HTTP协议的规则对请求进行解析和处理。

对于获取HTML文件的请求，服务器会从存储中找到相应的页面文件，并将其以HTTP响应的形式回传给浏览器。图片文件的传输也是同理，服务器会根据请求找到对应的图片数据，并通过HTTP通道将其发送给浏览器。

对于查询操作，服务器会在处理查询请求后，将查询结果按照HTTP协议规定的格式封装，并传输给浏览器进行显示。

HTTP协议通过定义明确的请求和响应格式、状态码等规范，确保了数据在万维网上的稳定、快速和准确传输，为用户能够流畅地浏览网页、获取所需信息提供了坚实的基础保障。

如图1-4所示，这里以HTTP协议为例，重点介绍HTTP协议请求报文的格式、客户端能够发送的请求（命令），以及HTTP响应报文的格式、服务器返回的状态代码。

图 1-4　HTTP 请求和响应报文

抓包分析HTTP，查看客户端（浏览器）向Web服务发送的请求（命令），查看Web服务向客户端返回的响应（状态代码），以及请求报文和响应报文的格式。

1.3.2　实战——安装 Web 服务

Windows Server、Linux服务器均可以作为Web服务器。在Windows Server安装IIS，在Linux服务器安装Apache均可以作为Web服务器，创建Web站点。

在Windows Server 2022安装Web服务创建Web站点的步骤如下。

（1）将Windows Server 2022配置成静态IP地址。服务器通常使用静态IP地址。

（2）打开服务器管理服务器，添加角色和功能。

（3）在选择安装类型对话框，选择"基于角色或基于功能的安装"。

（4）在选择目标服务器对话框，选择"从服务器池中选择服务器"，选中"当前服务器"。

（5）如图1-5所示，在选择服务器角色对话框，勾选"Web服务器（IIS）"。

（6）如图1-6所示，在选择角色服务对话框，保持默认选项，完成Web的安装。

图 1-5　安装 Web 服务

图 1-6　选择角色服务

（7）打开IIS管理器，右击"网站"，创建新的Web站点，如图1-7所示。

图 1-7　创建 Web 站点

1.3.3　HTTP 请求报文

由于HTTP是面向文本的，在报文中的每个字段都是一些ASCII码串，因此各个字段的长度都是不确定的。如图1-8所示，HTTP请求报文由开始行、首部行、实体主体三个部分组成。

（1）请求行。报文的开始行用于区分请求报文和响应报文。在请求报文中的开始行叫作请求行，而在响应报文中的开始行叫作状态行。开始行的三个字

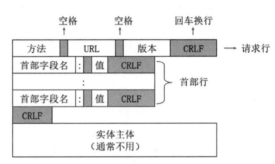

图 1-8　HTTP 请求报文格式

段之间都以空格分隔开，最后的"CR"和"LF"分别代表"回车"和"换行"。

（2）首部行。首部行用于说明浏览器、服务器或报文主体的一些信息。首部行可以包括好几行，但也可以不使用。在每个首部行中都由首部字段名和它的值两部分组成，每行在结束的地方都要有"回车"和"换行"。整个首部行结束时，还有一空行将首部行与后面的实体主体分开。

（3）实体主体。在请求报文中一般不用实体主体这个字段。

1.3.4　HTTP 请求报文中的方法

浏览器能够向Web服务器发送以下八种方法（有时也叫"动作"或"命令"）来表明请求URL（Request-URL）指定资源的不同操作方式。

（1）GET：用于请求获取指定资源的表示。通常用于获取网页、图像等资源，是最常见的HTTP方法之一。

（2）POST：常用于向服务器提交数据，如提交表单数据、上传文件等，以进行数据的创建或更新操作。

（3）PUT：用于向指定的URL上传最新的内容，以更新服务器上的资源。

（4）DELETE：用于请求服务器删除指定的资源。

（5）HEAD：类似于 GET 方法，但只返回响应头信息，而不返回响应体，通常用于获取资源的元数据，如检查资源是否存在、获取资源的最后修改时间等。

（6）OPTIONS：用于获取服务器支持的HTTP方法和其他选项。

（7）TRACE：用于回显服务器收到的请求，主要用于诊断和测试。

（8）CONNECT：用于建立与服务器的隧道连接，通常用于实现HTTP代理或通过HTTP进行TCP连接。

这些方法为客户端与服务器之间的交互提供了不同的方式，以满足各种不同的需求。方法名称是区分大小写的。当某个请求所针对的资源不支持对应的请求方法时，服务器应当返回状态码405（Method Not Allowed）；当服务器不识别或不支持对应的请求方法时，应当返回状态码501（Not Implemented）。

1.3.5 响应报文格式

每个请求报文发出后，都能收到一个响应报文。响应报文的第一行就是状态行。如图1-9所示，状态行包括三项内容，即HTTP的版本、状态码和解释状态码的简单短语。

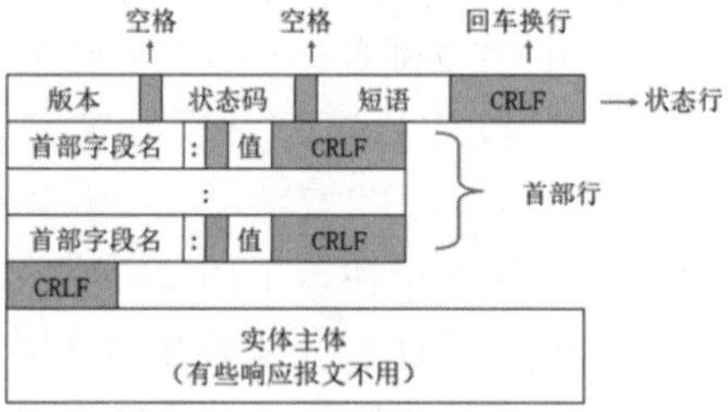

图 1-9 响应报文格式

1.3.6 HTTP 响应报文状态码

HTTP 协议的响应状态代码用于表示服务器对客户端请求的处理结果。响应报文状态行中的状态码（Status-Code）都是三位数字，状态码分为五大类，共33种，以下是一些常见的状态代码及其含义。

（1）1××：表示通知信息，如请求收到或正在进行处理。

（2）2××：表示成功，如接受或知道。

（3）3××：表示重定向，如要完成请求还必须采取进一步的行动。

（4）4××：表示客户端错误，如请求中有错误的语法或请求不能完成。

（5）5××：表示服务器的差错，如服务器失效无法完成请求。

下面几种状态行在响应报文中是经常见到的。

（1）HTTP/1.1　202　Accepted：表示接受。

（2）HTTP/1.1　400　Bad Request：表示错误的请求。

（3）HTTP/1.1　404　Not Found：表示找不到。

例如，当您在浏览器中输入一个不存在的网址时，服务器可能会返回404 Not Found 状态码，表示无法找到您请求的页面资源；而如果您访问一个需要登录但您未登录的页面，服务器可能会返回401 Unauthorized 状态码，提示您需要进行认证才能访问该页面。

通过上述内容可以看到HTTP定义了浏览器访问Web服务的步骤，能够向Web服务器发送哪些请求（方法），HTTP请求报文格式（有哪些字段，分别代表什么含义），也定义了Web服务器能够向浏览器发送哪些响应（状态码），HTTP响应报文格式（有哪些字段，分别代表什么含义）等。

1.4 FTP

文件传输协议（File Transfer Protocol，FTP）是Internet中广泛使用的文件传输协议。它用于在Internet上控制文件的双向传输。基于不同的操作系统，有不同的FTP应用程序，而所有这些应用程序都遵守同一种传输文件协议。FTP屏蔽了各计算机系统的细节，因此适合在异构网络中任意计算机之间传输文件。FTP只提供文件传输的一些基本服务，它使用TCP实现可靠传输。FTP的主要功能是减小或消除在不同系统下文件的不兼容性。

在FTP的使用过程中，用户经常遇到两个概念，即下载和上传。下载就是从远程主机复制文件到本地计算机上；上传就是将本地计算机中的文件复制到远程主机上。用Internet语言来说，用户可以通过客户端程序向（从）远程主机上传（下载）文件。

1.4.1 FTP 定义的命令和状态代码

FTP协议定义了一系列命令，用于在客户端和服务器之间进行通信。这些命令可以在FTP客户端软件中使用，通过输入相应的命令来执行对应的操作，进行文件的上传、下载、删除、重命名等操作。

以下是一些常见的FTP命令。

（1）USER：指定用户名。
（2）PASS：指定用户密码。
（3）CWD：改变工作目录。
（4）CDUP：回到上一级目录。
（5）RETR：从服务器下载文件。
（6）STOR：向服务器上传文件。
（7）LIST：列出目录内容。
（8）NLST：仅列出文件名。
（9）PWD：显示当前工作目录。
（10）MKD：创建目录。
（11）RMD：删除目录。
（12）DELE：删除文件。
（13）RNFR：指定要重命名的文件。
（14）RNTO：完成重命名操作。
（15）QUIT：退出 FTP会话。

FTP定义了一系列状态代码来表示操作的结果或服务器的响应状态。以下是一些常见的状态代码及其含义。

（1）1xx——信息。

①110：重新启动标记应答。
②120：服务在指定时间内准备好。
③125：数据连接已打开，正在开始传输。
④150：文件状态正常，准备打开数据连接。

（2）2xx——成功。

①200：命令成功。

②225：数据连接打开，没有进行中的传输。

③227：进入被动模式 (h1,h2,h3,h4,p1,p2)。

④230：用户登录成功。

⑤250：请求的文件操作正确，已完成。

（3）3xx——命令需要进一步细化。

①331：用户名正确，需要密码。

②332：需要登录账号。

（4）4xx——临时错误。

①450：请求的文件操作未执行，文件不可用（如文件正忙）。

②451：请求的操作异常终止，处理中发生本地错误。

③452：请求的操作未执行，系统存储空间不足。

（5）5xx——永久错误。

①550：请求的操作未执行，文件不可用（如未找到文件、没有访问权限等）。

②552：请求的文件操作超出存储分配。

③553：请求的操作未执行，不允许的文件名。

1.4.2 实战：安装 FTP 服务抓包分析 FTP 工作过程

在Windows Server 2022服务器安装FTP服务如图1-10所示。打开服务器管理服务器，单击添加角色和功能。在出现的选择服务器角色对话框，展开"Web服务器（IIS）"，选择"FTP服务器"和"FTP服务"，完成FTP安装。安装FTP服务需要安装Web服务（IIS）。

图 1-10　安装 FTP 服务

打开IIS管理器，如图1-11所示，右击"网站"，创建FTP站点。

图 1-11　创建 FTP 站点

通过抓包分析FTP客户端登录FTP服务器，上传文件、重命名文件、删除文件等操作，来观察应用层协议的规定的客户端程序能够向服务端发送哪些请求（命令），以及客户端向服务端发送请求（命令）的顺序。

在客户端通过抓包工具分析FTP客户端访问FTP服务器的数据包，观察FTP客户端访问FTP服务器的交互过程，可以看到客户端向服务器发送的请求及服务器向客户端返回的响应。在FTP服务器上设置禁止FTP的某些方法，以实现FTP服务器的安全访问，如禁止删除FTP服务器上的文件。

在客户端上安装Wireshark抓包工具，并抓包分析FTP的工作过程，步骤如下。

（1）开启Wireshark抓包功能后，打开资源管理器（资源管理器相当于FTP客户端）访问Windows Server 2022上的FTP服务。

（2）首先上传test.txt文件，然后重命名为abc.txt，最后删除FTP上的abc.txt文件。抓包工具捕获了该过程中FTP客户端发送的全部命令以及FTP服务器返回的全部响应。

（3）如图1-12所示，右键单击其中的一个FTP数据包，单击"追踪流"→"TCPstream"菜单项。

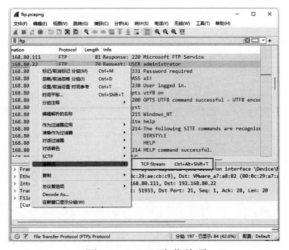

图 1-12　TCP 流菜单项

上述第 3 步操作完成后，会出现图 1-13 所示的窗口。将 FTP 客户端访问 FTP 服务器所有的交互过程产生的数据整理到一起，可以看到 FTP 先验证用户名，再验证密码，才允许上传、重命名、删除等操作。FTP 客户端使用"STOR"方法上传 test.txt，"CWD"方法改变工作目录，"RNFR"方法重命名 test.txt 为 abc.txt，"DELE"方法删除 abc.txt 文件。如果想看到 FTP 的其他方法，可以使用 FTP 客户端在 FTP 服务器上进行创建文件夹、删除文件夹、下载文件等操作，这些操作对应的方法使用抓包工具都能看到。

为了防止客户端进行某些特定操作，可以配置FTP服务器禁止FTP中的一些方法。例如，禁止FTP客户端删除FTP服务器上的文件，可以配置FTP请求筛选，禁止"DELE"方法。在图1-14所示的界面中，单击"FTP请求筛选"按钮。

如图1-15所示，在出现的"FTP请求筛选"界面中，单击"命令"标签，然后在界面右侧的操作选项下，单击"拒绝命令…"按钮，在弹出的"拒绝命令"对话框中，输入"DELE"，单击"确定"按钮。

图 1-13　FTP 客户端访问 FTP 服务器的交互过程

图 1-14　管理 FTP 请求筛选

图 1-15　禁用 DELE 方法

此时在客户端上再次删除 FTP 服务器上的文件，就会提示"500 Command not allowed."，如图 1-16 所示，译为命令不被允许。

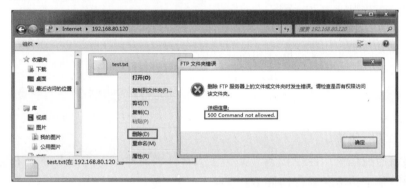

图 1-16　命令不被允许提示

1.5　DHCP

网络中的计算机 IP 地址、子网掩码、网关和 DNS 服务器等设置可以人工指定，也可以设置成自动获得。设置成自动获得，就需要使用动态主机配置协议（Dynamic Host Configuration Protocol，DHCP）从 DHCP 服务器请求 IP 地址。本节为大家讲解 DHCP 的工作过程以及 DHCP 的八种报文类型。

1.5.1　静态地址和动态地址应用场景

如图 1-17 所示，配置计算机的 IP 地址有两种方式：自动获得 IP 地址（动态地址）和使用下面的 IP 地址（静态地址）。当我们选择自动获得 IP 地址时，DNS 服务器地址可以人工指定，也可以自动获得。

自动获得IP地址就需要DHCP服务器为网络中的计算机分配IP地址、子网掩码、网关和DNS服务器地址。自动获得IP地址的计算机就是DHCP客户端。

以下是一些常见的使用动态IP地址的场景。

（1）家庭网络：大多数家庭宽带连接通常被分配动态IP地址，以节省IP资源和降低管理成本。

（2）移动网络：例如，通过手机移动数据上网时，通常会被分配动态IP地址。

（3）公共场所的Wi-Fi：如咖啡馆、机场、图书馆等提供的免费Wi-Fi网络，用户连接时一般会获得动态IP地址。

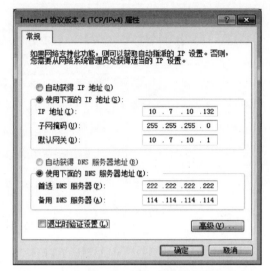

图 1-17　动态地址和静态地址

（4）小型企业网络：如果企业对网络的需求相对简单，且没有特殊的固定IP需求，可能会使用动态IP地址来降低成本和简化网络管理。

以下是一些常见的使用静态IP地址的场景。

（1）服务器托管：企业或组织将自己的服务器托管在数据中心时，通常会为服务器分配静态IP地址，以便外部用户能够稳定地访问服务器上的服务，如网站、电子邮件服务器、数据库服务器等。

（2）网络监控系统：监控设备（如摄像头、传感器等）可能需要静态IP地址，以确保监控数据的稳定传输和远程访问。

（3）特殊的网络应用：某些特定的网络应用程序或服务，可能要求设备具有固定的IP地址才能正常运行和进行配置。

（4）企业内部关键设备：如网络打印机、文件服务器等重要的企业内部设备，为了方便管理和访问，可能会被分配静态IP地址。

1.5.2　实战：安装 DHCP 服务器

Windows Server、Linux Server、路由器或三层交换机均可以作为DHCP服务器。

在Windows Server 2022安装DHCP的过程如下。

（1）将Windows Server 2022配置成静态IP地址。

（2）打开服务器管理服务器，如图1-18所示，添加角色和功能。

（3）在选择安装类型对话框，选择"基于角色或基于功能的安装"。

（4）在选择目标服务器对话框，选择"从服务器池中选择服务器"，选中"当前服务器"。

（5）如图1-18所示，在选择服务器角色对话框，选中"DHCP服务器"，完成安装。

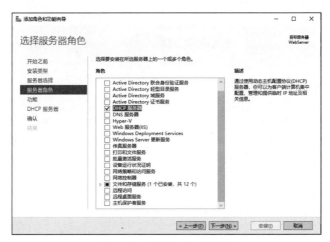

图 1-18 安装 DHCP 服务

（6）如图1-19所示，打开DHCP管理工具，右击"IPv4"，单击"创建作用域"，为DHCP所在网段创建作用域。

图 1-19 创建作用域

1.5.3 DHCP 地址租约

假如外单位组织员工来公司开会，他们的计算机设备临时接到公司网络，DHCP服务器给他们的计算机设备分配了IP地址，DHCP服务器就会记录下这些地址已经被分配，就不能再分配给其他计算机使用了。这些人开完会，先拔掉网线再关机离开公司，他们的计算机设备没来得及告诉DHCP服务器不再使用这些分配的地址了，这就导致DHCP服务器会一直认为这些地址已分配，不会再分配给其他计算机使用。

为了解决这个问题，DHCP服务器就以租约的形式向DHCP客户端分配地址。如图1-20所示，租约有时间限制，如果到期不续约，DHCP服务就认为该计算机已不在网络中，租约就会被DHCP服务器单方面废除，分配的地址就会被收回，这就要求DHCP客户端在租约到期前更新租约。

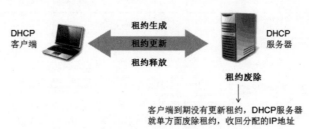

图 1-20　地址以租约的形式提供给客户端

如果计算机要离开网络，就应该正常关机。正常关机就会向DHCP服务器发送释放租约的请求，DHCP服务器就会收回分配的IP地址。如果不关机直接离开网络，最好使用ipconfig /release命令释放租约。

1.5.4　DHCP分配地址的过程

在以下五种情况下，DHCP客户端会从DHCP服务器获取一个新的IP地址。
（1）该客户端计算机是第一次从DHCP服务器获取IP地址。
（2）该客户端计算机之前租用的IP地址已经被DHCP服务器收回，又租用给其他计算机了，因此该客户端需要重新从DHCP服务器租用一个新的IP地址。
（3）该客户端自己释放原先所租用的IP地址，并要求租用一个新的IP地址。
（4）客户端计算机更换了网卡。
（5）客户端计算机转移到了另一个网段。

以上五种情况下，DHCP客户端与DHCP服务器之间会通过以下四种类型的数据包来相互通信，其过程如图1-21所示。

图 1-21　DHCP客户端请求地址过程

（1）发现（Discover）：DHCP客户端会先送出DHCP Discover广播信息到网络，以便寻找一台能够提供IP地址的DHCP服务器。

（2）提供（Offer）：当网络中的DHCP服务器收到DHCP客户端的DHCP Discover信息后，就会从IP地址池中，挑选一个尚未出租的IP地址，然后利用广播的方式传送给DHCP客户端。之所以利用广播方式，是因为此时DHCP客户端还没有IP地址。在尚未与DHCP客户端完成租用IP地址的程序之前，这个IP地址会被暂时保留起来，以避免再分配给其他的DHCP客户端。

如果网络中有多台DHCP服务器收到DHCP客户端的DHCP Discover信息，并且都响应了DHCP客户端（表示它们都可以提供IP地址给该客户端），则DHCP客户端会选择第一个收到的DHCP Offer信息的DHCP服务器。

（3）请求（Request）：当DHCP客户端选择第一个收到的DHCP Offer信息后，它利用广播的方式，响应一个DHCP Request信息给DHCP服务器。之所以利用广播方式，是因为它不仅要通知选择的DHCP服务器，还必须通知那些没有被选择的DHCP服务器，以便这些DHCP服务器能够将原本欲分配给此DHCP客户端的IP地址收回，供其他DHCP客户端使用。

（4）确认（ACK）：DHCP服务器收到DHCP客户端要求IP地址的DHCP Request信息后，就会利用广播的方式送出DHCP ACK确认信息给DHCP客户端。之所以利用广播方式，是因为此时DHCP客户端仍然没有IP地址，此信息包含DHCP客户端所需要的TCP/IP配置信息，如子网掩码、默认网关、DNS服务器地址等。

DHCP客户端在收到DHCP ACK信息后，就完成了获取IP地址的步骤，也就可以利用这个IP地址与网络中的其他计算机进行通信了。

1.5.5　DHCP 地址租约更新

在租约过期之前，DHCP客户端需要向DHCP服务器续租指派给它的地址租约。DHCP客户端按照设定好的时间，周期性地续租其租约，以保证其使用的是最新的配置信息。当租约期满而客户端依然没有更新其地址租约时，DHCP客户端将失去这个地址租约并开始一个新的DHCP租约过程。DHCP租约更新的步骤如下。

（1）当租约时间过去一半时，DHCP客户端向DHCP服务器发送一个请求，请求更新和延长当前租约。DHCP客户端直接向DHCP服务器发送请求，最多可重发三次，分别是在4s、8s和16s时。

发送请求后，如果找到DHCP服务器，服务器就会向DHCP客户端发送一个DHCP应答消息，这样就更新了租约。

> **说明：** 如果 DHCP 客户端未能与原 DHCP 服务器通信，等到租约时间过去 87.5% 时，DHCP 客户端进入重绑定状态，向任何可用 DHCP 服务器广播（最多可重试三次，分别在 4s、8s 和 16s 时）一个 DHCP Discover 消息，用于更新当前 IP 地址的租约。

（2）如果某台DHCP服务器应答一个DHCP Offer消息，以更新DHCP客户端的当前租约，DHCP客户端就用DHCP服务器提供的信息更新租约并继续工作。

（3）如果租约终止而且没有连接到DHCP服务器，则DHCP客户端必须立即停止使用其租约IP地址。然后，DHCP客户端执行与它初始启动时相同的过程来获得新的IP地址租约。

租约更新有以下两种方法。

（1）自动更新。DHCP服务器自动进行租约的更新，也就是前面介绍的租约更新的过程。当租约期达到租约期限的50%时，DHCP客户端将自动开始尝试续租该租约。每次DHCP客户端重新启动的时候也将尝试续租该租约。为了续租其租约，DHCP客户端向为它提供租约的DHCP服务器发出一个DHCP Request请求数据包。如果该DHCP服务器可用，它将续租该租约并向DHCP客户端提供一个包含新的租约期和任何需要更新的配置参数值的DHC PACK数据包。当DHCP客户端收到该确认数据包后更新自己的配置。如果DHCP服务器不可用，则DHCP客户端将继续使用现有的配置。

> **说明：** 如果DHCP客户端请求的是一个无效的或存在冲突的IP地址，则DHCP服务器可以向其响应一个DHCP拒绝消息（DHCP NAK），该消息强迫DHCP客户端释放其IP地址并重新获得一个新的、有效的地址。

如果DHCP客户端重新启动，而网络上没有DHCP服务器响应其DHCP Request请求，则它将尝试连接默认的网关。如果连接到默认网关的尝试也被告知失败，则DHCP客户端将中止使用现有的地址租约，DHCP客户端会认为自己已不在以前的网段，需要获得新的IP地址了。

如果DHCP服务器向DHCP客户端响应一个用于更新DHCP客户端现有租约的DHCP Offer数据包，则DHCP客户端将根据DHCP服务器提供的数据包对租约进行续租。

如果租约过期，客户端必须立即终止使用现有的IP地址并开始新的DHCP租约过程，以尝试得到一个新的IP地址租约。如果DHCP客户端无法得到一个新的IP地址，则DHCP客户端自己会产生169.254.0.0/16网段中的一个地址作为临时地址。

（2）手动更新。如果需要立即更新DHCP配置信息，则可以手动对IP地址租约进行续租操作。例如，如果我们希望DHCP客户端立即从DHCP服务器上得到一台新安装的路由器的地址，只需简单地在客户端做续租操作。

直接在客户端上的cmd.exe软件中，执行命令ipconfig /renew即可。

1.5.6　抓包分析DHCP报文和工作过程

DHCP定义了八种报文类型，分别介绍如下。
（1）DHCP Discover：客户端用于寻找DHCP服务器。
（2）DHCP Offer：DHCP服务器响应Discover报文，提供IP地址等网络配置信息。
（3）DHCP Request：客户端请求配置确认，或者客户端续延IP地址租期时使用。
（4）DHCP ACK：服务器对Request报文的确认响应。
（5）DHCP NAK：服务器对Request报文的拒绝响应。
（6）DHCP Release：客户端主动释放IP地址时使用。
（7）DHCP Decline：客户端发现地址冲突时使用。
（8）DHCP Inform：客户端获取其他配置信息时使用。

家庭无线上网的路由器通常会配置成DHCP服务器为上网用户分配地址。下面在DHCP客户端上使用Wireshark抓包工具捕获DHCP服务器给计算机分配地址的四种数据包：DHCP Discover、DHCP Offer、DHCP Request、DHCP ACK。

如图1-22所示，运行Wireshark抓包工具，将本地连接的地址由静态地址设置成"自动获得IP地址(O)""自动获得DNS服务器地址(B)"，然后单击"确定"按钮。

停止抓包，在显示过滤器中输入表达式ip.dst == 255.255.255.255，因为请求IP地址和提供IP地址的过程目标IP地址都是广播地址。可以看到，DHCP给计算机分配地址的四种报文，如图1-23所示（图中显示的是DHCP Offer报文的格式）。DHCP定义了四种报文格式，也定义了这四种报文的交互顺序。

图 1-22　设置 DHCP 客户端

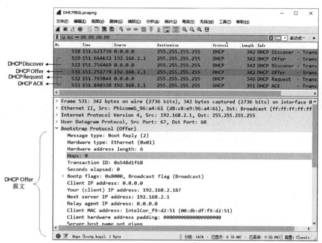

图 1-23　DHCP Offer 报文格式

1.6　DNS

网络中的计算机通信，是使用IP地址定位的网络中的计算机。但对于使用计算机的人来说，这些数字形式的IP地址实在是很难记住。

使用计算机的用户还是习惯使用有一定意义的好记的名称来访问某个服务器或网站。比如，使用域名www.taobao.com来访问淘宝网站，使用域名www.baidu.com来访问百度网站，等等。DNS协议负责将域名解析出IP地址。

1.6.1　域名的结构

一个域名下可以有多个主机，域名全球唯一，主机名+域名肯定也是全球唯一的，主机名+域名称为完全限定域名（Fully Qualified Domain Name，FQDN）。

例如，一台机器主机名（hostname）是www，域名后缀（domain）是51cto.com，那么该主机的FQDN应该是www.51cto.com.。FQDN在使用时，最后的"."经常被省去。

北京无忧创想有限技术有限公司的域名为51cto.com，该公司有网站、博客、论坛、

51CTO学院以及邮件服务器。为了方便记忆，分别使用约定俗成的主机名，网站主机名为www，博客主机名为blog，论坛主机名为bbs，发邮件的服务器主机名为smtp，收邮件的服务器主机名为pop，当然也可以不使用这些约定俗成的名字，如网站的主机名为web，而51CTO学院主机名为edu。这些"主机名"+"域名"就构成了完全限定域名。如图1-24所示，我们通常所说的网站的域名，严格来说是完全限定域名。

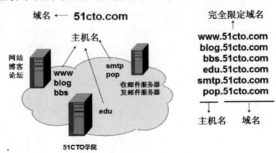

图1-24　域名和主机名

从图1-24中可以看到，主机名和物理的服务器并没有一一对应关系，网站、博客、论坛三个网站在同一个服务器上，SMTP服务和POP服务在同一个服务器上，51CTO学院在一个独立的服务器上。现在大家要明白，这里的一个主机名更多的是代表一种服务或一个应用。

如图1-25所示，域名是分层的，所有的域名都是以英文的"."开始，是域名的根，根下面是顶级域名，顶级域名共有两种形式：国家代码顶级域名（简称国家顶级域名）和通用顶级域名。国家代码顶级域名由各个国家的互联网络信息中心（Network Infermation Center，NIC）管理，通用顶级域名则由互联网名称与数字地址分配机构（The Internet Corporation for Assigned Names and Numbers，ICANN）负责管理。

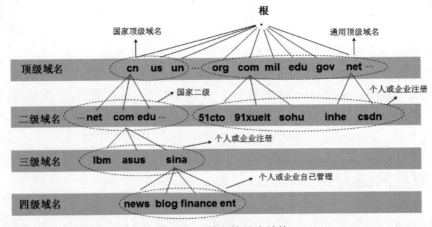

图1-25　域名的层次结构

国家代码顶级域名，指示国家区域，如.cn代表中国，.us代表美国，.fr代表法国，.uk代表英国等。

通用顶级域名，指示注册者的域名使用领域，它不带有国家特性。比如：com（公司和企业）、net（网络服务机构）、org（非营利性的组织）、int（国际组织）、edu（教育机构）、gov（政府部门），mil（军事部门）等。

在国家顶级域名下注册的二级域名均由该国家自行确定。例如，顶级域名为jp的日本，将其教育和企业机构的二级域名定为ac和co，而不用edu和com。

我国把二级域名划分为"类别域名"和"行政区域名"两大类。"类别域名"共7个，分别为ac（科研机构）、com（工、商、金融等企业）、edu（我国教育机构）、gov（我国政府机构）、mil（我国国防机构）、net（提供互联网络服务的机构）、org（非营利性的组织）。"行政区域名"共34个，适用于我国各省、自治区、直辖市，如bj（北京市）、js（江苏省）等。

值得注意的是，我国修订的域名体系允许直接在cn的顶级域名下注册二级域名，给我国Internet用户提供了很大的方便。例如，某公司abe按照通用域名规则要注册为abe.com.cn，这显然是个三级域名，但根据我国修订的域名体系可以注册为abe.cn，变成了二级域名。

企业或个人申请了域名后，可以在该域名下添加多个主机名，也可以根据需要创建子域名，子域名下面，亦可以有多个主机名，如图1-26所示，由企业或个人自己管理，不需要再注册。比如，新浪网注册了域名sina.com.cn，该域名下有三个主机名www、smtp、pop，新浪新闻需要有单独的域名，于是在sina.com.cn域名下设置子域名news.sina.com.cn，新闻又分为军事新闻、航空新闻、新浪天气等模块，分别使用mil、sky和weather作为栏目的主机名。

现在大家知道了域名的结构。所有域名都是以"."开始，不过我们在使用域名时经常将最后的"."省去。如图1-27所示，在cmd.exe软件中运行命令ping www.91xueit.com.和ping www.91xueit.com是一样的。

图1-26　域名下的主机名和子域名

图1-27　严格的域名

1.6.2　Internet 中的域名服务器

当通过域名访问网站或单击网页中的超链接跳转到相应网站时，计算机需要将域名解析成IP地址才能访问这些网站。DNS服务器负责域名解析，因此必须为计算机指定域名解析使用的DNS服务器。如图1-28所示，计算机就配置了两个DNS服务器，即一个首选的DNS服务器和一个备用的DNS服务器，配置两个DNS服务器主要是为了实现容错。大家最好记住几个Internet上常用的DNS服务器的地址，下面这三个DNS服务器的地址都非常好记，222.222.222.222是河北省石家庄市电信的DNS服务器，114.114.114.114是江苏省南京市电信的DNS服务器，8.8.8.8是美国谷歌公司的DNS服务器。

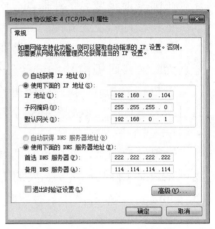

图 1-28　设置多个 DNS 服务器

2019年第二季度互联网注册域名数量增至3.547亿个。假设全球一个DNS服务器负责3.547亿个域名的解析，整个Internet每时每刻都有无数网民在请求域名解析。大家想想，这个DNS服务器需要多高的配置，该服务器联网的带宽需要多高才能满足要求？关键是，如果只有一个DNS服务器，该服务器一旦坏掉，全球的域名解析都将失败。因此域名解析需要一个健壮的、可扩展的架构来实现。下面就介绍一下Internet上DNS服务器部署和域名解析过程。

要想在Internet中搭建一个健壮的、可扩展的域名解析体系架构，就要把域名解析的任务分摊到多个DNS服务器上。如图1-29所示，B服务器负责net域名的解析，C服务器负责com域名的解析，D服务器负责org域名的解析。B、C、D这一级别的DNS服务器称为顶级域名服务器。

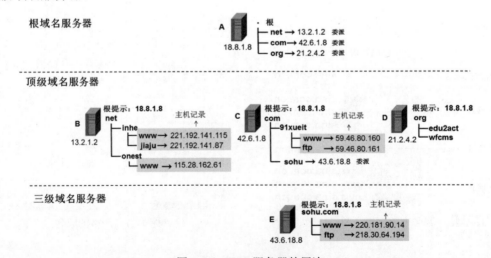

图 1-29　DNS 服务器的层次

A服务器是根域名服务器，不负责具体的域名解析，但根域名服务器知道B、C、D

服务器分别负责哪个域名的解析。具体来说，根域名服务器上就一个根区域，然后创建委派，每个顶级域名指向一个具体负责的顶级域名服务器的IP地址。每一个DNS服务器都知道根DNS服务器的IP地址。

C服务器负责com域名的解析，图1-29中91xueit.com子域名下有主机记录，即"主机名→IP地址"的记录，C服务器就可以查询主机记录解析91xueit.com全部域名。当然C服务器也可以将com下的某个子域名的解析委派给另一个DNS服务器，如sohu.com名称解析委派给了E服务器。

E服务器属于三级域名服务器，负责sohu.com的域名解析，该服务器记录了sohu.com域名下的主机。E服务器也知道根DNS服务器的IP地址，但它不知道C服务器的地址。

当然三级域名服务器也可以将某个子域名的名称解析委派给四级DNS服务器。

根域名服务器知道顶级域名服务器，上级DNS服务器委派下级DNS服务器，全部的DNS服务器都知道根域名服务器。这样的架构设计，使得客户端使用任何一个DNS服务器都能够解析出全球的域名，下面就给大家讲解域名解析的过程。

为了方便给大家讲解，图1-29中只画出了一个根域名服务器，其实全球共有13个逻辑根域名服务器。这13个逻辑根域名服务器中名字分别为"A"至"M"，13个根域名服务器并不等于13个物理服务器。目前，全球共有996个服务器实例，分布于全球各大洲。每一个域名也都有多个DNS服务器来负责解析，这样能够实现负载均衡和容错。

1.6.3　域名解析过程

大家知道了Internet中DNS服务器的组织架构，下面就讲解计算机域名解析的过程。如图1-30所示，客户端计算机的DNS指向了13.2.1.2（B服务器），现在客户端计算机向DNS发送一个域名解析请求数据包，解析www.sogo.net的IP地址，B服务器正巧负责sogo.net域名的解析，查询本地记录后将查询结果221.192.141.115直接返回给客户端计算机，DNS服务器直接返回查询结果就是权威应答，这是其中一种情况。

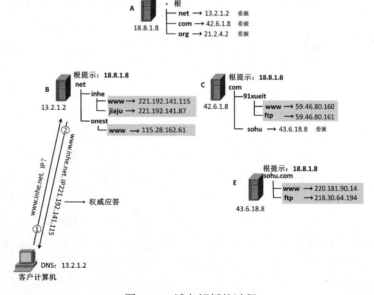

图1-30　域名解析的过程

现在看另一种情况，如图1-31所示，客户端计算机向B服务器发送请求，解析www.sohu.com域名的IP地址，域名解析的步骤如下。

（1）Client向DNS服务器13.2.1.2发送域名解析请求。

（2）B服务器只负责net域名的解析，它也不知道哪个DNS服务器负责com域名的解析，但它知道根域名服务器，于是将域名解析的请求转发给根域名服务器。

（3）根域名服务器返回查询结果，告诉B服务器去查询C服务器。

（4）B服务器将域名解析请求转发到C服务器。

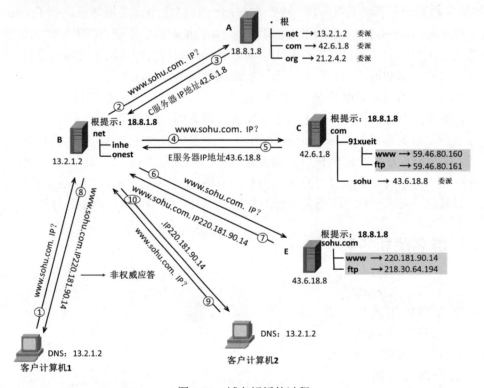

图1-31 域名解析的过程

（5）C服务器虽然负责com域名的解析，但sohu.com域名的解析委派给了E服务器，C服务器返回查询结果，告诉B服务器去查询E服务器。

（6）B服务器将域名解析请求转发到E服务器。

（7）E服务器上有sohu.com域名下的主机记录，将www.sohu.com的IP地址220.181.90.14返回给B服务器。

（8）B服务器将费尽周折查到的结果缓存一份到本地，将解析到的www.sohu.com的IP地址220.181.90.14返回给客户端计算机。这个查询结果是B服务器查询得到的，因此是非授权应答，是客户端计算机缓存解析的结果。

说明： 客户端计算机得到了解析的最终结果，但它并不知道B服务器所经历的曲折的查找过程。客户端计算机可以使用B服务器解析全球的域名。

（9）客户端计算机2的DNS也指向了13.2.1.2，现在客户端计算机2也需要解析www.sohu.com的地址，将域名解析的结果请求发送给B服务器。

（10）B服务器刚刚缓存了www.sohu.com的查询结果，直接将缓存的www.sohu.com的IP地址返回给客户端计算机2。

说明： DNS 服务器的缓存功能能够减少向根域名服务器转发查询的次数、减少 Internet 上 DNS 查询报文的数量，缓存的结果通常有效期为 1 天。如果没有时间限制，则当 www.sohu.com 的 IP 地址发生变化时，客户端计算机 2 就不能查询到新的 IP 地址了。

1.6.4 实战：安装 DNS 服务器

也许你也会问了，Internet的DNS能够把全球的域名解析出来，为什么还要在企业内网部署DNS服务器呢？下面就给大家介绍几种在内网部署DNS服务器的场景。

如图1-32所示，企业内网有个Web服务器，该Web服务器有公司内部的办公网站，打算让内网计算机使用域名www.abc.com访问该网站。abc.com这个域名没有在Internet上注册，也许在Internet上该域名已经被其他公司注册。这种情况下，我们必须在内网部署一个DNS服务器，让其负责abc.com的域名解析。该DNS服务器有根提示，解析Internet中的其他域名，会转发到根DNS服务器进行查询，也就是只要你的DNS服务器能够访问Internet就能够把全球的域名解析出来。

在内网部署一个DNS服务器，DNS服务器的缓存功能，还可以减小到Internet域名解析的流量。

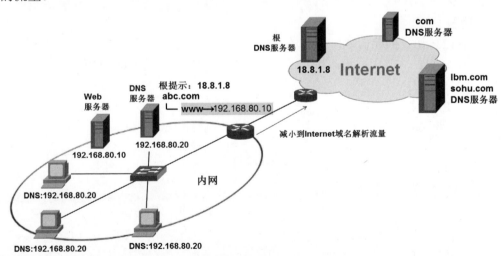

图 1-32　内网 DNS 服务器

在Windows Server 2022上安装DNS服务，如图1-33所示。在正向查找区域创建abc.com区域，在该区域创建www主机记录，如图1-34所示。

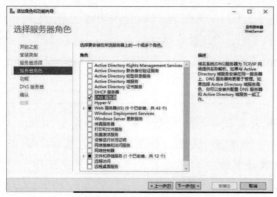
图 1-33 安装 DNS 服务

图 1-34 创建区域添加主机记录

在计算机上配置使用该DNS服务器进行域名解析,在命令行中使用ping 命令测试域名解析的结果。

C:\Users\hanlg>ping www.abc.com

在命令行中 使用nslookup命令测试域名解析结果。

C:\Users\hanlg>nslookup www.abc.com

nslookup命令能够显示负责域名解析的DNS服务器和该域名对应的全部地址。一个域名有可能对应多个IP地址。ping命令会选择第一个地址作为解析到的地址。使用nslookup解析抖音网站的域名,可以看到该域名对应的全部IPv4地址和IPv6地址。

C:\Users\hanlg>nslookup www.douyin.com

1.7 习题

一、选择题

1. HTTP 协议的默认端口号是（   ）。
   A. 21　　　　　B. 25　　　　　C. 80　　　　　D. 110
   答案：C

2. FTP 协议用于（   ）。
   A. 超文本传输　　　　　B. 文件传输
   C. 电子邮件传输　　　　D. 远程登录
   答案：B

3. SMTP 协议用于（   ）。
   A. 接收电子邮件　　　　B. 发送电子邮件
   C. 文件共享　　　　　　D. 远程登录
   答案：B

4. POP3 协议的主要作用是（   ）。
   A. 发送电子邮件　　　　B. 接收电子邮件
   C. 文件传输　　　　　　D. 远程登录
   答案：B

5. DNS 协议的主要作用是（　　）。
   A．域名解析　　　　　　　　B．文件传输
   C．电子邮件传输　　　　　　D．远程登录
   答案：A

6. 在 HTTP 协议中，用于请求网页的方法是（　　）。
   A．POST　　　B．GET　　　C．PUT　　　D．DELETE
   答案：B

7. 下列哪个协议是用于文件共享的（　　）。
   A．FTP　　　B．HTTP　　　C．SMTP　　　D．POP3
   答案：A

8. 如果一个用户在浏览器中输入网址后无法访问网站，但通过 IP 地址可以访问，可能是（　　）出现了问题。
   A．HTTP 协议　　　　　　　　B．TCP/IP 协议栈
   C．DNS 解析　　　　　　　　D．路由器配置
   答案：C

9. DHCP 的作用是（　　）。
   A．动态分配 IP 地址　　　　　B．进行域名解析
   C．提供文件传输服务　　　　D．实现远程登录
   答案：A

10. 当一台计算机首次连接到网络时，它通常会通过（　　）获取 IP 地址。
    A．手动配置　　B．DHCP　　　C．DNS　　　D．ARP
    答案：B

11. 在 DHCP 协议中，客户端发送的请求报文是（　　）。
    A．DHCP Discover　　　　　　B．DHCP Offer
    C．DHCP Request　　　　　　D．DHCP ACK
    答案：A

12. DHCP 服务器分配给客户端的 IP 地址有一定的租用期限，当租用期限过了（　　）时，客户端会向服务器申请续租。
    A．50%　　　B．75%　　　C．87.5%　　　D．100%
    答案：A

13. 下列关于DHCP协议的说法中，错误的是（　　）。
    A．DHCP可以为多个网络设备分配相同的 IP 地址
    B．DHCP服务器可以位于不同的子网中
    C．DHCP可以减少网络管理员手动配置 IP 地址的工作量
    D．DHCP支持动态分配 IP 地址、子网掩码、默认网关等信息
    答案：A

二、问答题
   1．应用层协议的主要作用是什么？

答：应用层协议的主要作用是为应用软件提供服务，定义了不同类型的网络应用进行通信时需要遵循的规则和交互方式。具体来说，应用层协议具有以下几个重要作用。

（1）定义数据格式：规定了应用程序之间交换的数据的结构和格式，确保数据能够被正确理解和处理。

（2）规范交互过程：明确了通信双方的交互顺序、请求和响应的方式，保证通信的有序进行。

（3）处理错误和异常：定义了在通信过程中出现错误或异常情况时的处理方式，提高了通信的可靠性。

（4）提供特定服务：针对不同的应用需求，如电子邮件、网页浏览、文件传输等，提供专门的功能和服务。

常见的应用层协议包括HTTP（用于网页浏览）、FTP（文件传输）、SMTP（电子邮件发送）、POP3/IMAP（电子邮件接收）等。

2．HTTP协议的请求报文和响应报文主要包括哪些组成部分？

答：HTTP协议的请求报文主要包括以下几个组成部分。

（1）请求行：包括请求方法、请求的URL和HTTP版本。

（2）首部行：用于说明浏览器、服务器或报文主体的一些信息。首部行可以包括多个字段，如User-Agent、Accept等。

（3）实体主体：在请求报文中一般不使用实体主体。

HTTP协议的响应报文主要包括以下几个组成部分。

（1）状态行：包括HTTP版本、状态码和解释状态码的简单短语。

（2）首部行：与请求报文类似，用于说明服务器、浏览器或报文主体的一些信息。

（3）实体主体：响应报文的主体部分，通常包含请求的资源内容，如HTML文件、图片等。

3．常见的FTP命令有哪些，它们各自的功能是什么？

答：FTP（File Transfer Protocol）协议定义了一系列命令，用于在客户端和服务器之间进行通信和文件管理。以下是一些常见的FTP命令及其功能。

（1）USER：指定用户名，用于登录FTP服务器。

（2）PASS：指定用户密码，用于登录FTP服务器。

（3）QUIT：退出FTP会话，终止与FTP服务器的连接。

（4）PWD：显示当前工作目录。

（5）DELE：删除文件。

（6）RETR：从服务器下载文件。

（7）STOR：向服务器上传文件。

（8）LIST：列出目录内容。

（9）RNFR：指定要重命名的文件或目录。

（10）RNTO：完成重命名操作。

这些命令允许用户在FTP服务器上执行各种操作，如文件上传、下载、删除、重命名以及目录管理等。

第 2 章

传输层和网络层协议

本章内容

- 传输层协议

TCP：提供可靠的数据传输服务，应用场景包括客户端与服务端多次交互、文件分段传输等。

UDP：适用于数据包不分段、实时通信、组播或广播通信等场景。

传输层与应用层关系：用传输层协议加端口号标识应用层协议，端口号可分为服务器和客户端使用的端口号。

端口与服务关系：服务器端口与服务紧密对应，目标IP定位服务器，目标端口定位服务。

端口与网络安全：服务器开放必要端口加强安全，路由器设置访问控制列表控制内网访问流量。

- IP协议

IP协议定义了实现数据包转发所需要的字段，这些字段称为IP首部。网络中的路由器根据IP首部转发处理数据包。

- ICMP协议

ICMP协议是TCP/IP协议栈中网络层的一种协议，用于在IP主机、路由器之间传递控制消息，如网络通不通、主机是否可达、路由是否可用等网络本身的消息。

- ARP协议

ARP（地址解析协议）是IPv4中必不可少的一种协议，主要功能是将IP地址解析为MAC地址，维护IP地址与MAC地址的映射关系的缓存，即ARP表项，实现网段内重复IP地址的检测。

本章主要介绍计算机网络中传输层和网络层的相关协议，如图2-1所示，包括TCP和UDP传输层协议、IP协议、ICMP协议、ARP协议等。

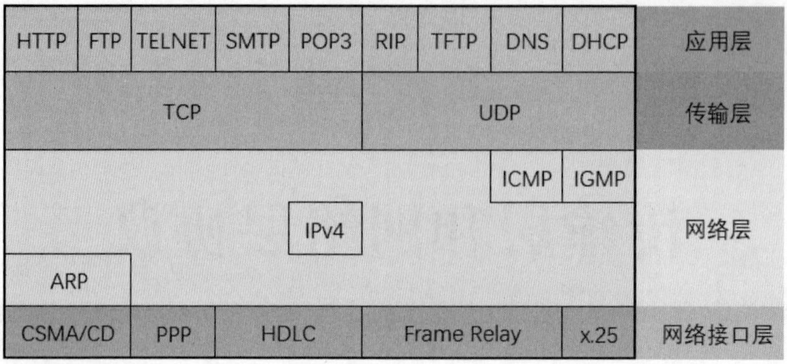

HTTP
FTP
TELNET
SMTP
POP3
RIP
TFTP
DNS
DHCP
应用层
TCP
UDP
传输层
ICMP
IGMP
IPv4
ARP
网络层
CSMA/CD
PPP
HDLC
Frame Relay
x.25
网络接口层

图 2-1　TCP/IP 协议

2.1　传输层协议

计算机网络负责为网络中的计算机和智能设备传输数据。如图2-2所示，服务器给客户机发送一个网页，网络有可能堵塞导致数据包丢失，第五个数据包被路由器丢弃，不同的数据包单独选择转发路径，有可能不按顺序到达客户机，如图2-2所示，第四个数据包已经到达客户机缓存，但第三个数据包还没到达。

服务器
客户机
网页
缓存
8
7
TCP
TCP
1
4
2
缓存
5
6
3

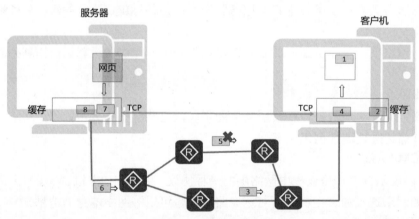

图 2-2　丢包和乱序

为了在不可靠的网络中为计算机提供可靠的通信，需要在这些通信的计算机中有一种机制，发送端能够发现丢包后自动重传，接收端能够排序接收的数据包，发送端还要能够感知网络是否拥塞，自动调整发送速度。

TCP使互联网中通信的计算机实现了可靠的数据通信。TCP协议使得互联网中的各种服务器（Windows服务器、Linux服务器等）和计算机（Windows10、Windows11等）、智能设备（安卓、苹果手机等）能够相互通信。

2.1.1 TCP 的应用场景

TCP为应用层协议提供了可靠的传输服务,发送端按顺序发送数据,接收端按顺序接收数据,其间若发生丢包、乱序等情况,TCP须负责重传和排序。下面是TCP的应用场景。

(1)客户端程序和服务端程序需要多次交互才能实现应用程序的功能,如接收电子邮件使用的POP3和发送电子邮件使用的SMTP,以及传输文件使用的FTP,在传输层使用的都是TCP。

(2)应用程序传输的文件需要分段传输,比如在浏览器访问网页或者使用QQ传输文件时,在传输层均会选用TCP进行分段传输。

举例来说,假如要从网络中下载一部大小为500Mbit的电影或者一个200Mbit的软件,如此大的文件必须拆分成众多数据包来进行发送,发送过程或许会持续几分钟甚至几十分钟。在这段时间里,发送方会以字节流的形式将所要发送的内容一边发送一边存放到缓存中,传输层会把缓存中的字节流进行分段并予以编号,随后依照顺序发送。在此过程中,需要发送方和接收方建立连接,并对通信过程的一些参数进行协商(如一个分段最多为多少个字节等)。需要指出的是,这里所提到的段在网络层加上IP首部就能够形成数据包。倘若网络不稳定导致某个数据包丢失,那么发送方必须重新发送丢失的数据包,不然就会致使接收的文件不完整,而TCP协议能够达成可靠传输。如果发送方的发送速度过快,接收方来不及处理,接收方还会告知发送方降低发送速度甚至停止发送,这便是TCP的流量控制功能。在互联网中,流量并非固定不变,在流量高峰时可能会引发网络拥塞(这一点很容易理解,就如同城市上下班高峰时期的交通堵塞),来不及转发的数据包就会被路由器丢弃。TCP协议在传输过程中会持续探测网络是否拥塞,从而调整发送速度。TCP协议具备拥塞避免机制。

如图2-3所示,发送方的发送速度由网络是否拥塞和接收端接收速度两个因素控制,哪个速度低,就选用哪个速度发送。

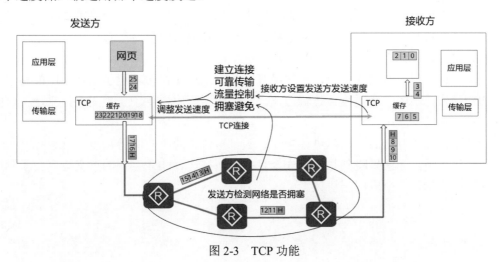

图 2-3　TCP 功能

2.1.2 UDP 的应用场景

有些应用程序通信，使用TCP协议就显得效率低了。比如有些应用，客户端只需向服务器发送一个请求报文，服务器返回一个响应报文就完成其功能。这类应用如果使用TCP，发送三个数据包建立连接，再发送四个数据包释放连接，效率并不高。这类应用，在传输层通常使用用户数据报协议（User Datagram Protocol，UDP），以下是使用UDP协议的场景。

（1）客户端程序和服务端程序通信，应用程序发送的数据包不需要分段。比如，域名解析时，DNS协议在传输层就使用UDP，客户端向DNS服务器发送一个报文解析某个网站的域名，DNS服务器将解析的结果使用一个报文返回给客户端。

（2）实时通信。比如，使用QQ、微信语音聊天、视频聊天等功能时，这类应用，发送端和接收端需要实时交互，也就是不允许较长延迟，即便有几句话因为网络堵塞没听清，也不要使用TCP等待丢失的报文，如果等待的时间太长了，就不能实现实时聊天了。

（3）组播或广播通信。比如，学校多媒体机房，教师的计算机屏幕需要教室的学生计算机接收，在教师的计算机安装多媒体教室服务端软件，学生计算机安装多媒体教室客户端软件，教师计算机使用组播地址或广播地址发送报文，学生计算机都能收到。这类一对多通信在传输层使用UDP。

了解传输层两个协议的特性与应用场景后，便能轻松判断某个应用层协议在传输层使用TCP还是UDP。接下来进行分析判断，QQ传输文件在传输层运用的是何种协议？QQ 聊天在传输层又使用的是什么协议？

当使用QQ给好友传输文件时，传输文件的过程会持续数分钟乃至数十分钟，显然无法仅依靠一个数据包完成文件传输，需要将文件进行分段传输。在传输期间，要实现可靠传输、流量控制、拥塞避免等功能，都必须在传输层采用 TCP 协议来达成。

而使用QQ与好友聊天时，通常一次输入的聊天内容不会有过多文字，能够通过一个数据包将聊天内容发送出去，并且在聊完第一句后，无法确定何时会聊第二句，即发送数据并非持续进行，所以没有必要让通信的两台计算机一直保持连接，因此发送QQ 聊天内容时在传输层使用的是UDP。

综上所述，依据通信的特点，程序员开发的应用程序在传输层会选择不同的协议。

UDP是传输层的一个无连接传输协议，它为应用程序提供了一种无须建立连接就能发送 IP 数据包的方式。

UDP不存在对发送的数据包进行排序、丢包重传、流量控制等功能。这意味着，当报文发送出去后，无法知晓其是否已安全且完整地抵达。UDP存在的意义更多在于利用UDP加端口来标识一个应用层协议。

2.1.3 传输层协议和应用层协议的关系

应用层协议有很多,但是传输层就只有两个。那么如何使用传输层的这两个协议来标识不同的应用层协议呢?

通常用传输层协议加一个端口号来标识一个应用层协议,如图2-4所示展示了传输层协议和应用层协议之间的关系。在传输层使用16位二进制标识一个端口,端口号取值范围是0~65535,这个数目对一个计算机来说足够用了。

端口号可分为两大类,即服务器使用的端口号和客户端使用的端口号。

1. 服务器使用的端口号

服务器端使用的端口号又可以分为两类,最重要的一类叫做熟知端口号或系统端口号,数值为0~1023,这些数值可在网址www.iana.org查到。这些端口号指派给了TCP/IP最重要的一些应用程序,让所有的用户都知道。下面给出一些常用的熟知端口号,如图2-4所示。

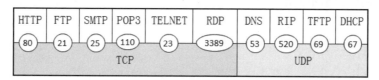

图 2-4 熟知端口号

另一类叫作登记端口号,数值为1024~49151。这类端口号是为没有熟知端口号的应用程序使用的。使用这类端口号必须在IANA按照规定的手续进行登记,以防止重复。比如,微软的远程桌面RDP使用TCP的3389端口,就属于登记端口号的范围。

2. 客户端使用的端口号

当打开浏览器访问网站或登录QQ等客户端软件与服务器建立连接时,计算机会为客户端软件分配临时端口,这就是客户端端口,取值范围为49152~65535,由于这类端口号仅在客户进程运行时才动态选择,因此又叫作临时(短暂)端口号。这类端口号是留给客户进程选择暂时使用的。当服务器进程收到客户进程的报文时,就知道了客户进程所使用的端口号,因此可以把数据发送给客户进程。通信结束后,刚才已使用过的客户端口号就不复存在了,这个端口号就可以供其他客户进程以后使用。

下面列出了一些常见的应用层协议默认使用的协议和端口号。

(1) HTTP默认使用TCP的80端口。

(2) FTP默认使用TCP的21端口。

(3) SMTP默认使用TCP的25端口。

(4) POP3默认使用TCP的110端口。

(5) HTTPS默认使用TCP的443端口。

(6) DNS默认使用UDP的53端口。

(7) 远程桌面协议(RDP)默认使用TCP的3389端口。

(8) Telnet默认使用TCP的23端口。

（9）Windows访问共享资源默认使用TCP的445端口。
（10）微软SQL数据库默认使用TCP的1433端口。
（11）MySQL数据库默认使用TCP的3306端口。

以上列出的都是默认端口，用户也可以更改应用层协议所使用的端口；如果不使用默认端口，则客户端需要指明所使用的端口。

2.1.4 端口和服务的关系

服务器侦听的端口与运行的服务之间存在着紧密的对应关系。

如图2-5所示，服务器运行了Web服务、SMTP服务和POP3服务，这三个服务分别使用HTTP、SMTP和POP3与客户端通信。现在网络中的A计算机、B计算机和C计算机分别打算访问服务器的Web服务、SMTP服务和POP3服务，并发送了三个数据包①②③，这三个数据包的目标端口分别是80、25和110，服务器收到这三个数据包后，就会根据目标端口将数据包提交给不同的服务。

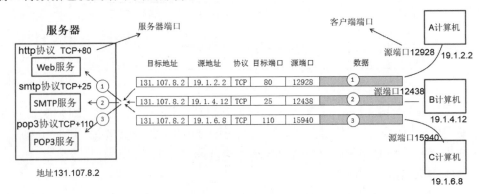

图 2-5　端口和服务的关系

总结：数据包的目标IP地址用于在网络中定位某一个服务器，目标端口用于定位服务器上的某个服务。

如图2-6所示，在Windows计算机上，打开命令行，输入netstat -a ｜ find " CP " 可以查看本机侦听的端口。｜find " TCP " 只显示带有" TCP "的行。

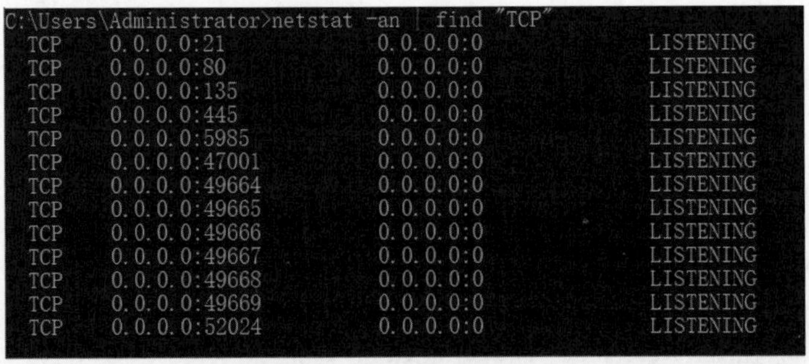

图 2-6　查看侦听的端口

使用telnet命令可以测试能否访问指定服务器的端口。只要不提示失败，就是成功。如图2-7所示为测试是否能够访问www.jd.com的80端口，如图2-8所示，端口扫描工具也可以扫描远程计算机打开的端口，进而知道远程计算机运行了哪些服务。

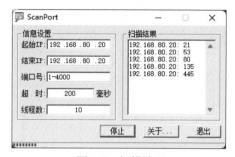

图 2-7　测试能否访问 80 端口　　　　　图 2-8　扫描端口

2.1.5　端口和网络安全

客户端与服务器之间的通信借助应用层协议来实现，而应用层协议通过传输层协议和端口进行标识。了解了这一关系之后，网络安全方面的知识也就能够有所掌握，这属于学习网络原理带来的额外收获。

倘若在一台服务器上安装了多个服务，其中某一服务存在漏洞并被黑客入侵，那么黑客就能够获取操作系统的控制权，进而对其他服务产生破坏。为了达成服务器网络安全设置的最大化，需设置防火墙，只开启必要的端口。

如图2-9所示，服务器对外提供Web服务，同时在该服务器上还安装有微软的数据库服务 MSSQL，网站的数据存于本地的数据库之中。如果服务器的防火墙未对进入的流量加以任何限制，并且数据库的内置管理员账户sa的密码为空或者是弱密码，那么网络中的黑客便能经由TCP的1433端口连接至数据库服务，他们很容易猜出数据库账户sa的密码，从而获取服务器操作系统管理员的身份，进一步在这台服务器上肆意妄为，这就表明服务器遭到了入侵。

TCP/IP协议在传输层有TCP和UDP两个协议，相当于网络中的两扇大门，如图2-9所示，门上开的洞就相当于开放TCP和UDP的端口。

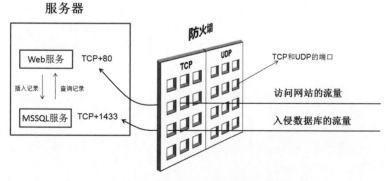

图 2-9　服务器上的防火墙示意图

如图2-10所示，若要使服务器的安全性更高，应当将通往应用层的TCP和UDP这两扇"大门"关闭，仅在"大门"上开放必要的端口。如果用户的服务器仅对外提供Web服务，那么可以对Web服务器的防火墙进行设置，使其仅向外部开放TCP的80端口，其余端口全部关闭。如此一来，即便服务器运行着使用TCP的1433端口来侦听客户端请求的数据库服务，互联网上的入侵者也无法通过数据库对服务器进行入侵。

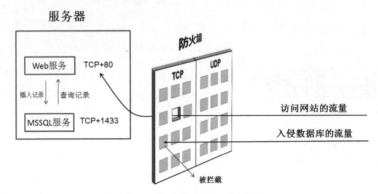

图 2-10　防火墙只打开特定端口

前面讲的是设置服务器的防火墙只开放必要的端口，以加强服务器的网络安全。

我们还能够在路由器上设置访问控制列表（ACL）以达成网络防火墙的功能，从而对内网访问Internet的流量进行控制。如图2-11所示，在企业路由器中仅开放了UDP的53端口和TCP的 80 端口，这样便允许内网计算机将域名解析的数据包发送至Internet的DNS服务器，也允许内网计算机运用HTTP协议访问Internet的Web服务器。然而，内网计算机无法访问Internet上的其他服务，如向Internet发送邮件（运用SMTP 协议）、从Internet接收邮件（运用 POP3协议）等。

现在大家应该能够明白，如果我们无法访问某个服务器的服务，很可能是网络中的路由器封禁了该服务所使用的端口。如图2-11所示，内网计算机通过telnet方式连接SMTP服务器的25端口会失败，这并非Internet上的SMTP服务器未运行SMTP服务，而是由于网络中的路由器封禁了访问SMTP服务器的端口。

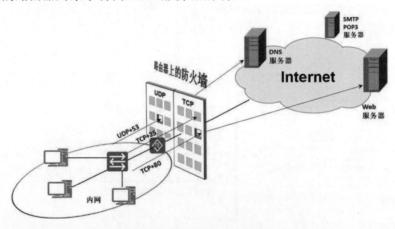

图 2-11　路由器上的防火墙

2.2 IP 协议

IP协议定义了实现数据包转发所需要的字段,这些字段称为IP首部。网络中的路由器根据IP首部转发处理数据包。

IP数据包首部的格式能够说明IP协议的功能。IP数据包由首部和数据两部分组成。首部的前一部分是固定长度,共20个字节,是所有IP数据包必须具备的。在首部固定部分的后面是一些可选字段,其长度是可变的。

2.2.1 IP 首部

在讲解IP首部之前,先使用抓包工具捕获数据包,查看IP首部包含的字段。

在计算机中打开抓包工具Wireshark,打开浏览器随便浏览一个网址,如图2-12所示,捕获数据包后,停止捕获,点中其中的一个数据包,展开Internet Protocol Version 4,这一部分就是IP首部,可以看到IP首部包含的全部字段。

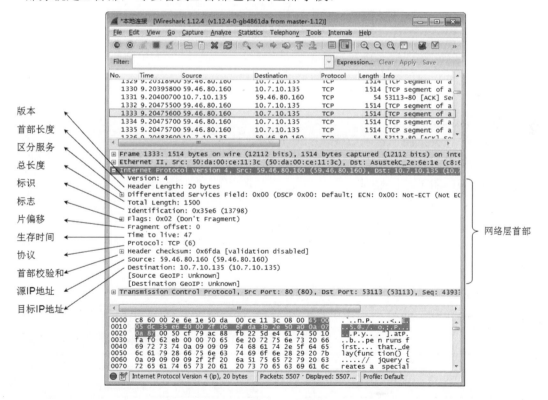

图2-12 IP首部

2.2.2 IP 首部格式

IP数据包首部的格式能够说明IP协议都具有什么功能。在TCP/IP的标准中，各种数据格式常常以32位（即4字节）为单位来描述。图2-13所示是IP数据包完整格式。

IP数据包由首部和数据两部分组成。首部的前一部分是固定长度，共20个字节，是所有IP数据包必须有的。在首部固定部分的后面是一些可选字段，其长度是可变的。

图 2-13　IP 协议首部

IP协议定义了实现数据包转发所需要的字段，这些字段称为IP首部。网络中的路由器根据IP首部转发处理数据包。IP首部包含的字段如下。

（1）版本：指明IP协议的版本。

（2）首部长度：表示首部的固定部分长度，共20个字节，可选字段长度可变。

（3）区分服务：用于指示数据包的服务类型。

（4）总长度：数据包的总长度，包括首部和数据部分。

（5）标识：用于标识数据包。

（6）标志：包括是否分片等标志位。

（7）片偏移：在分片时用于指示片的位置。

（8）生存时间（TTL）：控制数据包最多经过的路由器数量，每经过一个路由器TTL减1，减为零时丢弃数据包。

（9）协议：协议字段指出此数据包携带的数据是使用何种协议，以便使目的主机的网络层知道应将数据部分上交给哪个处理过程。图2-14所示为常用的一些协议和相应的协议字段值。

协议名	ICMP	IGMP	IP	TCP	EGP	IGP	UDP	IPv6	ESP	OSPF
协议字段值	1	2	4	6	8	9	17	41	50	89

图 2-14　协议号

（10）首部校验和：用于校验首部的正确性。

（11）源IP地址：发送数据包的主机的IP地址。

（12）目标IP地址：接收数据包的主机的IP地址。

IP数据包由首部和数据两部分组成，首部的固定部分为20字节，后面是可选字段。路由器除了根据数据包的目标地址查找路由表，给数据包选择转发的路径外，还要修改数据包IP首部的TTL，修改后还要重新计算首部校验然后再进行转发。

2.2.3 数据包 TTL 详解

各种操作系统发送数据包时，在网络首部都要给TTL字段赋值，用于限制该数据包能够通过的路由器数量，下面列出一些操作系统发送数据包默认的TTL值。网络中的路由器或交换机发送的数据包TTL通常为64或255。

```
Windows NT 4.0/2000/XP/2003/Windows 7/10    128
Windows Server 2008/2012/2016/2019          128
MS Windows 95/98/NT 3.51           32
Linux                                       64
UNIX 及类UNIX                      255
```

在计算机上ping一个远程计算机IP地址，可以看到从远程计算机发过来响应数据包的TTL。如图2-15所示，计算机A ping远程计算机Windows 11，Windows 11给计算机A返回响应数据包，Windows 11操作系统将发送到网络上的数据包的TTL设置为128，每经过一个路由器该数据包的TTL值就会减1，这样到达A计算机，响应数据包的TTL减少到126了，因此可以看到ping命令的输出结果"来自192.168.80.20的回复：字节=32 时间<1ms TTL=126"。

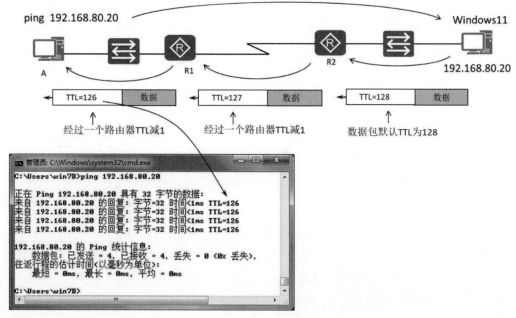

图 2-15　TTL 字段

路由器除了根据数据包的目标地址查找路由表，给数据包选择转发的路径外，还要修改数据包IP首部的TTL，修改了数据包的IP首部，还要重新计算首部校验和后再进行转发。

如果计算机A与Windows 11处于同一个网段，当计算机A对Windows 11进行ping操作时，则计算机A所显示的返回响应数据包的TTL是128。这是由于未经过路由器的转发，所以计算机A所看到的就是Windows 11在发送数据包时为其指定的TTL值。

操作系统给数据包网络层设置的TTL默认值是可以修改的，比如Windows 11，就可以通过向注册表中添加一个DefaultTTL键，设置默认的TTL值。

2.2.4 实战——指定 ping 命令发送数据包的 TTL 值

虽然操作系统会给发送的数据包指默认的TTL值，但是ping命令允许我们使用一个参数-i指定发送的ICMP请求数据包的TTL值。

如果一个路由器在转发数据包之前将该数据包的TTL值减1，如果减1后TTL变为0，路由器就会丢弃该数据包，然后产生一个ICMP响应数据包给发送者，说明TTL耗尽。通过这种方式，能够知道数据包到达目的地经过了哪些路由器。

如图2-16所示，在A计算机ping远程网站edu.51cto.com，指定TTL为1。

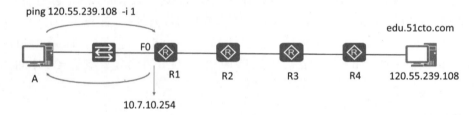

图 2-16　指定 TTL

R1路由器的F0接口收到ICMP请求数据包，将其TTL减1后，发现其TTL为0，于是丢弃该ICMP请求数据包，R1产生一个新的ICMP响应数据包，发送给计算机A，计算机A收到一个"来自10.7.10.254的回复：TTL传输中过期"。你就会知道途经的第一个路由器是10.7.10.254。

```
C:\Users\han>ping edu.51cto.com -i 1
正在 Ping yun.dns.51cto.com [120.55.239.108] 具有 32 字节的数据：
来自 10.7.10.254 的回复: TTL 传输中过期。
来自 10.7.10.254 的回复: TTL 传输中过期。
来自 10.7.10.254 的回复: TTL 传输中过期。
来自 10.7.10.254 的回复: TTL 传输中过期。
120.55.239.108 的 Ping 统计信息:
    数据包: 已发送 = 4，已接收 = 4，丢失 = 0 (0% 丢失)，
```

如图2-17所示，在A计算机ping远程网站edu.51cto.com，指定TTL为2。该ICMP请求数据包经过R1后 TTL变为1，R2路由器收到后将其TTL减1后，发现其TTL为0，于是丢弃该ICMP请求数据包，R2路由器产生一个新的ICMP响应数据包，发送给计算机A。计算机A收到一个"来自172.16.0.250的回复：TTL传输中过期"。你就会知道途经的第二个路由器是172.16.0.250。

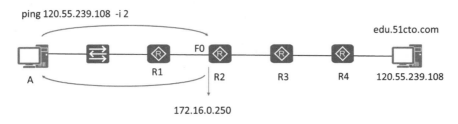

图2-17　指定TTL

```
C:\Users\han>ping edu.51cto.com -i 2
正在 Ping yun.dns.51cto.com [120.55.239.108] 具有 32 字节的数据：
来自 172.16.0.250 的回复: TTL 传输中过期。
来自 172.16.0.250 的回复: TTL 传输中过期。
来自 172.16.0.250 的回复: TTL 传输中过期。
来自 172.16.0.250 的回复: TTL 传输中过期。
120.55.239.108 的 Ping 统计信息:
    数据包: 已发送 = 4，已接收 = 4，丢失 = 0 (0% 丢失)，
```

在A计算机ping远程网站edu.51cto.com，指定TTL为3，就会收到从第三个路由器R3发过来的ICMP响应数据包。你就会知道途经的第三个路由器是111.11.85.1。

通过这种方式用户便能够知道计算机给目标地址发送数据包，途经的第n个路由器是哪个路由器。

Tracert 命令可以跟踪数据包路径，使用的就是这种原理。

```
C:\Users\dell>tracert -d 120.55.239.108
通过最多 30 个跃点跟踪到 120.55.239.108 的路由
  1    1 ms    <1 毫秒    <1 毫秒   10.7.10.254
  2    7 ms     5 ms      7 ms     172.16.0.250
  3    *        5 ms      5 ms     111.11.85.1
```

2.3　ICMP 协议

ICMP协议是TCP/IP协议栈中网络层的一个协议，ICMP是（Internet Control Message Protocol，Internet控制报文协议），它是TCP/IP网络层一个协议，用于在IP主机、路由器

之间传递控制消息。控制消息是指网络通不通、主机是否可达、路由是否可用等网络本身的消息。

ICMP报文是在IP数据报内部被传输的，它封装在IP数据报内。ICMP报文通常被IP层或更层协议（TCP或UDP）使用，一些ICMP报文会把差错报文返回给用户进程。

2.3.1 实战——抓包查看 ICMP 报文格式

ping命令就能够产生一个ICMP请求报文发送给目标地址，用于测试网络是否畅通，如果目标计算机收到ICMP请求报文，就会返回ICMP响应报文，如图2-18所示。

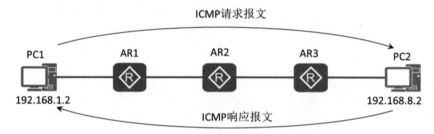

图 2-18　CMP 请求和 ICMP 响应报文

运行抓包工具Wireshark，打开命令提示符，ping www.douyin.com这个域名，测试到这个网站的网络是否畅通，能够捕获发出去的ICMP请求和返回来的ICMP响应报文。如图2-19所示，在显示筛选器输入icmp，应用显示筛选器。可以看到第56个数据包为ICMP请求报文，有ICMP报文类型、ICMP报文代码、校验和以及ICMP数据部分。请求报文类型值为8，报文代码为0。注意：现在不是查看IP首部格式，而是ICMP报文的格式。

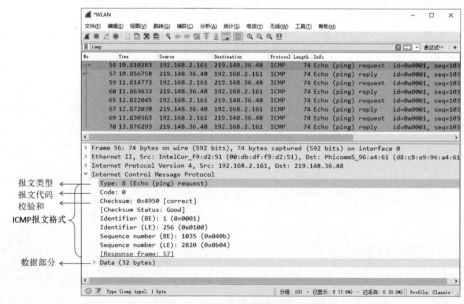

图 2-19　ICMP 请求报文

如图2-20所示是ICMP响应报文，其类型值为0，报文代码为0。

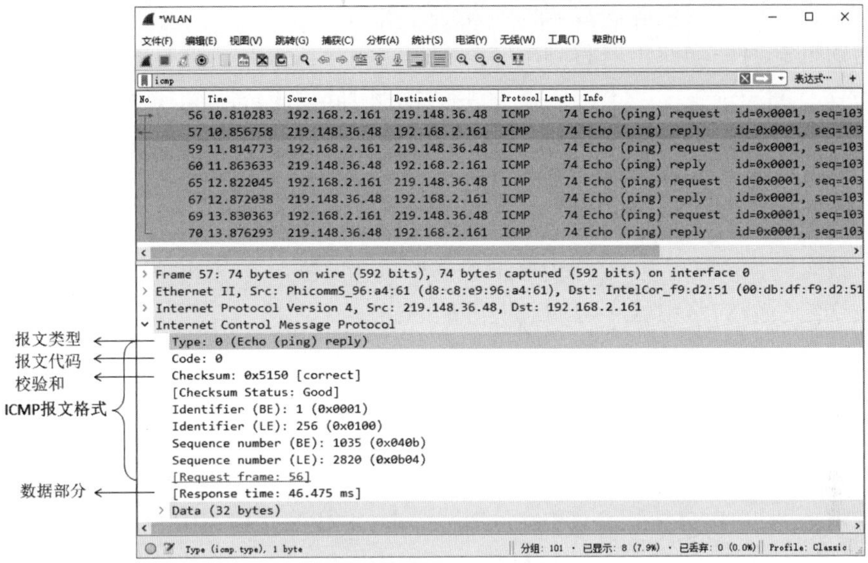

图 2-20　ICMP 响应报文

2.3.2　ICMP 报文类型

ICMP协议定义了三种报文类型，即请求报文、响应报文和差错报告报文，每种类型又使用代码来进一步指明ICMP报文所代表的不同的含义。图2-21所示为常见ICMP报文的类型和代码所代表的含义。

报文种类	类型值	代码	描述
请求报文	8	0	请求回显报文
响应报文	0	0	回显应答报文
差错报告报文	3 （终点不可到达）	0	网络不可达
		1	主机不可达
		2	协议不可达
		3	端口不可达
		4	需要进行分片但设置了不分片
		13	由于路由器过滤，通信被禁止
	4	0	源端被关闭
	5 （改变路由）	0	对网络重定向
		1	对主机重定向
	11	0	传输期间生存时间（TTL）为0
	12 （参数问题）	0	坏的IP首部
		1	缺少必要的选项

图 2-21　ICMP 报文类型

ICMP差错报告共有以下五种。

（1）终点不可到达。当路由器或主机没有到达目标地址的路由时，就丢弃该数据包，给源点发送终点不可到达报文。

（2）源点抑制。当路由器或主机由于拥塞而丢弃数据包时，就会向源点发送源点抑制报文，使源点知道应当降低数据包的发送速率。

（3）时间超时。当路由器收到生存时间为零的数据报时，除丢弃该数据报外，还要向源点发送时间超过报文。当终点在预先规定的时间内不能收到一个数据报的全部数据报片时，就把已收到的数据报片都丢弃，并向源点发送时间超过报文。

（4）参数问题。当路由器或目的主机收到的数据报首部中有些字段的值不正确时，就丢弃该数据报，并向源点发送参数问题报文。

（5）改变路由（重定向）。路由器把改变路由报文发送给主机，让主机知道下次应将数据报发送给另外的路由器（可通过更好的路由）。

2.4 ARP

地址解析协议（Address Resolution Protocol，ARP）是IPv4中必不可少的一种协议，它的主要功能是将IP地址解析为MAC地址，维护IP地址与MAC地址映射关系的缓存，即ARP表项，实现网段内重复IP地址的检测。

2.4.1 以太网和MAC地址

为了更好地说明问题，在介绍ARP之前，先来介绍一下以太网和MAC地址。

（1）以太网

以太网就是一种广播式数据链路层协议，支持多点接入。交换机组建的网络就是典型的以太网，计算机的网卡遵循的就是以太网标准。在以太网中，每个计算机网卡和网络设备接口（如路由器接口和三层交换机的虚拟接口）都有一个MAC地址。

（2）MAC地址

MAC地址也叫物理地址、硬件地址，由网络设备制造商生产时烧录在网卡（Network Interface Card，NC）的闪存芯片中。MAC地址在计算机中都是以二进制表示的，由48位二进制数组成。以太网中的计算机通信必须指明目标MAC地址和源MAC地址。

在Windows系统上查看计算机网卡的MAC地址，输入"ipconfig /all"可以看到网卡的MAC地址，如下所示。在Windows中它被称为"物理地址"，这里看到的是十六进制的MAC地址。

```
C:\Users\hanlg>ipconfig /all
Windows IP 配置


   连接特定的 DNS 后缀 . . . . . . . . : lan
   描述. . . . . . . . . . . . . . . : Intel(R) Dual Band Wireless-AC 3165
   物理地址. . . . . . . . . . . . . : 00-DB-DF-F9-D3-51
```

```
    DHCP 已启用 . . . . . . . . . . . : 是
    自动配置已启用. . . . . . . . . . : 是
    本地链接 IPv6 地址. . . . . . . : fe80::65d6:9e31:63a0:9dd1%11(首选)
    IPv4 地址 . . . . . . . . . . . . : 192.168.2.161(首选)
    子网掩码 . . . . . . . . . . . . : 255.255.255.0
    获得租约的时间 . . . . . . . . . : 2020年8月3日 15:46:18
    租约过期的时间 . . . . . . . . . : 2020年8月4日 16:43:43
    默认网关. . . . . . . . . . . . . : 192.168.2.1
```

网络设备一般有一个ARP缓存（ARP Cache）。ARP缓存用于存放IP地址和MAC地址的关联信息。在Windows系统命令行输入"arp -a"可以查看ARP缓存。

```
C:\Users\hanlg>arp -a
接口: 192.168.80.111 --- 0x7
  Internet 地址         物理地址              类型
  192.168.80.1          00-50-56-ee-48-75     动态
  192.168.80.11         00-50-56-c0-00-08     动态
  192.168.80.19         00-0c-29-8f-f1-16     动态
  192.168.80.23         00-0c-29-ea-a7-a4     动态
```

在发送数据前，设备会先查找ARP缓存表。如果缓存表中存在对方设备的ARP表项，则直接采用该表项中的MAC地址来封装帧，然后将帧发送出去。如果缓存表中不存在相应信息，则通过发送ARP Request报文来获得它。

IP地址和MAC地址的映射关系会被放入ARP缓存表中存放一段时间。在有效期内（默认180s），设备可以直接从这个表中查找目标MAC地址来进行数据封装，而无须进行ARP查询。过了这段有效期，ARP表项会被自动删除。

如果目标IP地址位于其他网络，则源设备会在ARP缓存表中查找网关（本网络中路由器接口）的MAC地址，然后将数据发送给网关。路由器收到数据包后再为数据包选择转发路径。

2.4.2　ARP 工作过程

ARP的工作过程如图2-22所示。计算机A发送ARP请求报文，请求解析192.168.1.20的目标MAC地址，因为计算机A不知道192.168.1.20的目标MAC地址，所以该请求将目标MAC地址写成广播地址，即FF-FF-FF-FF-FF-FF，交换机收到后会将该请求转发到全部端口。

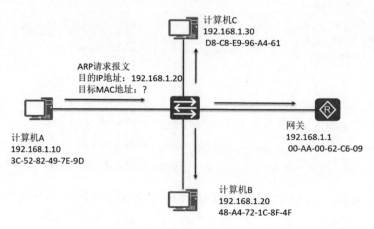

图 2-22　ARP 请求使用广播帧

所有的主机接收到该ARP Request报文后，都会检查它的目的端IP地址字段与自身的IP地址是否匹配。如果不匹配，则主机不会响应该ARP Request报文；如果匹配，则主机会将ARP请求报文中的发送端MAC地址和发送端IP地址信息记录到自己的ARP缓存表中，然后通过ARP Reply报文进行响应，如图2-23所示。ARP响应帧目标MAC地址是计算机A的MAC地址。

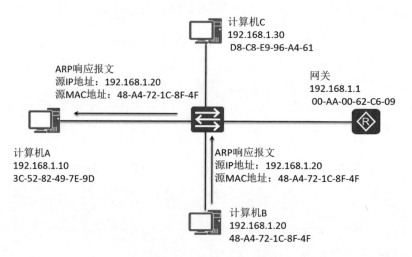

图 2-23　ARP 响应使用单播帧

2.4.3　同一网段通信和跨网段通信

如图2-24所示，网络中有两个以太网和一条点到点链路，计算机和路由器接口的地址如图2-24中所示，图中的MA、MB直至MH，代表对应接口的MAC地址。计算机A与同一网段的计算机B通信，计算机A发送ARP广播解析目标IP地址的MAC地址，以后通信的帧封装目标IP地址和MAC地址。

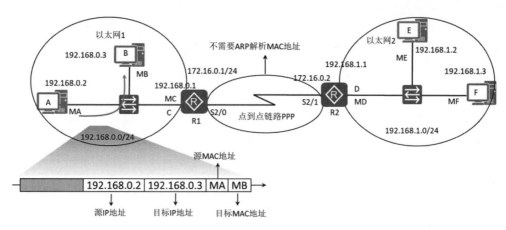

图 2-24　同一网段通信计算机发送 ARP 广播解析目标 IP 地址的 MAC 地址

计算机A与不同网段计算机F通信，计算机A需解析网关的MAC地址。计算机A发送给计算机F的帧如图2-25所示，注意观察该数据包在两个以太网中封装的IP地址和MAC地址。在传输过程中，数据包的源IP地址和目标IP地址是不变的，数据包要从计算机A发送到计算机F，需要转发路由器R1的C接口的MAC地址，因此，在以太网1中数据包封装的源MAC地址是MA，而目标MAC地址是MC。数据包到达路由器R2，就要从R2的D接口发送到计算机F，数据包要重新封装数据链路层，源MAC地址为MD，目标MAC地址是MF。

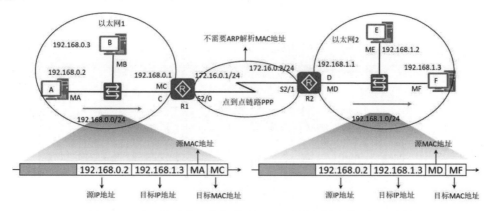

图 2-25　跨网段通信计算机发送 ARP 广播解析网关 MAC 地址

从跨网段通信帧的封装来看，数据包的目标IP地址决定了数据包的终点，帧的目标MAC地址决定了数据包下一跳给哪个接口。ARP只能解析同一网段的MAC地址。来自其他网段计算机的数据包，源MAC地址都是路由器接口的MAC地址。本例中，计算机F不能知道计算机A的MAC地址，计算机F看到的来自计算机A的数据包源MAC地址是路由器R2接口D的MAC地址。

ARP只是在以太网中使用，点到点链路在数据链路层通常使用PPP，PPP定义的帧格式没有MAC地址字段，所以不用ARP解析MAC地址。

通过ARP解析到MAC地址后，以太网接口会缓存解析的MAC地址，在Windows系统中运行"arp -a"指令可以查看ARP表项。"动态"类型的条目表明是ARP解析得到的，过一段时间不使用，其就会从缓存中被清除。

```
C:\Users\hanlg>arp -a
接口: 192.168.2.161 --- 0xb
  Internet 地址           物理地址              类型
  192.168.2.1            d8-c8-e9-96-a4-61    动态
  192.168.2.255          ff-ff-ff-ff-ff-ff    静态
  224.0.0.22             01-00-5e-00-00-16    静态
  224.0.0.251            01-00-5e-00-00-fb    静态
  224.0.0.252            01-00-5e-00-00-fc    静态
  255.255.255.255        ff-ff-ff-ff-ff-ff    静态
```

2.4.4 抓包分析 ARP 帧

图2-26所示是使用抓包工具捕获的ARP请求数据包，其中第27帧是计算机192.168.80.20解析192.168.80.30的MAC地址发送的ARP请求数据包。注意观察目标MAC地址为ff: ff: ff: ff: ff: ff，让网络中的所有设备都能收到。其中Opcode是选项代码，指示当前包是请求报文还是应答报文，ARP请求报文的值是0x0001，ARP应答报文的值是0x0002，应答报文是单播帧。第28帧是ARP应答帧，可以看到该帧的目标MAC地址不是广播地址，而是192.168.80.20的MAC地址。

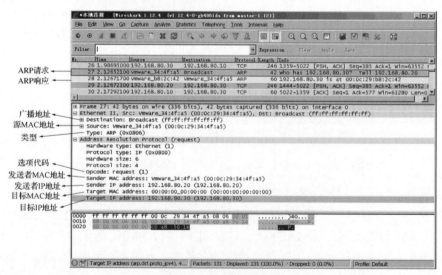

图 2-26　ARP 请求帧

ARP是建立在网络中各个主机互相信任的基础上的，计算机A发送ARP广播帧解析计算机C的MAC地址，同一个网段中的计算机都能够收到这个ARP请求消息，任何一个主机都可以给计算机A发送ARP应答消息，可能告诉计算机A一个错误的MAC地址，计算机A收到ARP应答报文时并不会检测该报文的真实性,而是会将其直接记入本机ARP缓存,这样就存在ARP欺骗的安全隐患。

2.5 习题

一、选择题

1. 下列哪个传输层协议提供可靠的数据传输服务(　　)。
   A. TCP　　　　B. UDP　　　　C. ICMP　　　　D. IGMP
   答案:A

2. UDP协议适用于下列哪种应用场景(　　)。
   A. 文件传输　　　　　　　B. 电子邮件
   C. 实时视频会议　　　　　D. 远程登录
   答案:C

3. 熟知端口号的范围是(　　)。
   A. 0~1023　　B. 0~255　　C. 0~65535　　D. 1024~49151
   答案:A

4. HTTP协议默认使用的端口号是(　　)。
   A. 21　　　　B. 25　　　　C. 80　　　　D. 443
   答案:C

5. 关闭不必要的端口可以提高系统的(　　)。
   A. 性能　　　B. 稳定性　　　C. 安全性　　　D. 可用性
   答案:C

6. 端口扫描工具可以用于(　　)。
   A. 检测网络故障　　　　　B. 发现开放的端口
   C. 优化网络性能　　　　　D. 加密数据传输
   答案:B

7. 对于一些关键服务的端口,应该采取的安全措施不包括(　　)。
   A. 限制访问来源　　　　　B. 关闭该端口
   C. 定期更新密码　　　　　D. 加密通信
   答案:B

8. 如果一个应用程序需要使用特定的端口号,但该端口已被占用,应该首先尝试(　　)。
   A. 重启计算机
   B. 查找占用该端口的进程并停止它
   C. 更换应用程序
   D. 忽略该问题
   答案:B

9. 下列关于端口和网络安全的说法，正确的是（　　）。
   A．开放的端口越多，系统越安全
   B．端口与网络安全无关
   C．恶意攻击者可以通过扫描开放端口寻找漏洞
   D．关闭所有端口可以完全避免网络攻击
   答案：C

10. IP数据包首部的固定长度是多少字节（　　）。
    A．20　　　　　B．32　　　　　C．40　　　　　D．64
    答案：A

11. TTL字段的作用是（　　）。
    A．控制数据包的生存时间
    B．标识数据包的优先级
    C．验证数据包的完整性
    D．指示数据包的目标地址
    答案：A

12. 在ping命令中，默认发送的数据包的TTL值与操作系统相关，下列操作系统中默认TTL值为128的是（　　）。
    A．Windows 11　　B．Linux　　C．UNIX　　D．MS Windows 95
    答案：A

13. 使用ping命令时，如果收到"TTL传输中过期"的回复，说明（　　）。
    A．目标主机不可达
    B．数据包经过的路由器数量超过了TTL限制
    C．网络连接不稳定
    D．目标主机正在忙碌
    答案：B

14. tracert命令使用的原理与下列哪个选项相关（　　）。
    A．TTL　　　　　B．ICMP　　　　　C．ARP　　　　　D．IP
    答案：A

15. 当计算机A与Windows 11处于同一个网段，计算机A对Windows 11进行ping操作时，显示的返回响应数据包的TTL是（　　）。
    A．128　　　　　B．64　　　　　C．255　　　　　D．取决于路由器设置
    答案：A

16. 操作系统给数据包网络层设置的TTL默认值（　　）。
    A．不能修改　　　　　　　　　B．可以修改
    C．只能在安装系统时设置　　　D．由网络管理员统一设置
    答案：B

17. 在Windows系统中，查看计算机网卡的MAC地址可以使用（　　）命令。
    A．ping　　　B．tracert　　　C．ipconfig /all　　　D．arp -a

答案：C

18. 下列关于IP协议的说法，错误的是（　　）。
    A．IP协议负责数据包的路由和转发
    B．IP首部的固定部分长度是可变的
    C．路由器根据IP首部的信息进行数据包的转发
    D．IP协议通过IP地址来标识网络中的主机
    答案：B

19. ARP协议的主要功能是（　　）。
    A．将IP地址解析为MAC地址
    B．将MAC地址解析为IP地址
    C．实现数据包的路由选择
    D．提供数据加密服务
    答案：A

20. ARP缓存中存放的是（　　）。
    A．IP地址和端口号的关联信息
    B．IP地址和MAC地址的关联信息
    C．MAC地址和端口号的关联信息
    D．域名和IP地址的关联信息
    答案：B

21. 当设备在ARP缓存表中查找不到目标设备的ARP表项时，会（　　）。
    A．放弃发送数据
    B．发送ARP Request报文来获得
    C．使用默认的MAC地址
    D．等待一段时间后再尝试
    答案：B

22. ARP请求报文的目标MAC地址通常是（　　）。
    A．广播地址　　　　　　　　　　B．网关的MAC地址
    C．目标设备的MAC地址　　　　　D．自己的MAC地址
    答案：A

23. 关于ARP协议，下列说法正确的是（　　）。
    A．ARP协议只能在以太网中使用
    B．ARP协议可以解析不同网段的MAC地址
    C．ARP协议是一种可靠的协议
    D．ARP协议不存在安全隐患
    答案：A

二、简答题

1. 简述TCP和UDP的主要区别。
答：TCP是面向连接、可靠的传输协议，有确认、重传、拥塞控制等机制，保证数

据的准确传输和顺序性；UDP是无连接、不可靠的协议，没有确认、重传、拥塞控制等机制，传输速度快，但可能出现丢包、乱序等情况。

2. UDP有哪些应用场景？

答：实时视频、音频传输，如视频会议、在线直播等；对实时性要求高但对数据准确性要求相对较低的场景，如在线游戏等；简单的网络查询服务，如DNS查询等。

3. 端口和安全有什么关系？

答：关闭不必要的端口可以降低系统被攻击的风险。恶意攻击者常常通过扫描开放的端口来寻找可利用的漏洞，如果有不必要的端口开放，就增加了被攻击的可能性。关闭不必要的端口可以降低系统的攻击面，提高系统的安全性。

4. 应用层协议和传输层协议之间是如何关联的？

答：通常用传输层协议加一个端口号来标识一个应用层协议。例如，HTTP默认使用TCP的80端口，FTP默认使用TCP的21端口等。

5. IP协议的主要功能是什么？

答：IP协议定义了实现数据包转发所需要的字段，包括版本、首部长度、区分服务、总长度、标识、标志、片偏移、生存时间、协议、首部校验和、源IP地址、目标IP地址等。网络中的路由器根据IP首部转发处理数据包，实现数据的路由和传输。

6. ICMP协议的作用是什么？

答：ICMP协议是TCP/IP网络层的一种协议，用于在IP主机、路由器之间传递控制消息，如网络通不通、主机是否可达、路由是否可用等网络本身的消息。

7. ARP协议的工作过程是怎样的？

答：当计算机A发送ARP请求报文，请求解析目标MAC地址时，因为计算机A不知道该目标MAC地址，所以将请求的目标MAC地址写成广播地址，交换机收到后会将该请求转发到全部端口。所有的主机接收到该ARP Request报文后，若目的端IP地址与自身的IP地址匹配，则将ARP请求报文中的发送端MAC地址和发送端IP地址信息记录到自己的ARP缓存表中，然后通过ARP Reply报文进行响应，ARP响应帧目标MAC地址是计算机A的MAC地址。

8. ARP协议存在哪些安全隐患？

答：ARP是建立在网络中各个主机互相信任的基础上的，计算机A发送ARP广播帧解析计算机C的MAC地址，同一个网段中的计算机都能够收到这个ARP请求消息，任何一个主机都可以给计算机A发送ARP应答消息，可能告诉计算机A一个错误的MAC地址，计算机A收到ARP应答报文时并不会检测该报文的真实性，而是会将其直接记入本机ARP缓存，这样就存在ARP欺骗的安全隐患。

第 3 章

IP 地址和子网划分

本章内容

- IP地址的定义和结构：IP地址是由32位二进制数组成的，分为网络部分和主机部分，用于标识网络中的设备。
- 子网掩码的作用：子网掩码用于区分IP地址中的网络部分和主机部分，帮助确定设备所在的网段。
- 网关的概念：网关是连接不同网段的设备，负责在不同网络之间转发数据。
- IP地址的分类：IP地址可分为A类、B类、C类、D类和E类，不同类别有不同的特点和用途。
- 公网地址和私网地址的区别：公网地址是全球唯一的，而私网地址用于内部网络，访问公网时需要进行地址转换（NAT）。
- 特殊的IP地址：包括网络地址、广播地址等，这些地址有特定的用途和限制。
- 子网划分：子网划分是将一个网络划分为多个子网的过程，主要有等长子网划分和变长子网划分两种方式。
- 合并网段：通过将网络掩码向左移动，可以将多个网段合并成一个大的网段，称为超网。
- IP地址标识网络中的设备：使网络中的设备能够被唯一识别和定位，就像现实生活中的门牌号一样。IP地址和子网掩码协同工作，可以帮助实现网络中的设备识别、通信和数据路由等功能。

3.1 IP 地址详解

IP 地址就是给每个连接在 Internet 上的主机分配的一个 32 位的二进制地址。IP 地址用于定位网络中的计算机和网络设备。

3.1.1 MAC 地址和 IP 地址

每一个网络设备都有一个全球唯一的MAC地址（Media Access Control Address），也称为物理地址、硬件地址，用于定义网络设备的位置。它由设备的制造商在生产过程中烧录到设备的网卡中，确保在全球范围内不会有两个相同的MAC地址。

例如，一台计算机、一部智能手机、一台打印机等设备的MAC地址都是独一无二的。

MAC地址是48位二进制数，通常用十六进制数表示，如 00-1A-2B-3C-4D-5E。

这48位地址分为两个部分：前24位是组织唯一标识符（OUI），由 IEEE（电气和电子工程师协会）分配给不同的设备制造商；后24位是由制造商自己分配的扩展标识符，用于唯一标识其生产的具体设备。

在Windows系统上输入命令"ipconfig /all"查看网卡的MAC地址，物理地址就是网卡的MAC地址。

```
C:\Users\dell>ipconfig /all

无线局域网适配器 WLAN 2:

   连接特定的 DNS 后缀 . . . . . . . :
   描述. . . . . . . . . . . . . . . : Intel(R) Wi-Fi 6 AX201 160MHz #2
   物理地址. . . . . . . . . . . . . : 94-E7-0B-10-03-FB
   DHCP 已启用 . . . . . . . . . . . : 是
   自动配置已启用. . . . . . . . . . : 是
   IPv4 地址 . . . . . . . . . . . . : 192.168.1.121(首选)
   子网掩码  . . . . . . . . . . . . : 255.255.255.0
   获得租约的时间  . . . . . . . . . : 2024年9月1日 12:01:01
   租约过期的时间  . . . . . . . . . : 2024年9月4日 12:01:01
   默认网关. . . . . . . . . . . . . : 192.168.1.1
   DHCP 服务器  . . . . . . . . . . .: 192.168.1.1
   DNS 服务器  . . . . . . . . . . . : 114.114.114.114
```

既然计算机的网卡有物理层地址（MAC 地址）了，那为什么还需要 IP 地址呢？

如图3-1 所示，网络中有三个网段，一个交换机对应一个网段，使用两个路由器连接了这三个网段。图3-1 中的 MA、MB、MC、MD、ME、MF，以及 M1、M2、M3 和 M4，分别代表计算机和路由器接口的 MAC 地址。

计算机A如果要想给计算机F发送一个数据包，则它须在网络层给数据包添加源IP地址（10.0.0.2）和目标IP地址（12.0.0.2）。

该数据包要想到达计算机F，要经过路由器1 转发，该数据包如何封装才能让交换机1转发到路由器1 呢？那就需要在数据链路层添加MAC 地址，源MAC 地址为MA，目标MAC地址为M1。

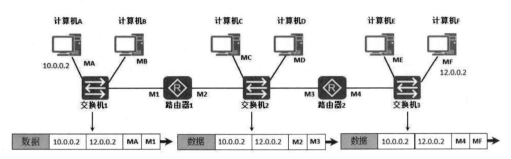

图 3-1　MAC 地址和 IP 地址的作用

路由器 1 收到该数据包，需要将该数据包转发到路由器2，这就要求将数据包重新封装成帧，帧的目标MAC地址是 M3，源MAC地址是M2。

数据包到达路由器 2，需要重新封装，目标MAC地址为 MF，源 MAC地址为 M4。交换机3将该帧转发给计算机F。

从图3-2可以看出，数据包的目标IP地址决定了数据包最终到达哪台计算机，而目标MAC地址决定了该数据包下一跳由哪个设备接收，但不一定是终点。

3.1.2　IP 地址

图 3-2　IP 地址的格式

IP 地址标识网络中的设备，使网络中的设备能够被唯一识别和定位，就像现实生活中的门牌号一样。IPv4地址的格式是一个32位的二进制数字，通常为了方便人们阅读和使用，被分为四个8位的二进制数，然后将每个8位二进制数转换为十进制数，并用点分隔。

8位二进制的 11111111 转换成十进制数就是 255，每个十进制数的取值范围是 0~255。例如，常见的IPv4地址如 192.168.80.22，其中 192、168、80 和 22 分别对应四个 8 位的二进制数转换后的十进制数值。

IPv4地址分为网络部分和主机部分，网络部分用于标识网络，主机部分用于标识该网络中的具体设备。子网掩码用于确定IP地址中网络部分与主机部分的划分。

3.1.3　子网掩码

IP地址由两部分组成，分别是网络部分和主机部分。至于哪些位属于网络部分，哪些位属于主机部分，这是由子网掩码来决定的。

子网掩码由32位二进制数构成，其作用在于指明一个IP地址中，哪些位对应网络部分，哪些位对应主机部分。

子网掩码的作用如下。

（1）划分网络：用于区分一个IP地址中的网络地址和主机地址部分。

（2）确定网络规模：帮助确定网络中可用的主机数量。

（3）进行网络路由：路由器根据子网掩码和目标IP地址来决定如何转发数据包。

如图3-3所示，交换机1和交换机2中计算机的IP地址规划为两个不同的网段。同一网段的计算机IP地址的网络部分相同。路由器连接不同网段，负责不同网段之间的数据转发。

路由器A接口的IP地址是交换机1中计算机的网关，路由器B接口的IP地址是交换机2中计算机的网关。

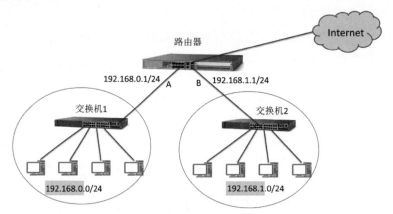

图 3-3　网络标识和主机标识以及网关

那么计算机如何使用子网掩码来计算自己所在的网段呢？

如图3-4所示，如果一台计算机的IP地址配置为131.107.41.6，子网掩码为255.255.255.0。将其IP地址和子网掩码都写成二进制数，并对这两个二进制数对应的二进制位进行"与"运算，两个都是1才得1，否则都得0，即1和1做"与"运算得1，0和1、1和0、0和0做"与"运算都得0，这样将IP地址和子网掩码做完"与"运算后，主机位不管是什么值都归零，网络位的值保持不变，得到该计算机所处的网段为131.107.41.0/24。

IP地址			131	107	41	6
二进制IP地址	1 0 0 0 0 0 1 1		0 1 1 0 1 0 1 1	0 0 1 0 1 0 0 1	0 0 0 0 0 1 1 0	
	与	与				
网络掩码			255	255	255	0
二进制网络掩码	1 1 1 1 1 1 1 1		1 1 1 1 1 1 1 1	1 1 1 1 1 1 1 1	0 0 0 0 0 0 0 0	
地址和网络掩码做"与"运算	↓ ↓					
网络号			131	107	41	0
二进制网络号	1 0 0 0 0 0 1 1		0 1 1 0 1 0 1 1	0 0 1 0 1 0 0 1	0 0 0 0 0 0 0 0	

图 3-4　计算所在的网段

如图3-5所示，计算机的IP地址是131.107.41.6，子网掩码是255.255.255.0，所在网段是131.107.41.0/24，主机部分归零，就是该主机所在的网段。该计算机与远程计算机进行通信时，只要远程计算机的IP地址的前面三部分是131.107.41就认为该远程计算机与该计算机在同一个网段，比如该计算机与IP地址为131.107.41.123的计算机在同一个网段，与IP地址为131.107.42.123的计算机不在同一个网段，因为网络部分不相同。

如图3-6所示，计算机的IP地址是131.107.41.6，子网掩码是255.255.0.0，计算机所在网段是131.107.0.0/16，该计算机与远程计算机通信，目标IP地址只要前面两部分是131.107就认为和该计算机在同一个网段，比如该计算机与IP地址131.107.42.123在同一个网段，而与IP地址131.108.42.123不在同一个网段，因为网络部分不同。

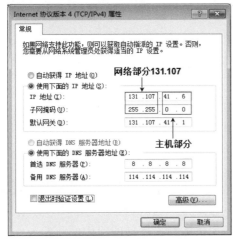
图 3-5　三个 255 的子网掩码

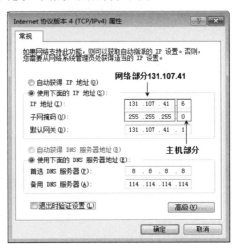
图 3-6　两个 255 的子网掩码

子网掩码有两种表示方法，分别介绍如下。

（1）点分十进制表示法：如255.255.255.0。

（2）前缀长度表示法：如/24，其中的24表示子网掩码中网络位的长度。其中1~32的数字表示子网掩码中网络标识位的长度，如192.168.1.1/24的子网掩码也可以表示为255.255.255.0，192.168.1.1/16的子网掩码也可以表示为255.255.0.0。

子网掩码很重要，配置错误会导致计算机通信故障。计算机和其他计算机通信时，首先断定目标地址与自己是否在同一个网段，先用自己的子网掩码和自己的IP地址进行"与"运算得到自己所在的网段，再用自己的子网掩码和目标地址进行"与"运算，确认得到的网络部分与自己所在网段是否相同。如果不相同，则不在同一个网段，封装帧时目标MAC地址用网关的MAC地址，交换机将帧转发给路由器接口；如果相同，则使用目标IP地址的MAC地址封装帧，直接把帧发给目标IP地址。

不仅要给计算机配置IP地址和子网掩码，还要给其配置网关。网关就是计算机给其他网段的计算机发送数据包的出口，也就是路由器（或三层设备）接口的地址。为了尽量避免与网络中的计算机地址冲突，网关通常使用该网段的第一个可用地址或最后一个可用地址，给路由器接口配置IP地址时也需要配置子网掩码。

计算机与其他计算机通信之前，首先要判断目标IP地址与自己的IP地址是否在一个网段，如果在同一网段，帧的目标MAC地址就是目标主机的MAC地址。如果不在同一网段，帧的目标MAC地址就是网关的MAC地址。

3.1.4 特殊的 IP 地址

有些 IP 地址被保留用于某些特殊目的，网络管理员不能将这些地址分配给计算机。下面列出了这些被排除在外的地址，并说明为什么要保留它们。

（1）主机ID全为0的地址为网络地址，如"192.168.10.0 255.255.255.0"，指192.168.10.0/24网段。

（2）主机ID全为1的地址为广播地址，特指该网段的全部主机，如果计算机发送数据包使用主机ID全是1的IP地址，则数据链路层的目的MAC地址用广播地址FF-FF-FF-FF-FF-FF。

（3）127.0.0.1本地回环地址（loopback address）。主要用于测试本机的网络协议栈是否正常工作，经过网络接口，数据直接在本机内部进行传输。例如，开发人员在开发网络应用程序时，可以使用127.0.0.1来测试程序在本地的运行情况，而无须连接到外部网络。

（4）169.254.0.0 网段通常是当网络中的设备无法从DHCP服务器获取到有效的IP地址或者地址冲突时，系统自动分配的一个私有网段地址。这种自动分配的169.254.x.x地址通常被称为"自动专用IP寻址"。但这些地址一般仅能用于本地网络中的有线通信，无法直接连接到互联网或其他外部网络。如果网络中的设备一直获取到169.254.x.x这样的地址，则可能意味着网络中的DHCP服务出现了问题，或者网络连接存在故障。

（5）0.0.0.0在不同的场景中有不同的含义。作为源IP地址时，表示"本网络上的本主机"，通常在主机启动但还不知道自己的IP地址时使用，如在使用DHCP动态获取IP地址的过程中，主机可能会暂时以0.0.0.0为源地址发送请求报文。

（6）255.255.255.255含义：有限广播地址。当一个设备不知道网络的具体信息，但需要向本网络中的所有设备发送消息时，可以使用这个地址作为目的地址进行广播。例如，当一台新加入网络的设备在没有获取到IP地址等网络配置信息时，可以通过发送广播请求到 255.255.255.255 来获取必要的信息。

3.1.5 网段的大小

一个网段的主机位越多，同一网段的IP地址就越多。子网掩码决定了网段的大小。比如以下三个网段：

131.107.10.0   255.255.255.0
131.107.0.0   255.255.0.0
131.0.0.0   255.0.0.0

这三个网段之间就是大小包含关系。如图3-7所示。子网掩码255.0.0.0意味着主机位有24位二进制，子网掩码255.255.

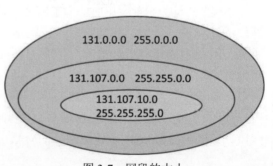

图 3-7 网段的大小

255.0意味着主机位有8位二进制。

子网掩码0.0.0.0，表示 32 位都是主机位，没有网络位的划分，这可以认为是涵盖整个IPv4地址空间的最大网段。最大的网段是0.0.0.0 0.0.0.0。

但在实际的网络配置和应用中，通常不会使用0.0.0.0这样的掩码。因为它没有进行有效的网络划分，不便于网络管理和地址分配。

在实际的网络配置和应用中，像255.0.0.0和255.255.0.0这样的子网掩码确实相对较少使用，特别是在规模较小的网络环境中。

较大的网段可能会导致以下问题。

（1）广播风暴风险增加：在大网段中，广播流量可能会过多，影响网络性能。

（2）地址管理困难：难以有效地分配和管理IP地址，可能导致地址浪费。

（3）安全性降低：较大的网段可能使得网络更容易受到攻击和非法访问。

然而，在一些特定的场景中，如大型企业的骨干网络或者某些特定的行业网络中，根据其网络架构和需求，可能会使用较大的网段。但总体来说，较小的网段划分更常见，以实现更精细的网络管理和控制。

在这里讲网段的大小，是为了后续给路由器配置静态路由时进行路由汇总打下基础。如图3-8所示，石家庄有200多个网段172.16.0.0/24、172.16.1.0/24、…、172.16.0.254/24、172.16.255.0/24。站在北京看石家庄，可以把石家庄的200多个172.16打头的网段看作172.16.0.0/16这样的一个大网段，在路由器R2上添加到石家庄的路由时，只需添加一条到172.16.0.0/16网段的路由，这就是路由汇总。

Internet有成千上万的网段，在R2路由器上添加到Internet的路由，可以把Internet看作最大的网段，也就是0.0.0.0/0。在路由器R2上添加到Internet的路由，就是添加到0.0.0.0/0网段的路由，这也是路由汇总。到0.0.0.0/0网段的路由又称为默认路由。

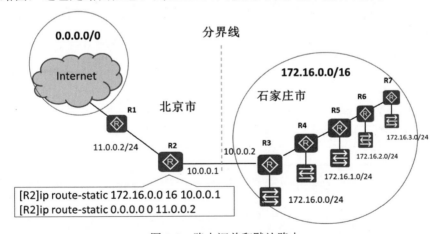

图 3-8　路由汇总和默认路由

通过将多个较小的网段汇总成一个较大的网段时，在路由表中只需要一条汇总路由记录就能代表多个具体的网段，从而减少了路由表的条目数量，提高了路由查找和转发的效率。这种路由汇总的技术在大型网络的路由配置中非常有用，可以优化网络性能和管理的便利性。

3.2 IP 地址的分类

IPv4地址共32位二进制数,分为网络ID和主机ID。哪些位是网络ID、哪些位是主机 ID,使用的是IP 地址第一部分进行标识的。也就是说只要看到 IP 地址的第一部分就知道该地址的子网掩码。通过这种方式将IP 地址分成了A类、B类、C类、D类和E类这五类。 其中A、B、C三类通常用于商业,D类则是组播,E类用于科研。

1. A类

如图3-9所示,网络地址最高位是 0 的地址为A类地址。网络ID全0不能使用,127 作为保留网段,因此A 类地址的第一部分取值范围为 1~126。

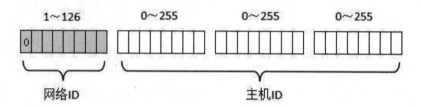

图 3-9 A 类网络 ID 和主机 ID

A类网络默认子网掩码为 255.0.0.0。主机ID由第二、三、四部分组成,每部分的取值范围为0~255,共256种取值,学过排列组合就会知道,一个A类网络的主机数量为256×256×256=16777216,取值范围为0~16777215,0也算一个数。可用的地址还需减去2,主机ID全0的地址为网络地址,不能给计算机使用,而主机ID全1的地址为广播地址,也不能给计算机使用,可用的地址数量为 16777214。如果给主机ID全1的地址发送数据包,则计算机会产生一个广播帧,发送到本网段全部计算机。

2. B类

如图3-10 所示,网络地址最高位是10的地址为B类地址。IP地址第一部分的取值范围为128~191。

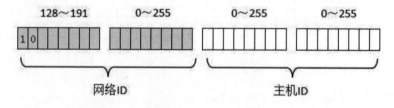

图 3-10 B 类地址网络 ID 和主机 ID 位

B 类网络默认子网掩码为255.255.0.0。主机ID由第三、四部分组成,每个B类网络可以容纳的最大主机数量为256×256=65536,取值范围为0~65535,去掉主机位全0和全1的地址,可用的地址数量为 65534 个。

3. C类

如图3-11 所示,网络地址最高位是 110 的地址为C类地址。IP 地址第一部分的取值范围为 192～223。

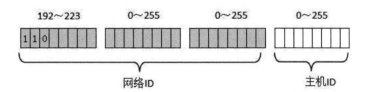

图 3-11　C 类地址网络 ID 和主机 ID

C类网络默认子网掩码为 255.255.255.0。主机ID由第四部分组成，每个C类网络地址数量为 256，取值范围为0～255，去掉主机位全 0 和全 1 的地址，可用地址数量为 254。计算一个网段可用地址，可以使用 2^n-2 来计算，其中 n 是主机位数。

4. D 类

如图3-12所示，网络地址最高位是 1110 的地址为 D类地址。D类地址第一部分的取值范围为 224～239。D类地址是用于组播（也称为多播）的地址，组播地址没有子网掩码，组播地址只能作为目标地址。希望读者能够记住组播地址的范围，因为有些病毒除了在网络中发送广播外，还有可能发送组播数据包，当使用抓包工具排除网络故障时，必须能够断定捕获的数据包是组播还是广播。

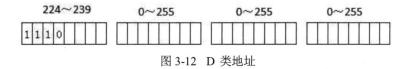

图 3-12　D 类地址

5. E 类

如图3-13 所示，网络地址最高位是 1111 的地址为E类地址，E类地址不区分网络地址和主机地址。第一部分取值范围为 240～254，保留为今后使用，本书中不讨论D类和E 类地址。

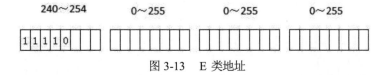

图 3-13　E 类地址

3.3　公网地址和私网地址

在 Internet 上的计算机使用的IP地址是全球统一规划的，称为公网地址。在企业、学校等内网通常使用保留的私网地址。

3.3.1 公网地址

公网IP地址是在全球范围内唯一的、可在互联网上直接访问和路由的IP地址。

公网IP地址由互联网服务提供商（ISP）分配给用户，使得用户能够直接与互联网上的其他设备进行通信。

公网IP地址可以被互联网上的其他设备直接访问，常用于搭建服务器、远程访问、网站托管等需要在互联网上公开提供服务的场景。

然而，由于IPv4地址资源的有限性，使得公网IP地址的分配相对较为严格和有限。

3.3.2 私网地址

创建IP寻址方案时也创建了私网IP地址。私网IP地址是指在局域网中使用的IP地址，这些地址仅在特定的私有网络内部有效，通常需要通过网络地址转换（NAT）技术，将私网IP地址转换为公网IP地址，才能实现与互联网的通信。

在Internet上不能访问这些私网地址，从这一点来说，使用私网地址的计算机更加安全，同时也有效地节省了公网IP地址。

不同的企业或学校的内网可以使用相同的私网地址。下面列出了保留的私网IP地址。

（1）A 类：10.0.0.0 255.0.0.0，仅保留了一个A 类网络。

（2）B 类：172.16.0.0 255.255.0.0～172.31.0.0 255.255.0.0，共保留了16个B类网络。

（3）C 类：192.168.0.0 255.255.255.0～192.168.255.0 255.255.255.0，共保留了256个C 类网络。

用户可以根据企业或学校内网的计算机数量和网络规模选择使用哪一类私有地址。如果公司目前有7个部门，每个部门不超过200台计算机，可以考虑使用保留的C类私网地址。如果网络规模大，如为石家庄市教育局规划网络，石家庄市教育局要与石家庄市上百所中小学的网络连接，那就选择保留的A类私有网络地址，最好用10.0.0.0 网络地址并带有/24的子网掩码，可以提供65536个子网，并且每个网络允许带有254台主机，这样会给学校留有非常大的地址空间。

3.4 子网划分

3.4.1 为什么需要子网划分

当今在Internet上使用的协议是TCP/IP协议第四版，也就是IPv4，IP地址由32位的二进制数组成，这些地址如果全部能分配给计算机，共计有2^{32} = 4 294 967 296，即大约40亿个可用地址，这些地址去除D类地址和E类地址，以及保留的私网地址，能够在Internet

上使用的公网地址就变得越发紧张。并且我们每个人需要使用的地址也不止一个，现在智能手机、智能家电接入互联网也都需要IP地址。

在IPv6还没有完全在互联网普遍应用的IPv4和IPv6共存阶段，IPv4公网地址资源日益紧张，这就需要用到本章讲到的子网划分技术，使得IP地址能够充分利用，减少地址浪费。

如图3-14所示，按照传统的IP地址分类方法，一个网段有200台计算机，分配一个C类网络212.2.3.0 255.255.255.0，可用的地址范围为212.2.3.1～212.2.5.254，尽管没有全部用完，但这种情况还不算是极大浪费。

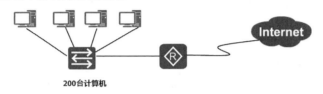

图 3-14　地址浪费的情况

如果一个网络中有400台计算机，分配一个C类网络，地址就不够用了，此时分配一个B类网络131.107.0.0　255.255.0.0，该B类网络可用的地址范围为131.107.0.1～131.107.255.254，一共有65534个地址可用，这就造成了极大浪费。

下面介绍子网划分，就是要打破IP地址的分类所限定的地址块，使得IP地址的数量和网络中的计算机数量更加匹配。由简单到复杂，我们先讲等长子网划分，再讲变长子网划分。

3.4.2　等长子网划分

等长子网划分就是将一个网段等分成多个网段，也就是等分成多个子网。

子网划分就是借用现有网段的主机位作子网位，划分出多个子网。子网划分的任务包括以下两部分。

（1）确定网络掩码的长度。

（2）确定子网中第一个可用的IP地址和最后一个可用的IP地址。

等长子网划分就是将一个网段等分成多个网段。

1. 等分成两个子网

下面以一个C类网络划分为两个子网为例，讲解子网划分的过程。

如图3-15所示，某公司有两个部门，每个部门100台计算机，通过路由器连接Internet。给这200台计算机分配一个C类网络192.168.0.0，该网段的网络掩码为255.255.255.0，连接局域网的路由器接口使用该网段第一个可用的IP地址192.168.0.1。

为了安全考虑，打算将这两个部门的计算机分为两个网段，中间使用路由器隔开。计算机数量没有增加，还是200台，因此一个C类网络的IP地址是足够用的。现在将192.168.0.0 255.255.255.0这个C类网络划分成两个子网。

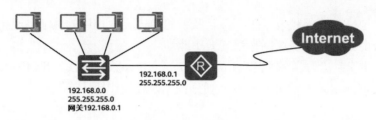

图 3-15　一个网段的情况

如图3-16所示，将IP地址的第四部分写成二进制形式，网络掩码使用两种方式表示，即二进制和十进制。网络掩码向右移一位，这样C类地址主机ID第一位就成为网络位，该位为0是A子网，该位为1是B子网。

如图3-17所示，IP地址的第四部分，其值在0～127之间的，第1位均为0；其值在128～255之间的，第1位均为1，分成A、B两个子网，以128为界。现在网络掩码中的1变成了25个，写成十进制就是255.255.255.128。网络掩码向后移动了一位（即网络掩码中1的数量增加1），就划分出了两个子网。

A和B两个子网的网络掩码都为255.255.255.128。

A子网可用的地址范围为192.168.0.1～192.168.0.126，IP地址192.168.0.0由于主机位全为0，因此不能分配给计算机使用。如图3-17所示，192.168.0.127由于主机位全为1，因此也不能分配给计算机使用。

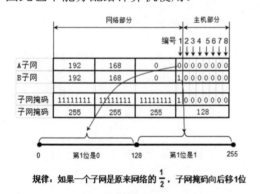

图 3-16　等分成两个子网

图 3-17　网络部分和主机部分

B子网可用的地址范围为192.168.0.129～192.168.0.254，IP地址192.168.0.128由于主机位全为0，因此不能分配给计算机使用，IP地址192.168.0.255由于主机位全为1，因此也不能分配给计算机使用。

划分成两个子网后的网络规划如图3-18所示。

2．等分成4个子网

假如公司有四个部门，每个部门有50台计算机，现在使用192.168.0.0/24这个C类网络。从安全角度考虑，打算将每个部门的计算机放置到独立的网段，这就要求将192.168.0.0 255.255.255.0这个C类网络划分为4个子网，那么如何划分成4个子网呢？

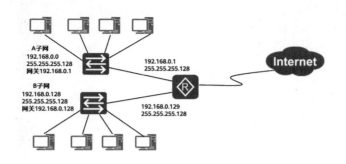

图 3-18　划分子网后的网络规划

如图3-19所示，将192.168.0.0 255.255.255.0网段的IP地址的第四部分写成二进制，要想分成4个子网，需要将网络掩码向右移动两位，这样第一位和第二位就变为网络位。这样就可以分成4个子网，第一位和第二位为00是A子网，为01是B子网，为10是C子网，为11是D子网。

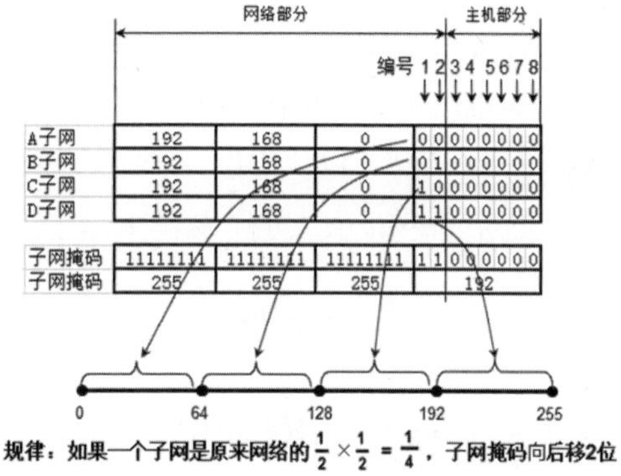

A、B、C、D子网的网络掩码都为255.255.255.192。

（1）A子网可用的开始地址和结束地址为192.168.0.1～192.168.0.62。

图 3-19　等分成4个子网

（2）B子网可用的开始地址和结束地址为192.168.0.65～192.168.0.126。

（3）C子网可用的开始地址和结束地址为192.168.0.129～192.168.0.190。

（4）D子网可用的开始地址和结束地址为192.168.0.193～192.168.0.254。

注意：如图3-20所示，每个子网的最后一个地址都是本子网的广播地址，不能分配给计算机使用，如A子网的63、B子网的127、C子网的191和D子网的255。

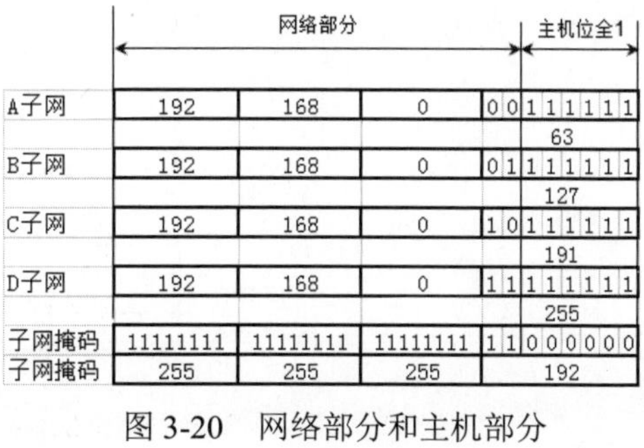

图 3-20　网络部分和主机部分

3. 等分成8个子网

如图3-21所示，如果想把一个C类网络等分成8个子网，网络掩码需要向右移3位，第一位、第二位和第三位都变成网络位。

每个子网的网络掩码都一样，为255.255.255.224。

（1）A子网可用的开始地址和结束地址为192.168.0.1～192.168.0.30。

（2）B子网可用的开始地址和结束地址为192.168.0.33～192.168.0.62。

（3）C子网可用的开始地址和结束地址为192.168.0.65～192.168.0.94。

（4）D子网可用的开始地址和结束地址为192.168.0.97～192.168.0.126。

（5）E子网可用的开始地址和结束地址为192.168.0.129～192.168.0.158。

（6）F子网可用的开始地址和结束地址为192.168.0.161～192.168.0.190。

（7）G子网可用的开始地址和结束地址为192.168.0.193～192.168.0.222。

（8）H子网可用的开始地址和结束地址为192.168.0.225～192.168.0.254。

注意每个子网能用的主机IP地址，都要去掉主机位全0和主机位全1的地址。31、63、95、127、159、191、223、255都是相应子网的广播地址。

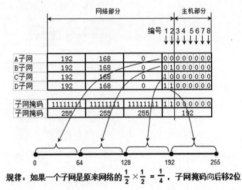

图 3-21　等分成 8 个子网

每个子网是原来的 $\frac{1}{2} \times \frac{1}{2} \times \frac{1}{2}$，即3个 $\frac{1}{2}$，网络掩码向右移3位。

总结：如果一个子网地址块是原来网段的 $\left(\frac{1}{2}\right)^n$，网络掩码就在原网段的基础上后移 n 位。

3.4.3　等长子网划分示例

前面使用一个C类网络讲解了等长子网划分，总结的规律同样也适用于B类网络的子网划分。初学者在不太熟悉的情况下容易出错，最好将主机位写成二进制的形式，确定网络掩码以及每个子网第一个和最后一个能用的地址。

如图3-22所示，将131.107.0.0 255.255.0.0等分成两个子网。将网络掩码向右移动1位，就能等分成两个子网。

图 3-22　B 类网络子网划分

这两个子网的网络掩码都是255.255.128.0。

首先确定A子网第一个可用地址和最后一个可用地址，大家在不熟悉的情况下最好按照图3-23所示将主机部分写成二进制，主机位不能全是0，也不能全是1，然后再根据二进制写出第一个可用地址和最后一个可用地址。

图 3-23　A 子网地址范围

A子网第一个可用地址是131.107.0.1，最后一个可用地址是131.107.127.254。大家思考一下，A子网中131.107.0.255这个地址是否可以给计算机使用呢？

如图3-24所示，B子网第一个可用地址是131.107.128.1，最后一个可用地址是131.107.255.254。

图 3-24　B 子网地址范围

这种方式虽然步骤烦琐一些，但不容易出错，熟悉之后就可以直接写出子网的第一个地址和最后一个地址了。

前面给大家介绍的都是将一个网段等分成多个子网，如果每个子网中计算机的数量不一样，就需要将该网段划分成地址空间不等的子网，这就是变长子网划分。有了前面等长子网划分的基础，划分变长子网也就容易了。

3.4.4　变长子网划分

如图3-25所示，有一个C类网络192.168.0.0 255.255.255.0，需要将该网络划分成5个网段以满足下列网络需求：该网络中有3台交换机，分别连接20台计算机、50台计算机和100台计算机，路由器之间的连接接口也需要地址，这两个地址也是一个网段，这样网络中一共有5个网段。

如图3-25所示，将192.168.0.0 255.255.255.0的主机位从0~255画一条数轴，128~255的地址空间给100台计算机的网段比较合适，该子网的地址范围是原来网络的$\frac{1}{2}$，网络掩码向后移1位，写成十进制形式就是255.255.255.128。第一个能用的地址是192.168.0.129，最后一个能用的地址是192.168.0.254。

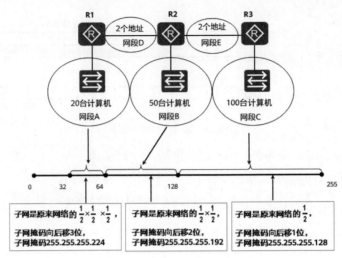

图 3-25 变长子网划分

64～127的地址空间给50台计算机的网段比较合适，该子网的地址范围是原来的 $\frac{1}{2} \times \frac{1}{2}$，网络掩码向后移2位，写成十进制就是255.255.255.192。第一个能用的地址是192.168.0.65，最后一个能用的地址是192.168.0.126。

32～63的地址空间给20台计算机的网段比较合适，该子网的地址范围是原来的 $\frac{1}{2} \times \frac{1}{2} \times \frac{1}{2}$，网络掩码向后移3位，写成十进制就是255.255.255.224。第一个能用的地址是192.168.0.33，最后一个能用的地址是192.168.0.62。

当然也可以使用下列子网划分方案：100台计算机的网段可以使用0～127的子网，50台计算机的网段可以使用128～191的子网，20台计算机的网段可以使用192～223的子网，如图3-26所示。

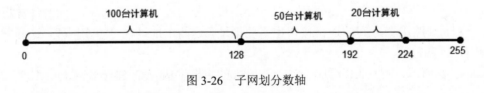

图 3-26 子网划分数轴

规律：如果一个子网地址块是原来网段的 $\left(\frac{1}{2}\right)^n$，则网络掩码就在原网段的基础上后移 n 位，不等长子网，网络掩码也不同。

3.4.5 点到点网络的网络掩码

如果一个网络中需要两个IP地址，网络掩码应该是多少呢？如图3-21所示，路由器之间连接的接口也是一个网段，且需要两个地址。下面看看如何给图3-21中的D网络和E网络规划子网。

如图3-27所示，0～3的子网可以给D网络中的两个路由器接口，第一个可用的地址是192.168.0.1，最后一个可用的地址是192.158.0.2，192.168.0.3是该网络中的广播地址。

4～7的子网可以给E网络中的两个路由器接口，第一个可用的地址是192.168.0.5，最后一个可用的地址是192.158.0.6，192.168.0.7是该网络中的广播地址，如图3-28所示。

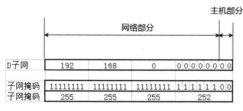
图 3-27 广播地址

图 3-28 广播地址

每个子网是原来网络的 $\frac{1}{2} \times \frac{1}{2} \times \frac{1}{2} \times \frac{1}{2} \times \frac{1}{2}$，也就是 $\left(\frac{1}{2}\right)^6$，网络掩码向后移动6位，11111111.11111111.11111111.11111100写成十进制也就是255.255.255.252。

子网划分的最终结果如图3-29所示，经过精心规划，不仅满足了5个网段的地址需求，还剩余了两个地址块，即8～16地址块和16～32地址块没有被使用。

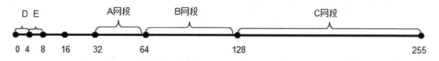
图 3-29 分配的子网和剩余的子网

3.4.6 判断IP地址所属的网段

下面我们学习根据给出的IP地址和网络掩码判断该IP地址所属的网段的方法。前面介绍过，IP地址中主机位归0就是该主机所在的网段。

1. 判断192.168.0.101/26所属的子网

该地址为C类地址，默认网络掩码为24位，现在是26位。网络掩码向右移了2位，根据以上总结的规律，每个子网是原来的 $\frac{1}{2} \times \frac{1}{2}$，即将这个C类网络等分成了4个子网。如图3-30所示，101所处的位置位于64～128，主机位归0后等于64，因此该地址所属的子网是192.168.0.64。

2. 判断192.168.0.101/27所属的子网

该地址为C类地址，默认网络掩码为24位，现在是27位。网络掩码向右移了3位，根据以上总结的规律，每个子网是原来的 $\frac{1}{2} \times \frac{1}{2} \times \frac{1}{2}$，即将这个C类网络等分成8个子网。如图3-31所示，101所处的位置位于96～128，主机位归0后等于96。因此该地址所属的子网是192.168.0.96。

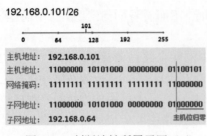
图 3-30　判断地址所属子网（1）
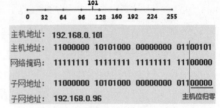
图 3-31　判断地址所属子网（2）

3. 总结

IP 地址范围 192.168.0.0～192.168.0.63 都属于 192.168.0.0/26 子网；IP 地址范围 192.168.0.64～192.168.0.127 都属于 192.168.0.64/26 子网；IP 地址范围 192.168.0.128～192.168.0.191 都属于 192.168.0.128/26 子网；IP 地址范围 192.168.0.192～192.168.0.255 都属于 192.168.0.192/26 子网，如图 3-32 所示。

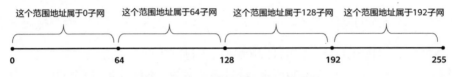
图 3-32　断定 IP 地址所属子网的规律

3.4.7　子网划分需要注意的几个问题

（1）将一个网络等分成两个子网，每个子网肯定是原来网络的一半。

比如，将 192.168.0.0/24 分成两个网段，要求一个子网能够放 140 台主机，另一个子网放 60 台主机，能实现吗？

从主机数量来说，总数没有超过 254 台，该 C 类网络能够涵盖这些地址，但划分成两个子网后却发现，这 140 台主机在这两个子网中都不能容纳，因此不能实现，140 台主机最少占用一个 C 类地址，如图 3-33 所示。

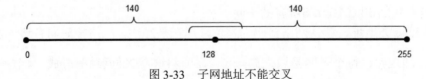
图 3-33　子网地址不能交叉

（2）子网地址不可重叠。

如果将一个网络划分为多个子网，这些子网的地址空间不能重叠。

将 192.168.0.0/24 划分成 3 个子网，如子网 A 192.168.0.0/25、子网 C 192.168.0.64/26 和子网 B 192.168.0.128/25，这样就出现了地址重叠。如图 3-34 所示，子网 A 和子网 C 的地址重叠了。

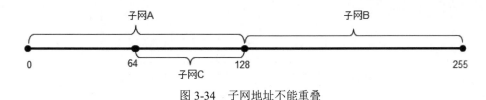

图 3-34 子网地址不能重叠

3.5 合并网段

前面讲解的子网划分，就是将一个网络的主机位当作网络位来划分出多个子网。也可以将多个网段合并成一个大的网段，合并后的网段称为超网，下面介绍合并网段的方法。

3.5.1 超网合并网段

如图 3-35 所示，某企业有一个网段，该网段有 200 台计算机，使用 192.168.0.0 255.255.255.0 网段，后来计算机数量增加到了 400 台。

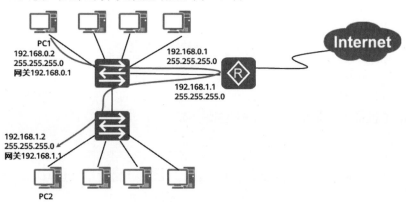

图 3-35 两个网段的地址

在该网络中添加交换机，可以扩展网络的规模，一个 C 类 IP 地址不够用，再添加一个 C 类地址 192.168.1.0 255.255.255.0。这些计算机物理上处在一个网段，但是 IP 地址没在一个网段，即逻辑上不在一个网段。如果想让这些计算机之间能够通信，可以在路由器的接口添加这两个 C 类网络的地址，作为这两个网段的网关。

在这种情况下，A 计算机与 B 计算机进行通信，必须通过路由器转发，这样两个子网才能够通信，本来这些计算机物理上在一个网段，还需要路由器转发，可见效率不高。

有没有更好的办法，可以让这两个 C 类网段的计算机认为在一个网段呢？这就需要将 192.168.0.0/24 和 192.168.1.0/24 两个 C 类网络合并。

如图 3-36 所示，将这两个网段 IP 地址第三部分和第四部分写成二进制，可以看到将网络掩码向左移动 1 位（网络掩码中 1 的数量减少 1），两个网段的网络部分就一样了，两个网段就在一个网段了。

	网络部分		主机部分
192.168.0.0	192	168	0 0 0 0 0 0 0 0 0 0 0 0 0 0 0 0
192.168.1.0	192	168	0 0 0 0 0 0 0 1 0 0 0 0 0 0 0 0
子网掩码	11111111	11111111	1 1 1 1 1 1 1 0 0 0 0 0 0 0 0 0
子网掩码	255	255	254	0

图 3-36　合并两个子网

合并后的网段为192.168.0.0/23，网络掩码写成十进制为255.255.254.0，可用地址为192.168.0.1～192.168.1.254，网络中计算机的IP地址和路由器接口的地址配置如图3-37所示。

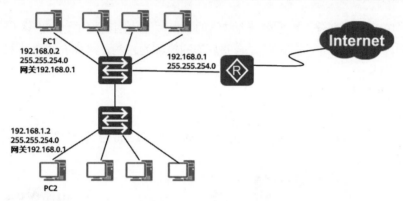

图 3-37　合并后的地址配置

合并之后，IP地址192.168.0.255/23就可以给计算机使用。你也许觉得该地址的主机位好像全部是1，不能给计算机使用，但是把这个IP地址的第三部分和第四部分写成二进制就会看出主机位并不是全为1，如图3-38所示。

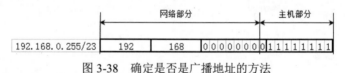

图 3-38　确定是否是广播地址的方法

规律：网络掩码向左移1位，能够合并两个连续的网段，但不是任何连续的网段都能合并。下面介绍合并网段的规律。

3.5.2　合并网段的规律

前面讲解了网络掩码向左移动1位，能够合并两个连续的网段，但不是任何两个连续的网段都能够向左移动1位合并成一个网段。

比如，192.168.1.0/24和192.168.2.0/24就不能向左移动1位网络掩码合并成一个网段。将这两个网段的第三部分和第四部分写成二进制便能够看出来。如图3-39所示，向左移动1位网络掩码，这两个网段的网络部分还是不相同，说明它们不能合并成一个网段。

图 3-39 合并网段的规律

要想合并成一个网段，网络掩码就要向左移动2位，但如果移动2位，其实就是合并了4个网段，如图3-40所示。

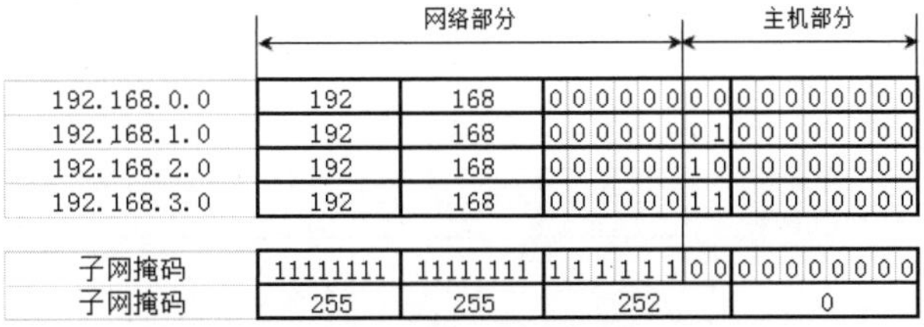

图 3-40 合并网段的规律

下面讲解哪些连续的网段能够合并，即合并网段的规律。

1. 判断两个子网是否能够合并

如图3-41所示，192.168.0.0/24和192.168.1.0/24网络掩码向左移1位，可以合并为一个网段192.168.0.0/23。

图 3-41 合并 192.168.0.0/24 和 192.168.1.0/24

如图3-42所示，192.168.2.0/24和192.168.3.0/24网络掩码向左移1位，可以合并为一个网段192.168.2.0/23。

图 3-42 合并 192.168.2.0/24 和 192.168.3.0/24

由此可以看出规律：合并两个连续的网段，第一个网络的网络号写成二进制后最后一位是0，这两个网段就能合并。

结论：判断连续的两个网段是否能够合并时，只要第一个网络号能被2整除，就能够通过左移1位网络掩码进行合并。

131.107.31.0/24和131.107.32.0/24是否能够左移1位网络掩码合并呢？

131.107.142.0/24和131.107.143.0/24是否能够左移1位网络掩码合并呢？

根据上面的结论：31除2余1，131.107.31.0/24和131.107.32.0/24不能通过左移1位网

络掩码合并成一个网段。

142除2，余0，131.107.142.0/24和131.107.143.0/24能通过左移1位网络掩码合并成一个网段。

2. 判断四个网段是否能合并

如图3-43所示，合并192.168.0.0/24、192.168.1.0/24、192.168.2.0/24和192.168.3.0/24四个子网，网络掩码需要向左移动2位。

			网络部分		主机部分
192.168.0.0	192	168	00000000	00000000	
192.168.1.0	192	168	00000001	00000000	
192.168.2.0	192	168	00000010	00000000	
192.168.3.0	192	168	00000011	00000000	
子网掩码	11111111	11111111	111111	00	00000000
子网掩码	255	255	252		0

图 3-43　合并四个网段

同理可以看到，合并192.168.4.0/24、192.168.5.0/24、192.168.6.0/24和192.168.7.0/24四个子网，网络掩码需要向左移动2位，如图3-44所示。

			网络部分		主机部分
192.168.4.0/24	192	168	00000100	00000000	
192.168.5.0/24	192	168	00000101	00000000	
192.168.6.0/24	192	168	00000110	00000000	
192.168.7.0/24	192	168	00000111	00000000	
子网掩码	11111111	11111111	111111	00	00000000
子网掩码	255	255	252		0

图 3-44　合并四个网段

规律：要合并连续的四个网络，只要第一个网络的网络号写成二进制后面两位是00即可，根据3.1.2节讲到的二进制数的规律，只要一个数能够被4整除，写成二进制数最后两位肯定是00。

结论：判断连续的四个网段是否能够合并，只要第一个网络号能被4整除，就能够通过左移2位网络掩码将这四个网段合并。

如图3-45所示，网段合并的规律为：子网掩码左移1位能够合并两个网段，左移2位能够合并4个网段，左移3位能够合并8个网段。

规律：子网掩码左移n位，合并的网段数量是2^n。

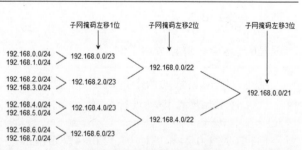

图 3-45　网段合并的规律

3.5.3 判断一个网段是超网还是子网

通过左移子网掩码合并多个网段，通过右移子网掩码将一个网段划分成多个子网，使得IP地址打破了传统A类、B类、C类网络的界限。

判断一个网段到底是子网还是超网，就要看该网段是A类网络、B类网络还是C类网络。默认A类地址的子网掩码是/8、B类地址的子网掩码是/16、C类地址的子网掩码是/24。如果该网段的子网掩码比默认子网掩码长（子网掩码1的个数多于默认子网掩码1的个数），就是子网；如果该网段的子网掩码比默认子网掩码短（子网掩码1的个数少于默认子网掩码1的个数），则是超网。

12.3.0.0/16是A类网络还是C类网络呢？是超网还是子网呢？该IP地址的第一部分是12，这是一个A类网络，A类地址的默认子网掩码是/8，该IP地址的子网掩码是/16，比默认子网掩码长，所以说该网段是A类网络的一个子网。

222.3.0.0/16是C类网络还是B类网络呢？是超网还是子网呢？该IP地址的第一部分是222，这是一个C类网络，C类地址的默认子网掩码是/24，该IP地址的子网掩码是/16，比默认子网掩码短，所示说该网段是一个合并了222.3.0.0/24～222.3.255.0/24共256个C类网络的超网。

3.6 习题

一、选择题

1. IP 地址 192.168.1.50/24，这个子网掩码是（   ）。
   A. 255.255.255.0   B. 255.255.0.0
   C. 255.0.0.0   D. 255.255.255.255
   答案：A

2. 下列哪个是有效的 IP 地址（   ）。
   A. 192.168.0.256/24   B. 192.168.1.0/16
   C. 192.168.1.255/24   D. 192.168.1.256/24
   答案：B

3. MAC 地址是（   ）位。
   A. 32   B. 48   C. 64   D. 128
   答案：B

4. IP 地址 10.10.10.10/16的网络地址是（   ）。
   A. 10.0.0.0   B. 10.10.0.0   C. 10.10.10.0 D. 10.10.10.10
   答案：B

5. 网关的作用主要是（　　）。
   A. 分配 IP 地址　　　　　　　　B. 连接不同网络
   C. 增强信号强度　　　　　　　　D. 过滤数据包
   答案：B

6. 一个 IP 地址为 172.16.10.5/16，则它的广播地址为（　　）。
   A. 172.16.15.255　　　　　　　B. 172.16.255.255
   C. 172.16.10.255　　　　　　　D. 172.16.11.255
   答案：B

7. MAC 地址通常由（　　）分配。
   A. 网络管理员　　B. 操作系统　　C. 硬件厂商　　D. ISP
   答案：C

8. 子网掩码为 255.255.255.0，每个子网可容纳的主机数量是（　　）。
   A. 256　　　　B. 254　　　　C. 62　　　　D. 255
   答案：B

9. 下列关于网关的说法错误的是（　　）。
   A. 可以是路由器　　　　　　　　B. 可以是一台计算机
   C. 只能有一个　　　　　　　　　D. 用于不同网络之间的通信
   答案：C

10. MAC 地址在网络通信中的作用是（　　）。
    A. 确定网络地址　　　　　　　　B. 确定设备在网络中的唯一标识
    C. 确定子网掩码　　　　　　　　D. 确定网关地址
    答案：B

11. IP 地址 130.50.10.20/16 的子网掩码可以是（　　）。
    A. 255.255.255.0　　　　　　　B. 255.255.0.0
    C. 255.0.0.0　　　　　　　　　D. 255.255.255.255
    答案：B

12. MAC 地址的前 24 位代表（　　）。
    A. 厂商编号　　B. 设备编号　　C. 网络编号　　D. 随机编号
    答案：A

13. 一个 C 类 IP 地址 192.168.1.0，子网掩码为 255.255.255.224，可划分的子网数量是（　　）。
    A. 2　　　　　B. 8　　　　　C. 6　　　　　D. 4
    答案：B

14. IP 地址为 10.10.10.0/27，其子网掩码是（　　）。
    A. 255.255.255.0　　　　　　　B. 255.255.255.224
    C. 255.255.255.240　　　　　　D. 255.255.255.192
    答案：C

15. 对于 IP 地址 172.16.0.0，子网掩码为 255.255.240.0，每个子网中可用的主机地址数量是（　　）。
  A. 4094   B. 4096   C. 4092   D. 4098
  答案：B

16. 子网掩码为 255.255.255.192，IP 地址为 192.168.1.100 所在的子网地址是（　　）。
  A. 192.168.1.64   B. 192.168.1.96
  C. 192.168.1.128   D. 192.168.1.32
  答案：A

17. 一个 B 类 IP 地址进行子网划分，子网掩码为 255.255.254.0，可划分的子网数量是（　　）。
  A. 256   B. 512   C. 254   D. 128
  答案：C

18. IP 地址 192.168.2.120/28，该子网的广播地址是（　　）。
  A. 192.168.2.127   B. 192.168.2.143
  C. 192.168.2.135   D. 192.168.2.159
  答案：B

19. 子网掩码为 255.255.255.248，IP 地址为 10.10.10.105 所在子网的第一个可用 IP 地址是（　　）。
  A. 10.10.10.101   B. 10.10.10.100
  C. 10.10.10.102   D. 10.10.10.104
  答案：A

20. 对于 IP 地址 172.16.10.0/23，子网掩码是（　　）。
  A. 255.255.255.0   B. 255.255.254.0
  C. 255.255.252.0   D. 255.255.248.0
  答案：B

21. 一个子网的子网掩码为 255.255.255.224，该子网最多能容纳（　　）台主机。
  A. 32   B. 30   C. 34   D. 28
  答案：B

22. IP 地址 192.168.3.80/26 所在子网的网络地址是（　　）。
  A. 192.168.3.64   B. 192.168.3.96
  C. 192.168.3.128   D. 192.168.3.32
  答案：A

23. 网段 172.16.32.0/20 和 172.16.48.0/20 合并后的网段是（　　）。
  A. 172.16.32.0/19   B. 172.16.32.0/18
  C. 172.16.0.0/18   D. 172.16.0.0/19
  答案：A

24. 网段 172.16.8.0/24、172.16.9.0/24、172.16.10.0/24、172.16.11.0/24 可以合并为（　　）。

  A. 172.16.8.0/22　　　　　　　　B. 172.16.8.0/21
  C. 172.16.8.0/20　　　　　　　　D. 172.16.8.0/19
  答案：B

25. 网段 192.168.4.0/23 和 192.168.6.0/23 合并后是（　　）。

  A. 192.168.4.0/22　　　　　　　　B. 192.168.4.0/21
  C. 192.168.0.0/21　　　　　　　　D. 192.168.0.0/22
  答案：A

二、简答题

1. 什么是公网地址和私网地址？它们各自的作用是什么？

答：公网地址是在互联网上全球唯一的IP地址，可以在互联网上被直接访问。其作用是用于在全球范围内唯一标识连接到互联网的设备，实现不同网络之间的通信。

私网地址是在私有网络中使用的IP地址，仅在特定的私有网络内部有效，不能在互联网上直接被访问。其作用是在企业、家庭等私有网络环境中，为内部设备分配地址，便于内部网络的通信管理，同时节省公网地址资源。

2. 列举常见的私网地址范围。

答：常见的私网地址范围有：10.0.0.0 10.255.255.255、172.16.0.0 172.31.255.255和192.168.0.0 192.168.255.255。

3. 特殊的IP地址 127.0.0.1 有什么作用？

答：127.0.0.1 是本地回环地址。它的作用是允许设备在不通过网络的情况下，测试自身的网络协议栈是否正常工作。当一个设备向 127.0.0.1 发送数据包时，数据包不会离开该设备，而是被该设备自身接收并处理，就好像在与另一个设备进行通信一样。这对于开发和测试网络应用程序非常有用。

4. 为什么要使用私网地址？

答：使用私网地址主要有以下几个原因。

（1）节省公网地址资源：随着互联网的快速发展，公网IP地址资源有限，私网地址可以在内部网络中重复使用，大大节省了公网地址资源。

（2）提高网络安全性：私网地址不能直接从互联网上被访问，这为内部网络提供了一定的安全屏障，降低了外部网络攻击的风险。

（3）便于网络管理：在私有网络中，可以更方便地进行地址分配和网络管理，而不需要考虑与其他网络的冲突。

5. 如图3-46所示，根据图中标记的IP地址和子网掩码判断A计算机是否能够ping通B计算机？

答：A计算机的子网掩码为255.255.0.0，A计算机所在的网段为131.107.0.0，A计算机认为B计算机与自己在一个网段。B计算机子网掩码为255.255.255.0，B计算机所在的网段为131.107.41.0。B计算机认为A计算机与自己不在一个网段，如图3-47所示。A计算机ping B计算机时，A计算机认为B与自己是同一个网段，A计算机发送ARP请求解析B计算机的MAC地址，数据包能够发送到B计算机。B计算机给A计算机返回响应包时发现A计算机与自己不在一个网段，又没有设置网关，B计算机不能给A计算机返回响应包。因此A 计算机ping不通B计算机。

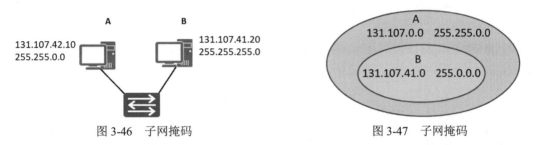

图 3-46　子网掩码　　　　　　　　图 3-47　子网掩码

6．计算机A给计算机D发送数据包要经过RouterA和RouterB两个路由器，如图3-48所示，写出数据包在A网段和B网段的源IP地址和目标IP地址、源MAC地址和目标 MAC地址。

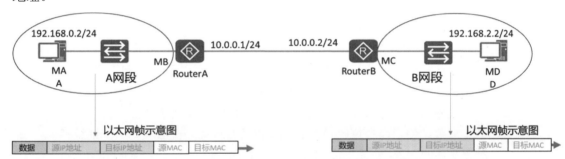

图 3-48　计算机 A 与计算机 D 通信

答：目标IP地址决定了终点，目的MAC地址决定了该数据帧在当前网络中被传送到哪个具体的设备。A计算机将数据包发送到D计算机，数据包需要转发给路由器RouterA，如图3-49所示，目标MAC地址要写网关的MAC地址MB。数据包到达B网段后，目标MAC地址就是D计算机的MAC地址。

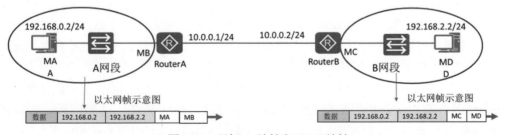

图 3-49　目标 IP 地址和 MAC 地址

第 4 章 管理华为设备

本章内容

- 介绍VRP：VRP是华为公司数据通信产品的通用网络操作系统，拥有一致的网络界面、用户界面和管理界面，为用户提供了灵活丰富的应用解决方案。
- 介绍eNSP：eNSP是由华为提供的一款免费、可扩展、图形化操作的网络仿真工具平台。
- VRP 命令行：华为网络设备功能的配置和业务的部署是通过 VRP 命令行来完成的，命令行由关键字和参数组成，VRP 命令行界面分成了若干种命令行视图，包括用户视图、系统视图和接口视图等，VRP 系统将命令和用户进行了分级，每条命令都有相应的级别，每个用户也都有自己的权限级别。
- 登录设备：可通过 Console 接口或 Telnet 接口来登录设备。
- 基本配置：使用命令修改设备名称，设置时区以及配置接口 IP 地址。
- 配置文件的管理：查看当前配置，保存当前配置，并设置启动时使用的配置文件。

本章介绍华为网络设备的相关知识，包括华为网络设备操作系统 VRP、网络仿真工具eNSP、VRP命令行、登录设备的方式、基本配置以及配置文件的管理等内容。

4.1 介绍华为网络设备操作系统

VRP（Versatile Routing Platform，通用路由平台）是华为公司数据通信产品的通用网络操作系统。目前，在全球各地的网络通信系统中，华为设备几乎无处不在，因此，学习了解VRP的相关知识对于网络通信技术人员来说显得尤为重要。

VRP是华为公司具有完全自主知识产权的网络操作系统，可以运行在从低端到高端的全系列路由器、交换机等数据通信产品的通用网络操作系统，就如同微软公司的Windows操作系统和苹果公司的iOS操作系统一样。VRP可以运行在多种硬件平台之上，包括路由器、局域网交换机、ATM交换机、拨号访问服务器、IP电话网关、电信级综合业务接入平台、智能业务选择网关，以及专用硬件防火墙等，如图4-1所示。VRP拥有一致的网络界面、用户界面和管理界面，为用户提供了灵活丰富的应用解决方案。

图 4-1　VRP 平台应用解决方案

VRP平台以TCP/IP协议簇为核心，实现了数据链路层、网络层和应用层的多种协议，在操作系统中集成了路由交换技术、QoS技术、安全技术和IP语音技术等数据通信功能，并以IP转发引擎技术作为基础，为网络设备提供了出色的数据转发能力。

4.2　介绍 eNSP

eNSP（Enterprise Network Simulation Platform）是由华为提供的一款免费、可扩展、图形化操作的网络仿真工具平台，主要对企业网络路由器、交换机等设备进行软件仿真，可以完美呈现真实设备实景，支持大型网络模拟，让广大用户能够有机会在没有真实设备的情况下进行模拟演练，学习网络技术。

软件特点：高度仿真。

（1）可模拟华为AR路由器、X7系列交换机的大部分特性。

（2）可模拟PC终端、Hub、云、帧中继交换机。

（3）仿真设备配置功能，快速学习华为命令行。

（4）可模拟大规模网络。

（5）可通过网卡实现与真实网络设备间的通信。

可以抓取任意链路中的数据包，直观展示协议交互过程。

4.2.1　安装 eNSP

eNSP需要Virtual Box运行路由器和交换机操作系统，使用Wireshark捕获链路中的数据包，当前华为官网提供的eNSP安装包中包含这两款软件，当然这两款软件也可以单独下载安装，首先安装Virtual Box和Wireshark，最后安装eNSP。

下面的操作在Windows 10企业版（X64）上进行，先安装 VirtualBox-5.2.6-120294-Win.exe，再安装Wireshark-win64-2.4.4.exe，最后安装eNSP V100R002C00B510 Setup.exe这个版本。

安装 eNSP 时，出现如图 4-2 所示的 eNSP 安装界面，注意不要选择"安装 WinPcap4.1.3"
"安装 Wireshark"和"安装 VirtualBox5.1.24"，因为这些都已经提前安装好了。

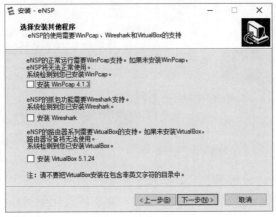

图 4-2　安装 eNSP

4.2.2　华为设备型号

华为交换机和路由设备有不同的型号，下面讲解华为设备的命名规则。

S系列是以太网交换机。从交换机的主要应用环境或用户定位来划分，企业园区网接入层主要应用的是S2700和S3700两大系列，汇聚层主要应用的是S5700系列，核心层主要应用的是S7700、S9300和S9700系列。同一系列交换机版本有：精简版（LI）、标准版（SI）、增强版（EI）、高级版（HI）。例如：S2700-26TP-PWR-EI表示VRP设备软件版本类型为增强版。

AR系列是访问路由器。路由器型号前面的AR是 Access Router（访问路由器）单词的首字母组合。AR系列企业路由器有多个型号，包括AR150、AR200、AR1200、AR2200、AR3200等。它们是华为第三代路由器产品，可以提供路由、交换、无线、语音和安全等功能。AR路由器被部署在企业网络与公网之间，作为两个网络间传输数据的入口和出口。在AR路由器上部署多种业务能降低企业的网络建设成本和运维成本。根据一个企业的用户数和业务的复杂程度，可以选择不同型号的AR路由器来部署到网络中。

下面就以AR201路由器为例，如图4-3所示，可以看到该型号路由的接口和支持的模块。可以看到有CON/AUX端口、一个WAN口和8个FE（FastEthernet，快速以太网接口，100M口）接口。

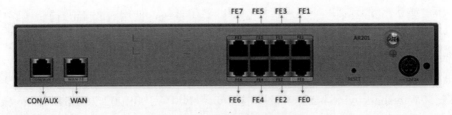

图 4-3　AR201 路由器接口

AR201路由器是面向小企业网络的设备，相当于一台路由器和一台交换机的组合，8个FE端口是交换机端口，WAN端口就是路由器端口（路由器端口连接不同的网段，可以设置IP地址作为计算机的网关，交换机端口连接计算机，不能配置IP地址），路由器使用逻辑接口Vlanif 1与交换机连接，交换机的所有端口默认都属于VLAN1，AR201路由器的逻辑结构如图4-4所示。

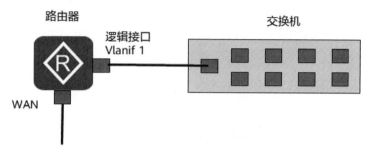

图 4-4　AR201 路由器等价的逻辑结构

下面再以AR1220系列路由器为例说明模块化路由器的接口类型。如图4-5所示，AR1220是面向中型企业总部或大中型企业分支，以宽带、专线接入、语音和安全场景为主的多业务路由器。该型号的路由器是模块化路由器，有两个插槽，可以根据需要插入合适的模块，有两个G比特以太网接口，分别是GE0和GE1，这两个接口是路由器接口，8个FE接口是交换机接口，该设备也相当于路由器和交换机两台设备，如图4-5所示。

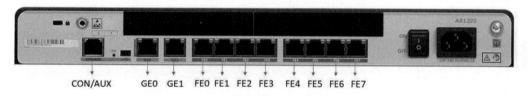

图 4-5　AR1220 路由器

端口命名规则，以4GEW-T为例进行介绍。

（1）4：表示4个端口。

（2）GE：表示千兆以太网。

（3）W：表示WAN接口板，这里的WAN表示三层接口。

（4）T：表示电接口。

端口命令中还有以下标识。

（1）FE：表示快速以太网接口。

（2）L2：表示两层接口即交换机接口。

（3）L3：表示三层接口即路由器接口。

（4）POS：表示光纤接口。

常见的接口图片和接口描述如图4-6所示。

图 4-6　接口和描述

4.3　VRP 命令行

4.3.1　命令行的基本概念

1. 命令行

华为网络设备功能的配置和业务的部署是通过VRP命令行来完成的。命令行是在设备内部注册的、具有一定格式和功能的字符串。一条命令行由关键字和参数组成，关键字是一组与命令行功能相关的单词或词组，通过关键字可以唯一确定一条命令行，本书正文采用加粗字体的方式来标识命令行的关键字。参数是为了完善命令行的格式或指示命令的作用对象而指定的相关单词或数字等，包括整数、字符串、枚举值等数据类型，本书正文采用斜体字体的方式来标识命令行的参数。例如，测试设备间连通性的命令行 **ping** *ip-address* 中，**ping** 为命令行的关键字，*ip-address* 为参数（取值为一个IP地址）。

新购买的华为网络设备，初始配置为空。若希望它能够具有诸如文件传输、网络互通等功能，则需要首先进入到该设备的命令行界面，并使用相应的命令进行配置。

2. 命令行界面

命令行界面是用户与设备之间文本类指令交互的界面，就如同Windows操作系统中的DOS（Disk Operation System）窗口一样。VRP命令行界面如图4-7所示。

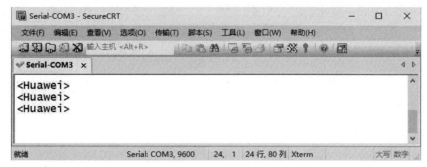

图4-7 VRP命令行界面——用户视图界面

VRP命令的总数达数千条之多，为了实现对它们的分级管理，VRP系统将这些命令按照不同的功能类型分别注册在了不同的视图之下。

3．命令行视图

命令行界面分成了若干种命令行视图，使用某个命令行时，需要先进入到该命令行所在的视图。最常用的命令行视图有用户视图、系统视图和接口视图，三者之间既有联系，又有一定的区别。

如图4-8所示，华为设备登录后，先进入用户视图<R1>，提示符"<R1>"中，"<>"表示是用户视图，"R1"是设备的主机名。在用户视图下，用户可以了解设备的基础信息、查询设备状态，但不能进行与业务功能相关的配置。如果需要对设备进行业务功能配置，则需要进入到系统视图。

输入"system-view"进入系统视图[R1]，可以配置系统参数，此时的提示符中使用了方括号"[ ]"。系统视图下可以使用绝大部分的基础功能配置命令，在系统视图下可以配置路由器的一些全局参数，如路由器主机名称等。

系统视图下可以进入接口视图、协议视图、AAA等视图。配置接口参数，配置路由协议参数，配置IP地址池参数等都要进入相应的视图。进入不同的视图，就能使用该视图下的命令。若希望进入其他视图，则必须先进入系统视图。

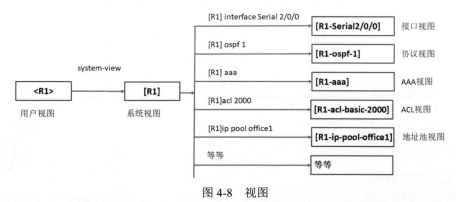

图4-8 视图

输入quit命令可以返回上一级视图。
输入return直接返回用户视图。

按Ctrl+Z键可以返回用户视图。

进入不同的视图，提示内容会有相应变化。比如，进入接口视图后，主机名后追加了接口类型和接口编号的信息。在接口视图下，可以完成对相应接口的配置操作，如配置接口的IP地址等。

```
[R1]interface GigabitEthernet 0/0/0
[R1-GigabitEthernet0/0/0]ip address 192.168.10.111 24
```

VRP系统将命令和用户进行了分级，每条命令都有相应的级别，每个用户也都有自己的权限级别，并且用户权限级别与命令级别具有一定的对应关系。具有一定权限级别的用户登录以后，只能执行等于或低于自己级别的命令。

4. 命令级别与用户权限级别

VRP命令级别分为0～3级：0级（参观级）、1级（监控级）、2级（配置级）、3级（管理级）。网络诊断类命令属于参观级命令，用于测试网络是否连通等。监控级命令用于查看网络状态和设备基本信息。对设备进行业务配置时，需要用到配置级命令。对于一些特殊的功能，如上传或下载配置文件等，则需要用到管理级命令。

用户权限分为0～15共16个级别。默认情况下，3级用户就可以操作VRP系统的所有命令，也就是说4～15级的用户权限在默认情况下是与3级用户权限一致的。4～15级的用户权限一般与提升命令级别的功能一起使用。例如，当设备管理员较多时，需要在管理员中再进行权限细分，这时可以将某条关键命令所对应的用户级别提高，如提高到15级，这样一来，默认的3级管理员便不能再使用该关键命令。

命令级别与用户权限级别的对应关系详见表4-1。

表 4-1　命令级别与用户权限级别对应关系

用户级别	命令级别	说明
0	0	网络诊断类命令（ping、tracert）、从本设备访问其他设备的命令（telnet）等
1	0、1	系统维护命令，包括display等。但并不是所有的display命令都是监控级的，例如 display current-configuration和display saved-configuration都是管理级命令
2	0、1、2	业务配置命令，包括路由、各个网络层次的命令等
3～15	0、1、2、3	涉及系统基本运行的命令，如文件系统、FTP下载、配置文件切换命令、用户管理命令、命令级别设置命令、系统内部参数设置命令等，还包括故障诊断的debugging命令

4.3.2　命令行的使用方法

1. 进入命令视图

用户进入VRP系统后，首先进入的就是用户视图。如果出现<Huawei>，并有光标在">"右边闪动，则表明用户已成功进入了用户视图。

<Huawei>

进入用户视图后，便可以通过命令来了解设备的基础信息、查询设备状态等。如果需要对GigabitEthernet1/0/0接口进行配置，则需先使用system-view命令进入系统视图，再使用**interface** *interface-type interface-number*命令进入相应的接口视图。

```
<Huawei>system-view              -- 进入系统视图
[Huawei]
[Huawei]interface gigabitethernet 1/0/0    --进入接口视图
[Huawei-GigabitEthernet1/0/0]
```

2. 退出命令视图

quit命令的功能是从任何一个视图退出到上一层视图。例如，接口视图是从系统视图进入的，所以系统视图是接口视图的上一层视图。

```
[Huawei-GigabitEthernet1/0/0] quit          --退出到系统视图
[Huawei]
```

如果希望继续退出至用户视图，可以再次执行quit命令。

```
[Huawei]quit             --退出到用户视图
<Huawei>
```

有些命令视图的层级很深，从当前视图退出到用户视图，需要多次执行quit命令。此时，使用return命令，可以直接从当前视图退出到用户视图。

```
[Huawei-GigabitEthernetI/0/0]return          --退出到用户视图
<Huawei>
```

另外，在任意视图下，使用快捷键Ctrl+Z，可以达到与使用return命令相同的效果。

3. 输入命令行

VRP系统提供了丰富的命令行输入方法，支持多行输入，每条命令最大长度为510个字符，命令关键字不区分大小写，同时支持不完整关键字输入。命令行输入过程中常用的一些功能键详见表4-2。

表 4-2　命令行输入过程中常用的功能键

功能键	功能
退格键 BackSpace	删除光标位置的前一个字符，光标左移，若已经到达命令起始位置，则停止
左光标键 ←或 Ctrl+B	光标向左移动一个字符位置，若已经到达命令起始位置，则停止
左光标键 →或 Ctrl+F	光标向右移动一个字符位置：若已经到达命令尾部，则停止
删除键 Delete	删除光标所在位置的一个字符，光标位置保持不动，光标后方字符向左移动一个字符位置；若已经到达命令尾部，则停止
上光标键 ↑或 Ctrl+P	显示上一条历史命令。如果需显示更早的历史命令，可以重复使用该功能键
下光标键 ↓或 Ctrl+N	显示下一条历史命令，可重复使用该功能键

4. 不完整关键字输入

为了提高命令行输入的效率和准确性，VRP系统能够支持不完整的关键字输入功能，即在当前视图下，当输入的字符能够匹配唯一的关键字时，可以不必输入完整的关键字。例如，当需要输入命令display current-configuration时，可以通过输入d cu、di cu或discu来实现，但不能输入d c或dis c等，因为系统内有多条以d c、dis c开头的命令，如display cpu-defend、display clock和display current-configuration等。

5. 在线帮助

在线帮助是VRP系统提供的一种实时帮助功能。在命令行输入过程中，用户可以随时输入"？"以获得在线帮助信息。命令行在线帮助可以分为完全帮助和部分帮助。

关于完全帮助，我们来看一个例子。假如我们希望查看设备的当前配置情况，但在进入用户视图后不知道下一步该如何操作，这时就可以输入"？"，得到以下回显帮助信息。

```
<Huawei>?
User view commands:
  arp-ping                ARP-ping
  autosave                <Group> autosave command group
  backup                  Backup information
  ……
  dialer                  Dialer
  dir                     List files on a filesystem
  display                 Display information
  factory-configuration   Factory configuration
---- More ----
```

从显示的关键字中可以看到"display"，对此关键字的解释为Display information。我们自然会想到，要查看设备的当前配置情况，很可能会用到"display"这个关键字。于是，按任意字母键退出帮助后，输入display和空格，再输入问号，可以得到以下回显帮助信息。

```
<Huawei>display ?

  Cellular                Cellular interface
  aaa                     AAA
  access-user             User access
  accounting-scheme       Accounting scheme
  ……
  cpu-usage               Cpu usage information
  current-configuration   Current configuration
  cwmp                    CPE WAN Management Protocol
---- More ----
```

从回显信息中，我们发现了"current-configuration"。通过简单的分析和推理，我们便知道，要查看设备的当前配置情况，应该输入的命令行是"displaycurrent-configuration"。

我们再来看一个部分帮助的例子。通常情况下，我们不会完全不知道整个需要输入的命令行，而是知道命令行关键字的部分字母。假如我们希望输入display current-configuration命令，但不记得完整的命令格式，只是记得关键字display的开头字母为dis，current-configuration的开头字母为c。此时，我们就可以利用部分帮助功能来确定出完整的命令。输入dis后，再输入问号"？"，可以得到以下回显帮助信息。

```
<Huawei>dis?
display  Display information
```

回显信息表明，以dis开头的关键字只有displaye。根据不完整关键字输入原则，用dis就可以唯一确定关键字display。所以，在输入dis后直接输入空格，然后输入c，最后输入"？"，以获取下一个关键字的帮助，可以得到以下回显帮助信息。

```
<Huawei>dis c?
  <0-0>                  Slot number
  Cellular               Cellular interface
  Calibrate              Global calibrate
  Capwap                 CAPWAP
  Channel                Informational channel status and configuration
                         information
  clock                  Clock status and configuration information
  config                 System config
  controller             Specify controller
  cpos                   CPOS controller
  cpu-defend             Configure CPU defend policy
  cpu-usage              Cpu usage information
  current-configuration  Current configuration
  cwmp                   CPE WAN Management Protocol
```

回显信息表明，关键字display后，以c开头的关键只有为数不多的十几个，从中很容易找到current-configuration。至此，我们便从dis和c这样的记忆片段中恢复出了完整的命令行display current-configuration。

6. 快捷键

快捷键的使用可以进一步提高命令行的输入效率。VRP系统已经定义了一些快捷键，称为系统快捷键。系统快捷键功能固定，用户不能再重新定义。常见的系统快捷键详见表4-3。

表 4-3 常见 VRP 系统快捷键

快捷键	功能
Ctrl+A	将光标移动到当前行的开始
Ctrl+E	将光标移动到当前行的末尾
Esc +N	将光标向下移动一行
Esc +P	将光标向上移动一行
Ctrl+C	停止当前正在执行的功能
Ctrl+Z	返回到用户视图，功能相当于return命令
Tab 键	部分帮助的功能，输入不完整的关键字后按下 Tab 键，系统自动补全关键字

VRP系统还允许用户自定义一些快捷键，但自定义快捷键可能会与某些操作命令发生混淆，所以一般情况下最好不要自定义快捷键。

4.4 登录设备

配置华为网络设备，可以使用Console口、Telnet或SSH方式，本节介绍用户界面配置和登录设备的各种方式。

4.4.1 用户界面配置

1. 用户界面的概念

用户在与设备进行信息交互的过程中，不同的用户拥有各自不同的用户界面。使用Console口登录设备的用户，其用户界面对应了设备的物理Console接口；使用Telnet登录设备的用户，其用户界面对应了设备的虚拟VTY（Virtual Type Terminal）接口。不同设备支持的VTY总数可能不同。

如果希望对不同的用户进行登录控制，则需要首先进入到对应的用户界面视图进行相应的配置（如规定用户权限级别、设置用户名和密码等）。例如，假设规定通过Console口登录的用户的权限级别为3级，则相应的操作如下。

```
<Huawei>system-view
[Huawei]user-interface console 0      --进入Console口用户的用户界面视图
[Huawei-ui-console0]user privilege level 3      --设置Console登录用户的权
                                                  限级别为3
```

如果有多个用户登录设备，因为每个用户都会有自己的用户界面，那么设备如何识别这些不同的用户界面呢？

2. 用户界面的编号

用户登录设备时，系统会根据该用户的登录方式，自动分配一个当前空闲且编号最小的相应类型的用户界面给该用户。用户界面的编号包括以下两种。

（1）相对编号。相对编号的形式是：用户界面类型+序号。一般地，一台设备只有一个Console口（插卡式设备可能有多个Console口，每个主控板提供一个Console口），VTY类型的用户界面一般有15个（默认情况下，开启了其中的5个）。所以，相对编号的具体呈现如下。

1）Console口的编号：CON 0。

2）VTY的编号：第一个为VTY 0，第二个为VTY 1……以此类推。

（2）绝对编号。绝对编号仅仅是一个数值，用于唯一标识一个用户界面。绝对编号与相对编号具有一对应的关系：Console用户界面的相对编号为CON0，对应的绝对编号为0；VTY用户界面的相对编号为VTY0～VTY14，对应的绝对编号为129～143。

使用display user-interface命令可以查看设备当前支持的用户界面信息，操作如下。可以看到CON 0有一个用户连接，权限级别为3级，有一个用户通过虚拟接口连接VTY 0，权限级别为2级，Auth表示身份验证模式，P代表password（只需输入密码），A代表AAA验证（需要输入用户名和密码）。

```
<Huawei>display user-interface
  Idx  Type    Tx/Rx    Modem  Privi  ActualPrivi  Auth  Int
+   0  CON 0   9600       -     15       15          P    -
+ 129  VTY 0              -      2        2          A    -
  130  VTY 1              -      2        -          A    -
  131  VTY 2              -      2        -          A    -
  132  VTY 3              -      0        -          P    -
  133  VTY 4              -      0        -          P    -
  145  VTY 16             -      0        -          P    -
  146  VTY 17             -      0        -          P    -
  147  VTY 18             -      0        -          P    -
  148  VTY 19             -      0        -          P    -
  149  VTY 20             -      0        -          P    -
  150  Web 0   9600       -     15        -          A    -
  151  Web 1   9600       -     15        -          A    -
  152  Web 2   9600       -     15        -          A    -
  153  Web 3   9600       -     15        -          A    -
  154  Web 4   9600       -     15        -          A    -
  155  XML 0   9600       -      0        -          A    -
  156  XML 1   9600       -      0        -          A    -
  157  XML 2   9600       -      0        -          A    -
UI(s) not in async mode -or- with no hardware support:
1-128
   +  : Current UI is active.
   F  : Current UI is active and work in async mode.
```

```
      Idx : Absolute index of UIs.
      Type : Type and relative index of UIs.
      Privi: The privilege of UIs.
      ActualPrivi: The actual privilege of user-interface.
      Auth : The authentication mode of UIs.
         A: Authenticate use AAA.
         N: Current UI need not authentication.
         P: Authenticate use current UI's password.
      Int  : The physical location of UIs.
```

回显信息中，第一列Idx表示绝对编号，第二列Type为对应的相对编号。

3. 用户验证

每个用户登录设备时都会有一个用户界面与之对应。那么，如何做到只有合法用户才能登录设备呢？答案是通过用户验证机制。设备支持的验证方式有三种：Password验证、AAA验证和None验证。

（1）Password验证：只需输入密码，密码验证通过后，即可登录设备。默认情况下，设备使用的是Password验证方式。使用该方式时，如果没有配置密码，则无法登录设备。

（2）AAA验证：需要输入用户名和密码，只有输入正确的用户名和其对应的密码时，才能登录设备。由于需要同时验证用户名和密码，所以AAA验证方式的安全性比Password验证方式高，并且该方式可以区分不同的用户，用户之间互不干扰。所以，使用Telnet登录时，一般都采用AAA验证方式。

（3）None验证：不需要输入用户名和密码，可以直接登录设备，即无须进行任何验证。为安全起见，不推荐使用这种验证方式。

用户验证机制保证了用户登录的合法性。默认情况下，通过Telnet登录的用户，在登录后的权限级别是0级。

4. 用户权限级别

前面我们已经对用户权限级别的含义以及它与命令级别的对应关系进行了描述。用户权限级别也称为用户级别，默认情况下，用户级别在3级及以上时，便可以操作设备的所有命令。某个用户的级别，可以在对应用户界面视图下执行user privilege level *level*命令进行配置，其中*level*为指定的用户级别。

掌握了以上这些关于用户界面的相关知识后，我们接下来通过两个实例来说明Console和VTY用户界面的配置方法。

4.4.2 通过Console口登录设备

路由器初次配置时，需要使用Console通信电缆连接路由器的Console口和计算机的COM口，不过现在的笔记本电脑大多没有COM口了，如图4-9所示，因此可以使用COM口转USB接口线缆，接入电脑的USB接口。

如图4-10所示，依次单击"计算机管理"，再单击"设备管理器"命令，安装驱动后，可以看到USB接口充当了COM3接口。

图 4-9　Console 配置路由器

图 4-10　查看 USB 接口充当的 COM 口

如图4-11所示，打开SecureCRT软件，SecureCRT协议选择"Serial"，单击"下一步"按钮。在出现的端口选择界面，如图4-12所示，根据USB设备模拟出的端口，在这里选择"COM3"，其他设置参照图示进行设置，然后单击"下一步"按钮。

图 4-11　选择协议

图 4-12　选择 COM 接口波特率

Console用户界面对应于从Console口直连登录的用户，一般采用Password验证方式。通过Console口登录的用户一般为网络管理员，需要最高级别的用户权限。

（1）进入Console用户界面。进入Console用户界面使用的命令为user-interface console *interface-number*，表示console用户界面的相对编号，取值为0。

```
[Huawei]user-interface console 0
```

（2）配置用户界面。在Console用户界面视图下配置验证方式为Password验证，并配置密码为91xueit，且密码将以密文形式保存在配置文件中。

配置用户界面用户验证方式的命令为authentication-mode {aaa l password}。

```
[Huawei-ui-console0]authentication-mode ?
  aaa       AAA authentication
  password  Authentication through the password of a user terminal
interface
```

```
[Huawei-ui-console0]authentication-mode password
Please configure the login password (maximum length 16):91xueit
```

如果需要重设密码，则可以输入以下命令，将密码设置为91xueit.com

```
[Huawei-ui-console0]set authentication password cipher 91xueit.com
```

配置完成后，配置信息会保存在设备的内存中，使用命令display current-configuration即可进行查看。如果不进行存盘，则这些信息在设备通电或重启时将会丢失。

输入display current-configuration section user-interface命令显示当前配置中user-interface的设置；如果只输入display current-configuration则会显示全部设置。

```
<Huawei>display current-configuration section user-interface
[V200R003C00]
#
user-interface con 0
 authentication-mode password
 set authentication password
cipher %$%${PA|GW3~G'2AJ%@K{;MA,$/:\,wmOC*yI7U_x!,w
kv].$/=,%$%$
user-interface vty 0 4
user-interface vty 16 20
#
Return
```

4.4.3 通过 telnet 登录设备

VTY用户界面对应于使用Telnet方式登录的用户。考虑到Telnet是远程登录，容易存在安全隐患，所以在用户验证方式上采用了AAA验证。一般地，设备调试阶段需要登录设备的人员较多，并且需要进行业务方面的配置，所以通常配置最大VTY用户界面数为15，即允许最多15个用户同时使用Telnet方式登录到设备。同时，应将用户级别设置为2级，即配置级，以便可以进行正常的业务配置。

（1）配置最大VTY用户界面数为15。配置最大VTY用户界面数使用的命令是user-interface maximum-vty *number*。如果希望配置最大VTY用户界面数为15个，则number应取值为15。

```
[Huawei]user-interface maximum-vty 15
```

（2）进入VTY用户界面视图。使用user-interface vty *first-ui-number* [*last-ui-number*]命令进入VTY用户界面视图，其中*first-ui-number*和*last-ui-number*为VTY用户界面的相对编号，方括号"[ ]"表示该参数为可选参数。假设现在需要对15个VTY用户界面进行整体配置，则 *first-ui-number* 应取值为0，*last-ui-number* 取值为14。

```
[Huawei]user-interface vty 0 14
```

操作后，系统进入了VTY用户界面视图。

```
[Huawei-ui-vty0-14]
```

（3）配置VTY用户界面的用户级别为2级。配置用户级别的命令为user privilege level *level*。因为现在需要配置用户级别为2级，所以 *level* 的取值为2。

```
[Huawei-ui-vty0-14]user privilege level 2
```

（4）配置VTY用户界面的用户验证方式为AAA。配置用户验证方式的命令为authentication-mode {aaa l password}，其中大括号"{ }"表示其中的参数应任选其一。

```
[Huawei-ui-vty0-14]authentication-mode aaa
```

（5）配置AAA验证方式的用户名和密码。首先退出VTY用户界面视图，执行命令aaa，进入AAA视图。再执行命令local-user *user-name* password cipher *password*，配置用户名和密码。*user-name* 表示用户名，*password* 表示密码，关键字cipher表示配置的密码将以密文形式保存在配置文件中。最后，执行命令local-user *user-name* service-type telnet，定义这些用户的接入类型为Telnet。

```
[Huawei-ui-vty0-14]quit
[Huawei]aaa
[Huawei-aaa]local-user admin password cipher admin@123
[Huawei-aaa]local-user admin service-type telnet
[Huawei-aaa]quit
```

配置完成后，当用户通过Telnet方式登录设备时，设备会自动分配一个编号最小的可用VTY用户界面给用户使用，进入命令行界面之前需要输入上面配置的用户名（admin）和密码（admin@123）。

Telnet协议是TCP/IP协议族中应用层协议的一员。Telnet的工作方式为"服务器／客户端"方式，它提供了从一台设备（Telnet客户端）远程登录到另一台设备（Telnet服务器）的方法。Telnet服务器与Telnet客户端之间需要建立TCP连接，Telnet服务器的默认端口号为23。

VRP系统既支持Telnet服务器功能，也支持Telnet客户端功能。利用VRP系统，用户还可以先登录到某台设备，然后将这台设备作为Telnet客户端再通过Telnet方式远程登录到网络上的其他设备，从而可以更为灵活地实现对网络的维护操作。如图4-13所示，路由器R1既是PC的Telnet服务器，又是路由器的Telnet客户端。

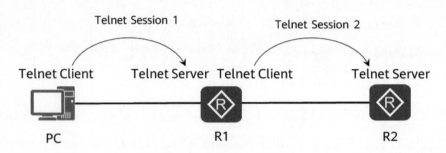

图 4-13 Telnet 二级连接

在Windows系统，打开命令行工具，确保Windows系统与路由器的网络畅通，输入命令telnet *ip-address*后再输入账户和密码，就能远程登录路由器进行配置。如图4-14所示，telnet 192.168.10.111 输入账户和密码登录<Huawei>成功，在telnet 172.16.1.2输入密码，登录<R2>路由器成功，然后退出telnet，输入quit命令。

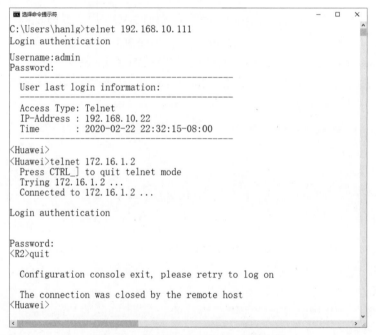

图 4-14 在 Windows 上 telnet 路由器

4.5 基本配置

下面介绍华为网络设备的一些基本配置，如设置设备名称、更改系统时间、给接口设置IP地址，禁用启用接口等。

4.5.1 配置设备名称

命令行界面中的尖括号（<>）或方括号（[ ]）中包含有设备的名称，也称为设备主机名。默认情况下，设备名称为"Huawei"。为了更好地区分不同的设备，通常需要修改设备名称。我们可以通过命令加sysname *hostname*来对设备名称进行修改，其中sysname是命令行的关键字，*hostname*为参数，表示用户希望设置的设备名称。

例如，通过如下操作，就可以将设备名称设置为Huawei-AR-01。

```
<Huawei>?                              --可以查看用户视图下可以执行的命令
<Huawei>system-view                    --进入系统视图
[Huawei]sysname Huawei-AR-01           --更改路由器名称为Huawei-AR-01
[Huawei-AR-01]
```

4.5.2 配置设备时钟

华为设备出厂时默认采用了协调世界时(UTC)，但没有配置时区，所以在配置设备系统时钟前，需要了解设备所在的时区。

设置时区的命令行为clock timezone *time-zone-name* { add | minus } *offset*。其中：*time-zone-name*为用户定义的时区名，用于标识配置的时区；根据偏移方向选择add和minus，正向偏移（UTC时间加上偏移量为当地时间）时选择add，负向偏移（UTC时间减去偏移量为当地时间）时选择minus；*offset*为偏移时间。假设设备位于北京时区，则相应的配置应该（注意设置时区和时间是在用户模式下）如下。

```
<Huawei>clock timezone BJ add 8:00
```

设置好时区后，就可以设置设备当前的日期和时间了。华为设备仅支持24小时制，使用的命令行为clock datetime *HH：MM：YYYY-MM-DD*，其中*HH：MM：SS*为设置的时间，*YYYY-MM-DD*为设置的日期。假设当前的日期为2020年2月23日，时间是凌晨16:32:00，则相应的配置如下。

```
<Huawei>clock datetime 16:37:00 2020-02-23
```

输入display clock可显示当前设备的时区、日期和时间。

```
<Huawei>display clock
2020-02-23 16:37:07
Sunday
Time Zone(BJ) : UTC+08:00
```

4.5.3 配置设备 IP 地址

用户可以通过不同的方式登录到设备命令行界面，包括Console口登录和Telnet登录。首次登录新设备时，由于新设备为空配置设备，所以只能通过Console口或MiniUSB口登录。首次登录到新设备后，便可以给设备配置一个IP地址，然后开启Telnet功能。

IP地址是针对设备接口的配置，通常一个接口配置一个IP地址。配置接口IP地址的命令为ip address *ip-address* { *mask* | *mask-length* }。其中：*ip address*是命令关键字；*ip-address*为希望配置的IP地址；*mask*表示点分十进制方式的子网掩码；*mask-length*表示长度方式的子网掩码，即掩码中二进制数1的个数。

假设设备Huawei的接口Ethernet 0/0/0，分配的IP地址为192.168.1.1，子网掩码为255.255.255.0，则相应的配置应该如下。

```
[Huawei]interface Ethernet 0/0/0      --进入接口视图
[Huawei-Ethernet0/0/0]ip address 192.168.1.1 255.255.255.0
                                      --添加IP地址和子网掩码
[Huawei-Ethernet0/0/0]undo shutdown            --启用接口
 [Huawei-Ethernet0/0/0]ip address 192.168.2.1 24 ?
  sub   Indicate a subordinate address
  <cr>  Please press ENTER to execute command
[Huawei-Ethernet0/0/0]ip address 192.168.2.1 24 sub
                                      --给接口添加第二个地址
[Huawei-Ethernet0/0/0]display this             --显示接口的配置
[V200R003C00]
#
interface Ethernet0/0/0
ip address 192.168.1.1 255.255.255.0
 ip address 192.168.2.1 255.255.255.0 sub
#
return
[Huawei-Ethernet0/0/0]quit            --退出接口配置模式
```

输入display ip interface brief命令，可以显示接口IP地址相关的摘要信息。

```
<Huawei>display ip interface brief
*down: administratively down
^down: standby
(l): loopback
(s): spoofing
The number of interface that is UP in Physical is 3
```

```
The number of interface that is DOWN in Physical is 1
The number of interface that is UP in Protocol is 3
The number of interface that is DOWN in Protocol is 1

Interface                       IP Address/Mask         Physical    Protocol
Ethernet0/0/0                   192.168.1.1/24          up          up
Ethernet0/0/8                   unassigned              down        down
NULL0                           unassigned              up          up(s)
Vlanif1                         192.168.10.1/24         up          up
```

从以上输出可以看到，Ethernet0/0/0接口PHY（物理层）为up（启用），Protocol（数据链路层）也为up。

输入undo ip address命令可以删除接口配置的IP地址。

```
[Huawei-Ethernet0/0/0]undo ip address
```

4.6 配置文件的管理

华为设备配置更改后的设置立即生效，成为当前配置，保存在内存中。如果设备断电重启或关机重启，内存的配置将会丢失，如果想让当前的配置在重启后依然生效，就需要将配置保存。下面就来讲解华为网络设备中的配置文件，以及如何管理华为设备中的文件。

4.6.1 华为设备配置文件

本节介绍路由器的配置和配置文件，涉及三个概念：当前配置、配置文件和下次启动的配置文件。

1. 当前配置

设备内存中的配置就是当前配置，进入系统视图更改路由器的配置，就是更改当前配置，设备断电或重启时，内存中的所有信息（包括配置信息）将全部丢失。

2. 配置文件

包含设备配置信息的文件称为配置文件，它存在于设备的外部存储器中（注意不是内存中），其文件名的格式一般为"*.cfg"或"*.zip"，用户可以将当前配置保存到配置文件中。设备重启时，配置文件的内容可以被重新加载到内存，成为新的当前配置。配置文件除了可以起到保存配置信息的作用外，还可以方便维护人员查看、备份以及移植配置信息用于其他设备。默认情况下，保存当前配置时，设备会将配置信息保存到名为"vrpcfg.zip"的配置文件中，并保存于设备外部存储器的根目录下。

3. 下次启动配置文件

保存配置时可以指定配置文件的名称,也就是保存的配置文件可以有多个,下次启动加载哪个配置文件可以进行指定。默认情况下,下次启动的配置文件名为"vrpcfg.zip"。

4.6.2 保存当前配置

保存当前配置的方式有两种:手动保存和自动保存。

1. 手动保存配置

用户可以使用save [*configuration-file*] 命令随时将当前配置以手动方式保存到配置文件中,参数*configuration-file*为指定的配置文件名,格式必须为"*.cfg"或"*.zip。如果未指定配置文件名,则配置文件名默认为"vrpcfg.zip"。

例如,需要将当前配置保存到文件名为"vrpcfg.zip"的配置文件中时,可以进行以下操作。

在用户视图,使用save命令,再输入y,进行确认,保存路由器的配置。如果不指定保存配置的文件名,则配置文件就是"vrpcfg.zip",输入dir,可以列出flash根目录下的全部文件和文件夹,就能看到这个配置文件。路由器中的flash相当于计算机中的硬盘,可以存放文件和保存的配置。

```
<R1>save
  The current configuration will be written to the device.
  Are you sure to continue? (y/n)[n]:y                    --输入y
  It will take several minutes to save configuration file, please
wait.......
  Configuration file had been saved successfully
  Note: The configuration file will take effect after being activated
```

如果还需要将当前配置保存到文件名为"backup.zip"的配置文件中,作为对vrpcfg.zip的备份,则可以进行以下操作。

```
<Huawei>save backup.zip
  Are you sure to save the configuration to backup.zip? (y/n)[n]:y
  It will take several minutes to save configuration file, please wait......
  Configuration file had been saved successfully
  Note: The configuration file will take effect after being activated
```

2. 自动保存配置

自动保存配置功能可以有效降低用户因忘记保存配置而导致配置丢失的风险。自动保存功能分为周期性自动保存和定时自动保存两种方式。

在周期性自动保存方式下,设备会根据用户设定的保存周期,自动完成配置保存;无论设备的当前配置相比配置文件是否有变化,设备都会进行自动保存操作。在定时自动保存方式下,用户设定一个时间点,设备会每天在此时间点自动进行一次保存。默认情况下，设备的自动保存功能是关闭的，需要用户开启之后才能使用。

周期性自动保存的设置方法为：首先执行命令autosave interval on，开启设备的周期性自动保存功能，然后执行命令autosave intervale *time*设置自动保存周期。其中，*time*为指定的时间周期，单位为分钟，默认值为1 440分钟（24小时）。

定时自动保存的设置方法为：首先执行命令autosave time on，开启设备的定时自动保存功能，然后执行命令autosave time *time-value*，设置自动保存的时间点。*time-value*为指定的时间点，格式为hh:mm:ss，默认值为00:00:00。

以下命令打开周期性保存，设置自动保存间隔为120分钟。

```
<R1>autosave interval on            --打开周期性保存功能
  System autosave interval switch: on
  Autosave interval: 1440 minutes    --默认1440分钟保存一次
  Autosave type: configuration file
  System autosave modified configuration switch: on    --如果配置更改了30分钟自动保存
  Autosave interval: 30 minutes
  Autosave type: configuration file

<R1>autosave interval 120           --设置每隔120分钟自动保存
  System autosave interval switch: on
  Autosave interval: 120 minutes
  Autosave type: configuration file
```

周期性保存和定时保存不能同时启用。先关闭周期性保存，再打开定时自动保存功能，更改定时保存时间为中午12点。

```
<R1>autosave interval off           --关闭周期性保存
<R1>autosave time on                --开启定时保存
  System autosave time switch: on
  Autosave time: 08:00:00           --默认每天8点定时保存
  Autosave type: configuration file
<R1>autosave time ?                 --查看time后可以输入的参数
  ENUM<on,off>  Set the switch of saving configuration data automatically by
                absolute time
  TIME<hh:mm:ss>  Set the time for saving configuration data automatically
<R1>autosave time 12:00:00          --更改定时保存时间为12点
  System autosave time switch: on
  Autosave time: 12:00:00
  Autosave type: configuration file
```

默认情况下，设备会保存当前配置到"vrpcfg.zip"文件中。如果用户指定了另外一个配置文件作为设备下次启动的配置文件，则设备会将当前配置保存到新指定的下次启动的配置文件中。

4.6.3 设置下一次启动加载的配置文件

设备支持设置任何一个存在于设备外部存储器根目录下（如：flash:/）的"*.cfg"或"*.zip"文件作为设备的下次启动的配置文件。我们可以通过startup saved-configuration *configuration-file*命令来设置设备下次启动的配置文件，其中*configuration-file*为指定配置文件名。如果设备外部存储器的根目录下没有该配置文件，则系统会提示设置失败。

例如，如果需要指定已经保存的backup.zip文件作为下次启动的配置文件，可以执行以下操作。

```
<R1>startup saved-configuration backup.zip   --指定下一次启动加载的配置文件
This operation will take several minutes, please wait.....
Info: Succeeded in setting the file for booting system
<R1>display startup                          --显示下一次启动加载的配置文件
MainBoard:
 Startup system software:                    null
 Next startup system software:               null
 Backup system software for next startup:    null
 Startup saved-configuration file:           flash:/vrpcfg.zip
 Next startup saved-configuration file:      flash:/backup.zip
                                             --下一次启动配置文件
```

设置了下一次启动的配置文件后，再保存当前配置时，默认会将当前配置保存到所设置的下一次启动的配置文件中，从而覆盖下次启动的配置文件原有内容。周期性保存配置和定时保存配置，也会保存到指定的下一次启动的配置文件。

4.7 习题

一、选择题

1. 下列哪个是更改路由器名称的命令（　　）。
   A. < Huawei > sysname R1　　　　B. [Huawei]sysname R1
   C. [Huawei]system R1　　　　　　 D. < Huawei > system R1
   答案：B

2. 本章eNSP模拟软件需要与下列哪两款软件一起安装（　　）。
   A. Wireshark和VMWareWorkstation
   B. Wireshark和VirtualBox
   C. VirtualBox和VMWareWorkstation
   D. VirtualBox和Ethereal
   答案：B

3. 给路由器接口配置IP地址，下列哪条命令是错误的（　　）。
   A. [R1]ip address 192.168.1.1 255.255.255.0
   B. [R1-GigabitEthernet0/0/0]ip address 192.168.1.1 24
   C. [R1-GigabitEthernet0/0/0]ip add 192.168.1.1 24
   D. [R1-GigabitEthernet0/0/0]ip address 192.168.1.1 255.255.255.0
   答案：A

4. 查看路由器当前配置的命令是（　　）。
   A. <R1>display current-configuration
   B. <R1>display saved-configuration
   C. [R1-GigabitEthernet0/0/0]display
   D. [R1]show current-configuration
   答案：A

5. 华为路由器保存配置的命令是（　　）。
   A. [R1]save   B. <R1>save
   C. <R1>copy current startup   D. [R1] copy current startup
   答案：B

6. 更改路由器下一次启动加载的配置文件应使用下列哪个命令（　　）。
   A. <R1>startup saved-configuration backup.zip
   B. <R1>display startup
   C. [R1]startup saved-configuration
   D. [R1]display startup
   答案：A

7. 通过console口配置路由器，只需要密码验证，需要配置身份验证模式为（　　）。
   A. [R1-ui-console0]authentication-mode password
   B. [R1-ui-console0]authentication-mode aaa
   C. [R1-ui-console0]authentication-mode Radius
   D. [R1-ui-console0]authentication-mode scheme
   答案：B

8. 在路由器上创建用户han，允许通过Telnet配置路由器，且用户权限级别为3，需要执行下列哪两条命令（　　）。
   A. [R1-aaa]local-user han password cipher 91xueit3 privilege level 3
   B. [R1-aaa]local-user han service-type telnet

C. [R1-aaa]local-user han password cipher 91xueit3

D. [R1-aaa]local-user hanservice-type terminal

答案：AB

9. 在系统视图下键入下列哪条命令可以切换到用户视图（　　）。

A. system-view　　　　　　B. router

D. quit　　　　　　　　　　D. user-view

答案：C

10. 华为AR路由器的命令行界面下，save命令的作用是保存当前的系统时间。以上表述（　　）。

A. 正确　　　　　　　　　　B. 错误

答案：B

11. 路由器的配置文件保存时，一般是保存在下列哪种储存介质上（　　）。

A. SDRAM　　　　　　　　B. NVRAM

C. Flash　　　　　　　　　D. Boot ROM

答案：C

12. VRP操作系统命令可以划分为访问级、监控级、配置级、管理级4个级别。能运行各种业务配置命令但不能操作文件系统的是下列哪一级（　　）。

A. 访问级　　B. 监控级　　C. 配置级　　D. 管理级

答案：C

13. 管理员在下列哪个视图下才能为路由器修改设备名称（　　）。

A. User-view　　　　　　　B. System-view

C. Interface-view　　　　　D. Protocol-view

答案：B

14. 目前，公司有一个网络管理员，公司网络中的AR2200通过Telent直接输入密码后就可以实现远程管理。新来了两个管理员后，公司希望给所有的管理员分配各自的用户名和密码，以及不同的权限等级。那么应该如何操作呢（　　）（选择3个答案）

A. 在AAA视图下配置三个用户名和各自对应的密码

B. Telent配置的用户认证模式必须选择AAA模式

C. 在配置每个管理员的账户时，需要配置不同的权限级别

D. 每个管理员在运行Telent命令时，使用设备的不同公网IP地址

答案：ABC

15. VRP支持通过下列哪几种方式对路由器进行配置（　　）（选择3个答案）

A. 通过Console口对路由器进行配置

B. 通过Telent对路由器进行配置

C. 通过mini USB口对路由器进行配置

D. 通过FTP对路由器进行配置

答案：ABC

16. 操作用户成功Telnet到路由器后，无法使用配置命令配置接口IP地址，可能的原因有（　　）

　　A．操作用户的Telnet终端软件不允许用户对设备的接口配置IP地址

　　B．没有正确设置Telnet用户的认证方式

　　C．没有正确设置Telnet用户的级别

　　D．没有正确设置SNMP参数

　　答案：C

17. 关于下面的display信息描述正确的是（　　）

[R1]display interface g0/0/0 GigabitEthernet0/0/0

current state:Administratively DOWN Line protocol current state:DOWN

　　A．Gigabit Ethernet 0/0/0 接口连接了一条错误的线缆

　　B．Gigabit Ethernet 0/0/0接口没有配置IP地址

　　C．Gigabit Ethernet 0/0/0接口没有启用动态路由协议

　　D．Gigabit Ethernet 0/0/0接口被管理员手动关闭了

　　答案：D

18. 路由器上电时，会从默认存储路径中读取配置文件进行路由器的初始化工作。如果默认存储路径中没有配置文件,则路由器会使用下列哪种配置来进行初始化（　　）

　　A．当前配置　　　　　　　　B．新建配置

　　C．默认参数　　　　　　　　D．起始配置

　　答案：C

第 5 章 静态路由

本章内容

- 静态路由的基本概念：介绍什么是静态路由，如何手动配置路由项，以及在小型办公室或家庭网络中使用静态路由的优势。
- 路由表的管理：讨论了如何通过添加静态路由来管理路由表，包括明细路由和汇总路由的概念，以及如何通过路由汇总简化路由表。
- 路由环路和数据包的往复转发：解释默认路由配置不当可能导致的问题，如路由环路和数据包的往复转发，并介绍如何通过合理配置避免这些问题。
- 计算机中的路由表：说明了在Windows和Linux系统中如何查看和管理路由表，以及如何通过命令行工具（如route命令）进行路由的添加和删除。
- 虚拟路由冗余协议（VRRP）：介绍VRRP的基本原理和配置方法，以及如何通过VRRP实现网关的故障切换，提高网络的可靠性。

在规模较小、拓扑结构相对简单且稳定的网络环境中，如小型办公室或家庭网络中，配置静态路由可以满足路由需求，且管理相对简单。

静态路由是指人工手动给路由器添加的路由项。路由器默认只知道直连的网段，管理员需要添加到非直连网段的路由。可以通过路由汇总和默认路由简化静态路由的配置。

配置静态路由的思路有以下两种。

（1）全网覆盖静态路由。

（2）有去有回静态路由。

5.1 静态路由

静态路由（Static routing）是一种路由的方式，路由项（Routing Entry）由手动配置，而非动态决定。与动态路由不同的是，静态路由是固定的，不会改变，即使网络状况已经发生改变。一般来说，静态路由是由网络管理员逐项加入路由表的。

使用静态路由的一个好处是网络安全、保密性高。在动态路由中，因为需要路由器之间频繁地交换各自的路由表，而对路由表的分析可以揭示网络的拓扑结构和网络地址等信息，因此出于安全方面的考虑，网络也可以采用静态路由。静态路由不会产生更新流量，不占用网络带宽。

大型和复杂的网络环境通常不宜采用静态路由。

5.1.1 配置静态路由

在网络中，每个路由器都必须清楚如何向所有网络转发数据。然而，路由器默认情况下仅知晓直连的网络。因此，需要对路由器进行配置，以添加通往非直连网络的路由。

下面是一个简单的华为路由器静态路由配置示例。假设有三台路由器RA、RB 和RC，它们分别连接着不同的网段，要实现不同网段之间的通信，需要在路由器上配置静态路由。如图5-1所示，网络中有192.168.1.0/24、192.168.2.0/24、192.168.3.0/24、192.168.4.0/24四个网段。

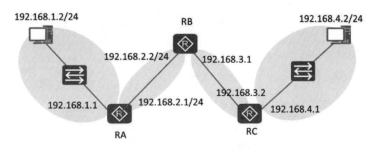

图 5-1　配置静态路由

配置RA路由器时，只需把RA路由器没有直连的区域（A区域）圈出来，如图5-2所示，在RA路由器上添加到A区域192.168.3.0/24、192.168.4.0/24两个网段的路由。

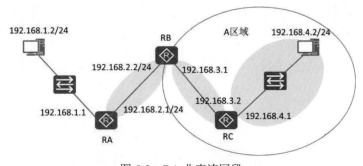

图 5-2　RA 非直连网段

```
[RA]ip route-static 192.168.3.0 24 192.168.2.2
[RA]ip route-static 192.168.4.0 24 192.168.2.2
```

配置RB路由器时，只需把RB路由器没有直连的区域（A区域和B区域）圈出来，如图5-3所示，在RB路由器上添加到A区域192.168.1.0/24和B区域192.168.4.0/24这两个网段的路由。

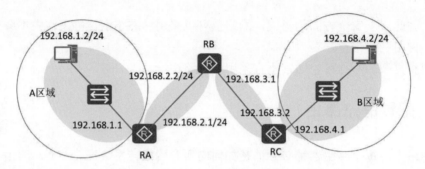

图 5-3　RB 非直连网段

```
[RB]ip route-static 192.168.1.0 24 192.168.2.1
[RB]ip route-static 192.168.4.0 24 192.168.3.2
```

配置RC路由器时，只需把RC路由器没有直连的区域（A区域）圈出来，如图5-4所示，在RC路由器上添加到A区域192.168.1.0/24和B区域192.168.2.0/24这两个网段的路由。

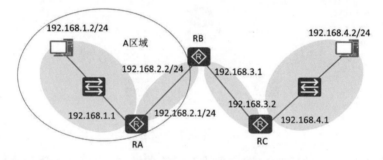

图 5-4　RC 非直连网段

```
[RC]ip route-static 192.168.1.0 24 192.168.3.1
[RC]ip route-static 192.168.2.0 24 192.168.3.1
```

在RA路由器上显示路由表，可以看到192.168.3.0/24、192.168.4.0/24这两网段的静态路由。

```
[RA]display ip routing-table
Route Flags: R - relay, D - download to fib
------------------------------------------------------------------
Routing Tables: Public
   Destinations : 12      Routes : 12
Destination/Mask      Proto   Pre  Cost    Flags NextHop       Interface
127.0.0.0/8           Direct  0    0       D     127.0.0.1     InLoopBack0
127.0.0.1/32          Direct  0    0       D     127.0.0.1     InLoopBack0
127.255.255.255/32    Direct  0    0       D     127.0.0.1     InLoopBack0
    192.168.1.0/24    Direct  0    0       D     192.168.1.1   GigabitEthernet0/0/0
    192.168.1.1/32    Direct  0    0       D     127.0.0.1     GigabitEthernet 0/0/0
```

```
192.168.1.255/32   Direct  0  0  D   127.0.0.1    GigabitEthernet0/0/0
192.168.2.0/24     Direct  0  0  D   192.168.2.1  GigabitEthernet0/0/1
192.168.2.1/32     Direct  0  0  D   127.0.0.1    GigabitEthernet0/0/1
192.168.2.255/32   Direct  0  0  D   127.0.0.1    GigabitEthernet0/0/1
192.168.3.0/24     Static  60 0  RD  192.168.2.2  GigabitEthernet0/0/1
192.168.4.0/24     Static  60 0  RD  192.168.2.2  GigabitEthernet0/0/1
255.255.255.255/32 Direct  0  0  D   127.0.0.1    InLoopBack0
```

以下是删除到192.168.3.0 24网段路由的命令。

```
[RA]undo ip route-static 192.168.3.0 24 192.168.2.2
```

5.1.2 路由汇总

路由汇总又称为路由聚合，是将一组有规律的路由汇聚成一条路由，从而达到减小路由表规模的目的。我们把汇总前的这组路由称为明细路由或精细路由，把汇总后的路由称为汇总路由或聚合路由。

如图5-5所示，在R2路由器添加到石家庄市的路由。石家庄有172.15.0.0/24到172.15.255.0/24共256个网段。一个网段添加一条路由，需要添加256条路由。

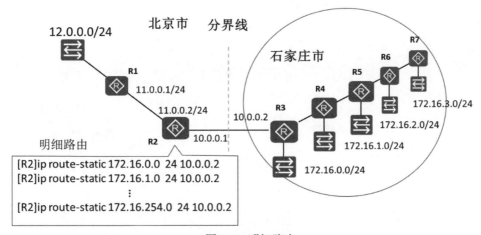

图 5-5 明细路由

石家庄的256个网段都是172.16开头的网段，通过将多个连续172.16开头的网段汇总为172.15.0.0/16网段，在北京的R1路由器和R2路由器上都只需要添加这一条汇总路由，如图5-6所示，这样就能实现对这256个网段的路由覆盖，极大地简化了路由配置，减小了路由表的规模，提高了路由查找和转发的效率。

这样的路由汇总方式，基于网络地址的规律和连续性，有效地优化了网络的路由管理。

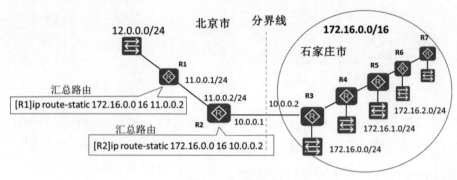

图 5-6　汇总路由

5.1.3　明细路由

如图 5-7 所示，大多数以 172.16 开头的网段在石家庄，北京有 172.16.1.0/24 这个网段，在这种情况下，在北京的路由器添加到石家庄网络的路由时可以进行汇总。例如，将大多数以 172.16 开头的网段汇总为 172.16.0.0/16 这条汇总路由。

然而，由于北京存在 172.16.1.0/24 网段这个例外情况，还需要添加一条到 172.16.1.0/24 网段的明细路由。这样，当路由器接收到目标地址属于 172.16.1.0/24 网段的数据包时，会使用最长前缀匹配算法进行精确匹配，优先选择到该明细路由进行转发；而对于其他属于汇总网段内的数据包，则依据汇总路由进行转发。

这种方法既实现了路由的汇总，减少了路由表条目数量，又考虑到了特殊网段的精确路由需求，从而保证了数据包能够正确、高效地转发到目的地。

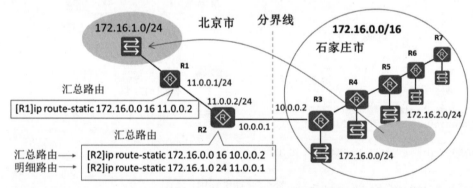

图 5-7　汇总路由和明细路由

IPv4 地址是互联网上设备的标识符，每个网段都应该是唯一的。172.15.1.0/24 网段出现在北京，石家庄就不能出现该网段。如果有两个相同网段，则可能会使设备产生混淆，不知道应该将数据包发送到哪个网段，从而导致通信失败或异常。

5.1.4　默认路由

在处理默认路由之前，我们先来了解全球最大的网段在路由器中的表示方式。在路由器中添加了以下三条路由。

```
[R1]ip route-static 172.0.0.0 255.0.0.0 10.0.0.2     （第 1 条路由）
[R1]ip route-static 172.16.0.0 255.255.0.0 10.0.1.2   （第 2 条路由）
[R1]ip route-static 172.16.10.0 255.255.255.0 10.0.3.2 （第 3 条路由）
```

从这三条路由能够看出，子网掩码越短（写成二进制形式后"1"的个数越少），主机位就越多，网段所包含的地址数量也就越大。

若要使一个网段涵盖全部的IP地址，子网掩码需短到极限，最短即为0，此时子网掩码变成0.0.0.0，意味着该网段32位二进制形式的IP地址皆为主机位，任何一个地址都属于此网段。所以，IP地址为0.0.0.0且子网掩码为0.0.0.0的网段包含了全球所有的IPv4地址，这就是全球最大的网段，其另一种写法是0.0.0.0/0。

如图5-8所示，在路由器R1和R2添加到Inernet的路由，就可以把Internet看成最大的网段，添加到 0.0.0.0 0.0.0.0 网段的路由，即为默认路由，如：

```
[R1]ip route-static 0.0.0.0 0.0.0.0 12.0.0.1
[R2]ip route-static 0.0.0.0 0.0.0.0 11.0.0.1
```

任何一个目标地址都能与默认路由匹配，根据前面提到的"最长前缀匹配"算法，默认路由是路由器未为数据包找到更精确匹配路由时最后匹配的一条路由。

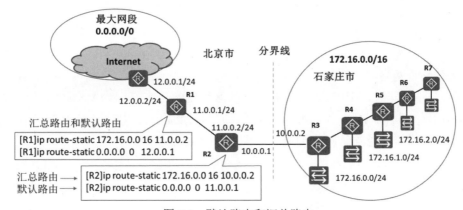

图 5-8　默认路由和汇总路由

5.2　全网覆盖静态路由

静态路由配置思路：全网覆盖。
网络中每个路由器的路由表要覆盖整个网络。
（1）标记出路由器非直连的网络。
（2）添加到非直连网络的路由。
以下两个案例呈现了全网覆盖静态路由的配置思路。

5.2.1 案例1——为企业网络配置静态路由

某公司内网有 RA、RB、RC和RD共四台路由器，有10.1.0.0/24、10.2.0.0/24、10.3.0.0/24、10.4.0.0/24、10.5.0.0/24、10.5.0.0/24 共6个网段，网络拓扑和地址规划如图 5-9所示。现在要求在这四台路由器中添加路由，使内网的6个网段之间能够相互通信，同时这六个网段也要能够访问Internet。

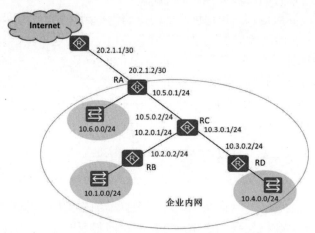

图 5-9 使用默认路由简化路由表

路由器在默认状况下仅知悉直连的网络。所以，在为路由器配置静态路由时，要划定出所有的非直连区域，并添加通往非直连区域网络的路由，以保证路由器中的路由条目能够涵盖整个网络。

配置RD路由器时，把RD路由器非直连的区域圈定出来（记为A区域），A区域包含Internet和内网的其他网段。我们可以把A区域的网络汇总成最大的网段 0.0.0.0/0，在RD路由器上只需增添一条默认路由即可，如图5-10所示。

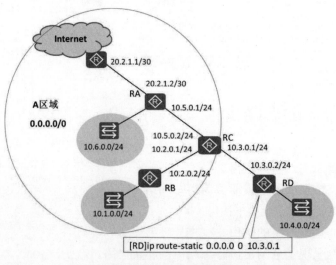

图 5-10 标记非直连区域

配置RB路由器时，把RB路由器非直连的区域圈定出来（记为A区域），A区域包含Internet和内网的其他网段。我们可以把A区域的网络汇总成最大的网段 0.0.0.0/0，在RB路由器上只需增添一条默认路由即可，如图5-11所示。

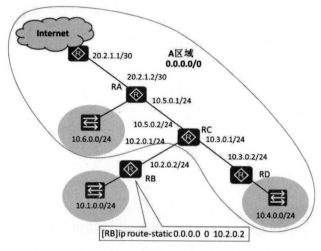

图 5-11 标记非直连区域

配置 RC路由器时，把RC路由器非直连的区域圈定出来（记为A区域、B区域、C区域），A区域包含 Internet 和内网的其他网段。我们可以把A区域的网络汇总成最大的网段 0.0.0.0/0，在 RC 路由器添加到这三个区域的路由，如图5-12所示。

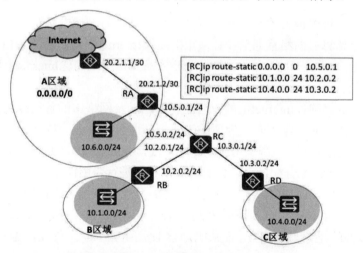

图 5-12 标记非直连区域

配置RA路由器时，如图5-13所示，把RA路由器非直连的区域圈定出来（记为A 区域、B区域），A区域包含 Internet和内网的其他网段。我们可以把A区域的网络汇总成最大的网段 0.0.0.0/0，把B区域的三个网段汇总为10.0.0.0/8网段，在RC路由器添加到这两个区域的路由。

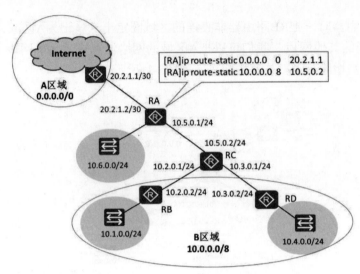

图 5-13 标记非直连区域

一个区域并非必须汇总为一条路由，倘若B区域的4个网段分别是 11.0.0.0/24、12.0.0.0/24、13.0.0.0/24、14.0.0.0/24，这四个网段无法进行汇总，那么就只能添加针对这4个网段的4条路由。

5.2.2　案例2——在"Internet"配置静态路由

Internet是全球规模最大的互联网，同时也是全球拥有网段数量最多的网络。要实现整个 Internet 上计算机的相互通信，必须正确配置Internet中路由器的路由表。如果公网IP地址规划合理，就能借助默认路由和路由汇总极大程度地简化Internet上路由器中的路由表。

下面通过实例来阐释Internet上的IP地址规划，以及网络中的各级路由器怎样运用默认路由和路由汇总来简化路由表。为便于阐述，在此仅列举三个国家。

国家级网络规划方面：英国采用30.0.0.0/8网段，美国运用20.0.0.0/8网段，中国则使用40.0.0.0/8网段，每个国家分配一个较大的网段，利于进行路由汇总，如图5-14所示。

在中国国内的地址规划中：省级IP地址规划：河北省使用40.2.0.0/16网段，河南省使用40.1.0.0/16网段，其他省份分别使用40.3.0.0/16、40.4.0.0/16、…、40.255.0.0/16网段。

在河北省内的地址规划里：石家庄地区使用40.2.1.0/24网段，秦皇岛地区使用40.2.2.0/24网段，保定地区使用 40.2.3.0/24网段，如图5-14所示。

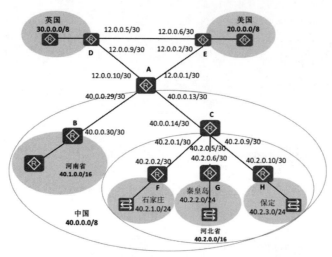

图 5-14 地址规划

当下需要对网络里的路由器A、B、C、D、E、F、G、H进行配置，添加静态路由，以保障整个网络能够顺畅运行。

在配置路由器H时，需将其非直连的区域界定出来（记为A区域），如图5-15所示，可将A区域的网络汇总为最大网段0.0.0.0/0，在路由器H上添加一条默认路由即可。

```
[H]ip route-static 0.0.0.0 0 40.2.0.9
```

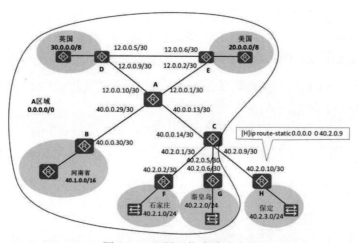

图 5-15 配置网络末端路由器

同样在路由器F、G路由器上也只需添加一条默认路由指向上游路由器C。

```
[F]ip route-static 0.0.0.0 0 40.2.0.1
[G]ip route-static 0.0.0.0 0 40.2.0.5
```

在配置路由器C时，需将其非直连的区域界定出来（记为A区域、B区域、C区域、D区域），如图5-16所示，可将A区域的网络汇总为最大网段0.0.0.0/0，分别在路由器C上添加到A区域、B区域、C区域、D区域的路由。

```
[C]ip route-static 0.0.0.0   0  40.0.0.13
[C]ip route-static 40.2.1.0 24 40.2.0.2
[C]ip route-static 40.2.2.0 24 40.2.0.6
[C]ip route-static 40.2.3.0 24 40.2.0.10
```

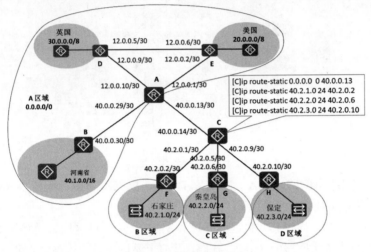

图 5-16　配置省级路由

路由器B上添加静态路由的方法与路由器C类似。

在配置路由器A时，需将其非直连的区域界定出来（记为A区域、B区域、C区域、D区域），如图5-17所示，可将D区域的网络汇总为40.2.0.0/16，在路由器A上分别添加到A区域、B区域、C区域、D区域的路由。

```
[A]ip route-static 20.0.0.0  8  12.0.0.2
[A]ip route-static 30.0.0.0  8  12.0.0.9
[A]ip route-static 40.1.0.0 16 40.0.0.30
[A]ip route-static 40.2.0.0 16 40.0.0.14
```

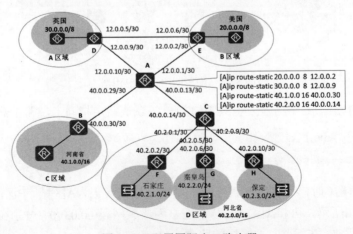

图 5-17　配置国际出口路由器

在配置路由器E时,需将其非直连的区域界定出来(记为A区域、B区域),如图 5-18 所示,可将B区域的网络汇总为40.0.0.0/0,在路由器E上分别添加到A区域、B区域的路由。

```
[E]ip route-static 30.0.0.0  8  12.0.0.5
[E]ip route-static 40.0.0.0  8  12.0.0.1
```

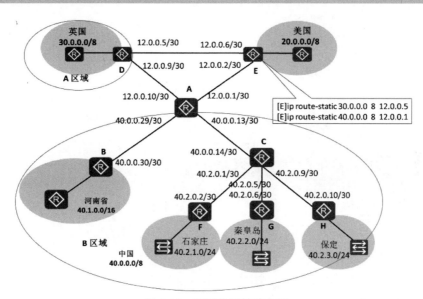

图 5-18 配置美国的路由器

配置路由器D与配置路由器E类似。

5.3 有去有回静态路由

如果仅考虑某些网络之间的通信,那么配置静态路由时可以采用"有去有回"这一别样的思路。

比如,A、B两个网段需要达成通信,数据包必须能够进行双向传输,此时配置路由的准则就是要确保数据包既能去又能回。

(1)画出从A网段到B网段的路径,配置此路径上沿途经过的路由器,添加到达B 网段的路由。

(2)再画出从B网段到A网段的路径,配置此路径上沿途经过的路由器,添加到达 A 网段的路由,此即为回程路由。

接下来通过两个案例来助力理解这种有去有回的静态路由配置思路。

5.3.1 案例 1——配置两个网络的往返路由

如图5-19所示，A公司的内网处于 20.0.0.0/24 网段，通过RA路由器与 Internet 相连。B公司的内网为 30.0.0.0/24 网段，通过RC路由器接入 Internet。现需使A公司能够访问B公司，为此在A公司增添了RB路由器以连接B公司的 RC路由器。

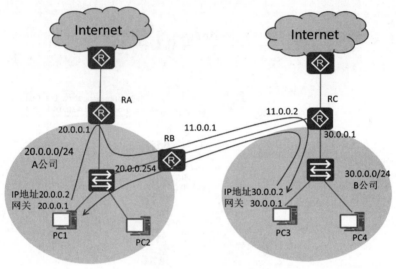

图 5-19　A、B 公司互连

这种情况下，仅需考虑让20.0.0.0/24网段与30.0.0.0/24网段能够实现通信即可。画出从PC1至PC3的路径：数据包从PC1发出，因其网关是20.0.0.1，所以需经过RA路由器、RB路由器、RC路由器，最终到达PC3。这样就需要在RA、RB路由器上添加到30.0.0.0/24网段的路由，数据包就能够到达30.0.0.0/24网段。

```
[RA]ip route-static 30.0.0.0 24 20.0.0.254
[RB]ip route-static 30.0.0.0 24  11.0.0.2
```

再画出PC3到PC1的路径：数据包途经RC路由器、RB路由器。这样就需要在RB路由器添加到20.0.0.0/24网段的路由（回程路由）。

```
[RC]ip route-static 20.0.0.0 24  11.0.0.1
```

由此可见，计算机通信时数据包去程的路径与回程的路径未必是同一条。

在上述已完成的配置基础之上，此时又产生了新的需求，即要求A公司的PC2借助B公司的RC路由器来访问 Internet。

将PC2的网关设置成20.0.0.254，画出PC2到Internet的路径，沿途经过路由器RB、路由器RC，因此需要在RB路由器添加到Internet的路由，如图5-20所示。

```
[RB]ip route-static 0.0.0.0 0 11.0.0.2
```

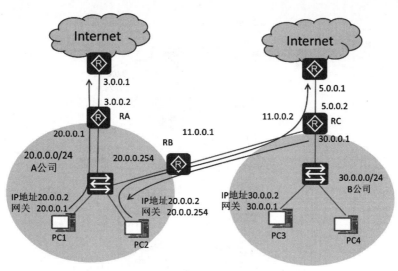

图 5-20　PC2 到 Internet 的路由

5.3.2　案例 2——配置企业内网的往返路由

在给定的一个网络中，配置静态路由的方式并非单一固定的。只要能够保证各个网络之间的通信数据包存在往返的路径，那么该网络就能够实现畅通无阻的通信。

如图5-21所示，企业内网配备了三台路由器，分别为 A、B、C。此外，存在5个网段，分别是 1.0.0.0/24、2.0.0.0/24、3.0.0.0/24、4.0.0.0/24 以及 5.0.0.0/24。

路由器A、B、C的路由配置如下。在A路由器配置网络地址转换，因此不需要在路由器ISP上添加到内网的路由。

```
[C]ip route-static  0.0.0.0  0   5.0.0.2
[B]ip route-static  0.0.0.0  0   5.0.0.1
[A]ip route-static  0.0.0.0  0   2.0.0.1
[A]ip route-static  1.0.0.0  24  5.0.0.3
[A]ip route-static  2.0.0.0  24  5.0.0.3
[A]ip route-static  3.0.0.0  24  5.0.0.3
[A]ip route-static  4.0.0.0  24  5.0.0.3
```

以上的路由配置，同样能够实现内网相互通信，以及内网到Internet的访问。图5-21所示为根据以上路由的配置画出的PC1～PC3数据包往返路径。

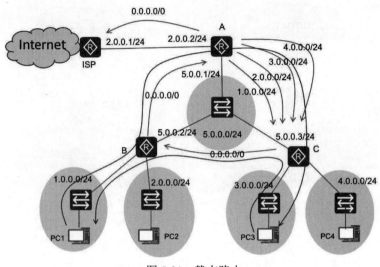

图 5-21 静态路由

5.4 路由环路

默认路由配置不当，会导致路由环路和数据包往复转发。以下两个案例用于呈现由默认路由所引发的路由环路和数据包的往复传输情况，这种情况应尽量避免。

5.4.1 默认路由造成路由环路

如图5-22 所示，在网络中，路由器 RA、RB、RC、RD、RE、RF 相互连接形成一个环。若要使整个网络保持畅通，只需在每个路由器内添加一条默认路由，将其指向相邻的下一个路由器地址即可。配置方法如图 5-22 所示。

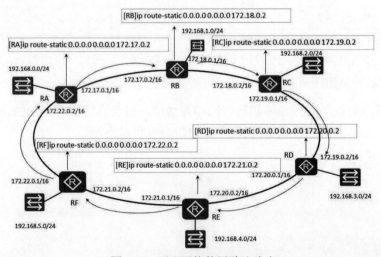

图 5-22 环形网络使用默认路由

在这种路由配置方式下，每个路由器中添加的默认路由致使数据包按照顺时针方向于环状网络内传输。以网络里的计算机A和B进行通信作为例子，计算机A发往B的数据包所经过的路径为路由器 RA→RB→RC→RD，而计算机B发往计算机A的数据包所途经的路由器则是 RD→RE→RF→RA。如图5-23所示，能够看出数据包抵达目标地址的路径与返回的路径未必是同一条，数据包具体走哪条路径，完全是由路由表所决定的。

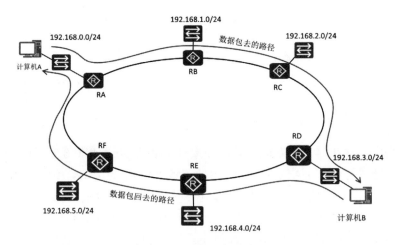

图 5-23　数据包往返路径

如果网络中的计算机向网络中不存在的一个网段发送数据包，就可能引发路由环路问题，致使数据包在网络里无限循环，进而导致网络拥塞与故障。

具体来说，比如网络中不存在40.0.0.0/8网段，当计算机A尝试向40.0.0.2发送数据包时，数据包会沿着顺时针方向在路由器之间不断转发。由于没有正确的路由指向40.0.0.2网段，数据包将无法找到目的地，只能在网络中持续循环（形成路由环路），这样不仅会浪费网络资源，还会严重影响其他正常数据包的传输，导致网络拥塞甚至瘫痪。

幸好数据包设有一个生存时间（TTL）字段，用于指定数据包在网络中可以经过的路由器的数量。TTL字段由IP数据包的发送者设置，在IP数据包从源地址到目标地址的整条转发路径上，每经过一个路由器，路由器都会修改TTL字段的值，具体的做法是把TTL的值减1，然后将IP数据包转发出去。如果在IP数据包到达目标地址之前，TTL减小为0，路由器将会丢弃收到的TTL=0的IP数据包，并向IP数据包的发送者发送ICMP time exceeded消息。

5.4.2　默认路由造成的往复转发

上面讲到了环状网络使用默认路由，导致数据包在环状网络中一直顺时针转发的情况。即便不是环状网络，使用默认路由也可能导致数据包在链路上往复转发，直到数据包的TTL耗尽。

如图5-24所示，网络中有3个网段和两台路由器。在RA路由器中添加默认路由，下一跳指向RB路由器；在RB路由器中也添加默认路由，下一跳指向RA路由器，从而实现这三个网段间网络的畅通。

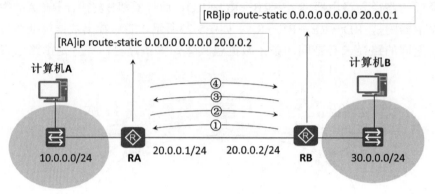

图 5-24　默认路由产生的问题

在该网络中不存在 40.0.0.0/8 网段，如果计算机A ping 40.0.0.2这个地址，那么该数据包将会被转发至RA，RA依据默认路由把该数据包转发给RB，RB按照默认路由，又将其转发给RA，RA接着再转发给RB，如此循环往复，直至该数据包的TTL减小为0，此时路由器会丢弃该数据包，并向发送者发送ICMP time exceeded消息。

在RA和RB之间的链路上抓包，以看到计算机A ping 40.0.0.2的数据包在该链路往复转发，TTL减至0后，数据包被路由器丢弃，如图5-25所示。

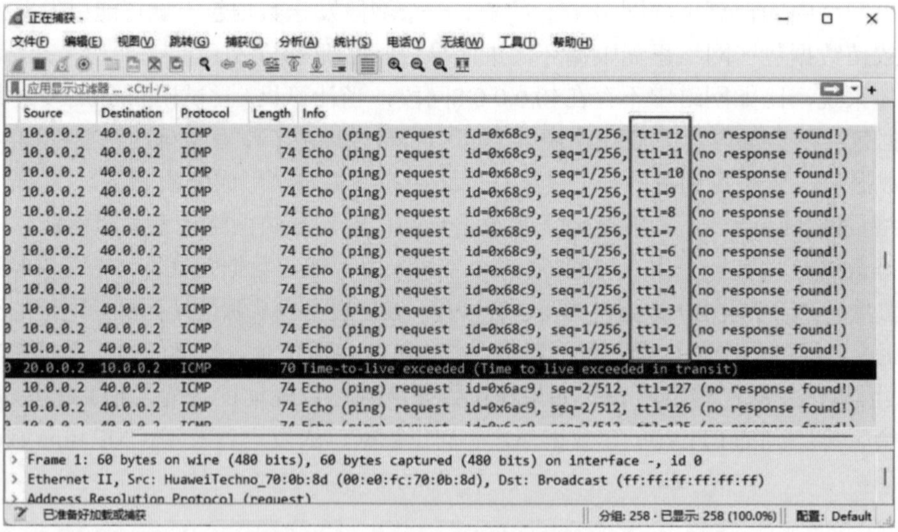

图 5-25　往复转发数据包的 TTL

在计算机A上追踪数据包的路径，能够发现数据包在RA与RB之间反复转发。第一个被追踪到的路由器是网关10.0.0.1，第二个追踪到的是RB路由器 20.0.0.2，第三个是RA路由器 20.0.0.1，第四个又是RB路由器的 20.0.0.2……

```
C:\WINDOWS\system32>tracert 40.0.0.2

通过最多30个跃点跟踪到 40.0.0.2 的路由
```

1	7 ms	10 ms	3 ms	10.0.0.1	
2	8 ms	19 ms	10 ms	20.0.0.2	
3	21 ms	9 ms	9 ms	20.0.0.1	
4	24 ms	28 ms	20 ms	20.0.0.2	
5	26 ms	21 ms	30 ms	20.0.0.1	
6	37 ms	30 ms	38 ms	20.0.0.2	
7	32 ms	31 ms	20 ms	20.0.0.1	

5.5 计算机中的路由表

5.5.1 Windows 操作系统上的路由表

前面几个小节介绍了为路由器添加静态路由的方法，其实主机（Windows系统和Linux系统）也有路由表。在Windows操作系统上执行route命令可以查看路由表、添加路由、删除路由。

如图5-26所示，为计算机配置默认网关，实则是为计算机添加默认路由。在 Windows 操作系统上执行 route print 命令来显示 Windows 操作系统上的路由表。

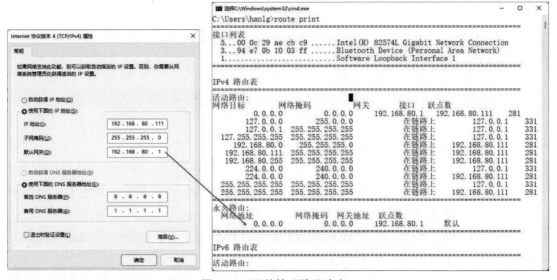

图 5-26　网关等于默认路由

如果计算机的本地连接不配置网关，在命令提示符下执行route print命令，可以看到路由表中已不存在默认路由。

以管理员的身份打开命令行，输入以下命令来添加默认路由，再打开本地连接，可以看到已经配置了默认网关。

```
C:\Windows\system32>route add 0.0.0.0 mask 0.0.0.0 192.168.80.1 -p
```

如图5-27所示，为使PC1、PC2、PC3能够访问Internet，可将其网关设置为192.168.80.1；若要访问内网的20.0.0.0/24网段，则可以将网关设置为192.168.80.254。内网不允许访问Internet，因此不需要在RB路由器上添加到Internet的路由。

若网关设置为192.168.80.1，在不更改网关的情形下，既要能访问Internet，又要能访问内网，那么为PC1、PC2、PC3添加一条指向20.0.0.0/24网段的路由即可。

```
C:\Windows\system32>route add 20.0.0.0 mask 255.255.255.0 192.168.80.254 -p
```

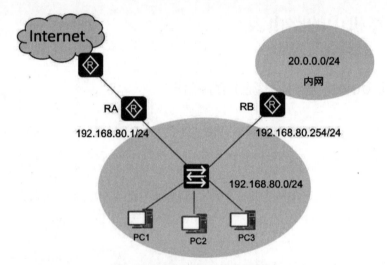

图 5-27　给计算机添加静态路由

如果想删除到20.0.0.0 255.255.255.0网段的路由，可执行以下命令。

```
C:\Windows\system32>route delete 20.0.0.0 mask 255.255.255.0
```

5.5.2　多网卡计算机的网关设置

Windows系统或Linux系统也可以启用路由功能，就可以像路由器一样在不同网段转发数据包，这样的路由称为软路由。

网关就是默认路由，连接Internet的网卡设置网关，连接内网的网卡不要添加网关，否则系统就有了两条等价默认路由。

如图5-28所示，PC路由有两个网卡，外网卡连接Internet，IP地址为12.0.0.2，子网掩码为255.255.255.0，网关为12.0.0.1。内网卡连接办公网，IP地址为192.168.80.1，子网掩码为255.255.255.0，不设置网关。办公网中的计算机PC1、PC2、PC3网关配置为192.168.80.1。为了让办公网中的计算机能够访问内网，需要在PC路由上添加到内网的路由。

```
C:\Windows\system32>route add 20.0.0.0 mask 255.255.255.0 192.168.80.254 -p
```

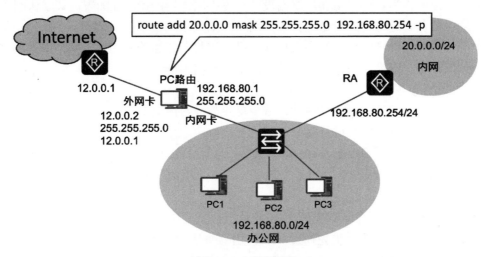

图 5-28　默认网关

Windows 11启用路由功能需要开启"Routing and Remote Access"服务。

在命令行输入services.msc，打开服务管理工具。找到"Routing and Remote Access"服务，如图5-29所示，将其启动类型配置成"自动"，单击"启动"按钮。

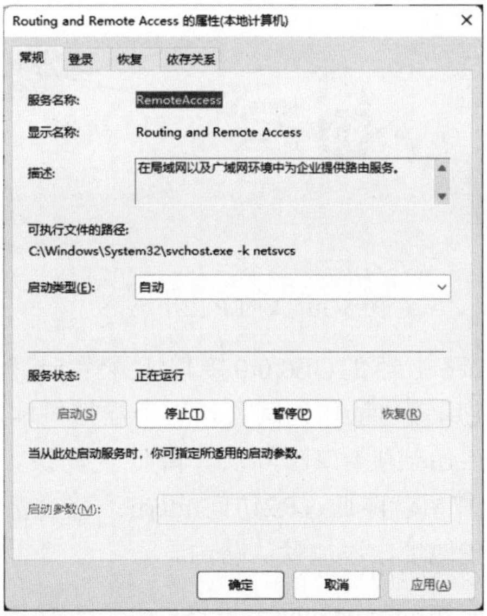

图 5-29　启用路由功能

5.6 VRRP

虚拟路由冗余协议（VRRP）是一种容错协议，旨在解决局域网中默认网关的单点故障问题。

VRRP允许一组路由器共同组成一个虚拟路由器，其中有一个路由器被选为主路由器，其他路由器作为备份路由器。终端设备将虚拟路由器的IP地址配置为其默认网关。

主路由器负责处理转发数据包到外部网络。如果主路由器出现故障，备份路由器中的一个会根据预先设定的优先级和选举规则迅速接替主路由器的工作，从而保证网络通信的连续性，不会因为单个路由器的故障而导致网络中断。

VRRP具有以下优点。

（1）提高网络的可靠性和可用性，减少单点故障对网络的影响。

（2）无须在终端设备上进行复杂的配置更改，实现了网关的无缝切换。

（3）可以灵活配置多个备份路由器，提高了冗余性。

总之，VRRP是一种在企业网络等环境中广泛应用的重要网络协议，有助于保障网络的稳定运行。

如图5-30所示，网络中存在两个路由器，分别是R1和R2，它们负责连接内网与Internet。企业内网的计算机优先通过 R1 路由器来访问 Internet，然而，一旦R1路由连接Internet的接口GE0/0/1断开，此时网络中的计算机若要继续访问Internet就要更改网关，这样操作起来相当不便，而VRRP恰好能够妥善解决此问题。

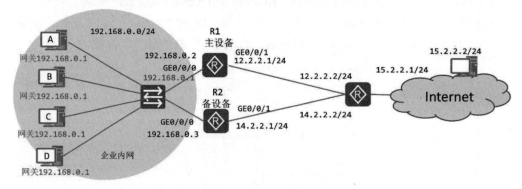

图 5-30　VRRP 应用场景

VRRP允许在R1和R2路由器的GE0/0/0接口上配置一个虚拟地址（Virtual-IP）192.168.0.1，内网计算机使用该地址作为网关，这个虚拟机地址在优先级高的接口上绑定。当连接R1以及连接Internet的接口断开后，降低优先级，该虚拟地址就会在R2的GE0/0/0绑定。这样内网计算机就能通过R2访问Internet。

给R1路由器接口配置IP地址，添加默认路由。

```
[R1]interface GigabitEthernet 0/0/0
[R1-GigabitEthernet0/0/0]ip address 192.168.0.2 24


[R1-GigabitEthernet0/0/0]quit
[R1]interface GigabitEthernet 0/0/1
[R1-GigabitEthernet0/0/1]ip address 12.2.2.1 24
[R1-GigabitEthernet0/0/1]quit
[R1]ip route-static 0.0.0.0 0 12.2.2.2
```

给R2路由器接口配置IP 地址，添加默认路由。

```
[R2]interface GigabitEthernet 0/0/0
[R2-GigabitEthernet0/0/0]ip address 192.168.0.3 24
[R2-GigabitEthernet0/0/0]quit
[R2]interface GigabitEthernet 0/0/1
[R2-GigabitEthernet0/0/1]ip address 14.2.2.1 24
[R2-GigabitEthernet0/0/1]quit
[R2]ip route-static 0.0.0.0 0 14.2.2.2
```

在R1的 GE0/0/0 接口配置VRRP，设置VIP地址、优先级、故障恢复后延迟60 s抢占回主设备，设置跟踪端口，当GigabitEthernet 0/0/1 接口宕掉后，优先级减小30。

```
[R1]interface GigabitEthernet 0/0/0
[R1-GigabitEthernet0/0/0]vrrp vrid 1 virtual-ip 192.168.0.1--设置VIP地址
[R1-GigabitEthernet0/0/0]vrrp vrid 1 priority 120 --设置优先级
[R1-GigabitEthernet0/0/0]vrrp vrid 1 preempt-mode timer delay 60
[R1-GigabitEthernet0/0/0]vrrp vrid 1 track interface GigabitEthernet 0/0/1 reduced 30
[R1-GigabitEthernet0/0/0]quit
```

在 R2 的 GE0/0/0 接口配置VRRP，设置VIP地址、优先级、故障恢复后延迟 60 s抢占回主设备，设置跟踪端口，当GigabitEthernet 0/0/1 接口宕掉后，优先级减小30。

```
[R2]interface GigabitEthernet 0/0/0
[R2-GigabitEthernet0/0/0]vrrp vrid 1 virtual-ip 192.168.0.1
[R2-GigabitEthernet0/0/0]vrrp vrid 1 priority 100
[R2-GigabitEthernet0/0/0]vrrp vrid 1 preempt-mode timer delay 60
[R2-GigabitEthernet0/0/0]vrrp vrid 1 track interface GigabitEthernet 0/0/1 reduced 30
```

运行display vrrp命令，查看 VRRP配置。可以看到运行优先级PriorityRun为 120，配置优先级 PriorityConfig 为120。Master IP是192.168.0.2，Virtual IP在R1的 GigabitEthernet0/0/0接口。

```
<R1>display vrrp
  GigabitEthernet0/0/0 | Virtual Router 1
    State : Master
    Virtual IP : 192.168.0.1
    Master IP : 192.168.0.2
    PriorityRun : 120
    PriorityConfig : 120
    MasterPriority : 120
```

```
    Preempt : YES    Delay Time : 60 s
    Virtual MAC : 0000-5e00-0101
    Track IF : GigabitEthernet0/0/1    Priority reduced : 30
```

断开R1的GE0/0/1 接口，再次查看VRRP的状态。运行优先级PriorityRun变为90。Master IP是192.168.0.3，此时Virtual IP 在 R2 的 GigabitEthernet0/0/0 接口上。

```
<R1>display vrrp
  GigabitEthernet0/0/0 | Virtual Router 1
    State : Backup
    Virtual IP : 192.168.0.1
    Master IP : 192.168.0.3
    PriorityRun : 90
    PriorityConfig : 120
    MasterPriority : 100
    Preempt : YES    Delay Time : 60 s
    Virtual MAC : 0000-5e00-0101
    Track IF : GigabitEthernet0/0/1    Priority reduced : 30
```

5.7　习题

一、选择题

1. 静态路由是指（　　）。
   A. 由网络管理员手动配置的路由项　　B. 路由器自动学习到的路由项
   C. 通过动态路由协议生成的路由项　　D. 默认存在于路由表中的路由项
   答案：A

2. 静态路由的优点包括（　　）。
   A. 配置简单　　　　　　　　　　　　B. 占用网络带宽少
   C. 网络安全保密性高　　　　　　　　D. 以上都是
   答案：D

3. 在华为路由器上配置静态路由的命令是（　　）。
   A. [Router]ip route-static　　　　　B. [Router]static route
   C. [Router]route-static ip　　　　　D. [Router]ip static-route
   答案：A

4. 静态路由不会产生更新流量，这是因为（　　）。
   A. 静态路由是固定的，不会改变
   B. 路由器默认只知道直连的网段
   C. 静态路由不需要与其他路由器交换信息

D. 以上都不是

答案：C

5. 大型和复杂的网络环境通常不宜采用静态路由，是因为（   ）。

   A. 静态路由配置复杂

   B. 静态路由不能适应网络变化

   C. 静态路由会占用大量网络资源

   D. 以上都是

   答案：B

6. 路由汇总又称为路由聚合，其目的是（   ）。

   A. 增加路由表的规模　　　　　　B. 减小路由表的规模

   C. 提高路由查找的速度　　　　　D. 以上都是

   答案：B

7. 默认路由的网段表示方式是（   ）。

   A. 0.0.0.0/0　　　　　　　　　　B. 255.255.255.255/0

   C. 127.0.0.1/8　　　　　　　　　D. 以上都不是

   答案：A

8. 在华为路由器上删除到某一网段的静态路由的命令是（   ）。

   A. [Router]undo ip route-static

   B. [Router]delete ip route-static

   C. [Router]remove ip route-static

   D. 以上都不是

   答案：A

9. 当网络中存在多个连续的网段时，可以通过（   ）来简化路由配置。

   A. 明细路由　　B. 汇总路由　　C. 默认路由　　D. 以上都是

   答案：B

10. 明细路由是指（   ）。

    A. 精确匹配特定网段的路由

    B. 汇总多个网段的路由

    C. 路由器默认的路由

    D. 以上都不是

    答案：A

11. 如果两个相同网段出现在不同的地方，可能会导致（   ）。

    A. 设备通信正常

    B. 设备通信速度加快

    C. 设备产生混淆，通信失败或异常

    D. 以上都不是

    答案：C

12. 在配置静态路由时，"有去有回"的思路是指（   ）。

A. 确保数据包既能到达目的地，又能返回源地址
B. 配置两条到达同一目的地的路由
C. 配置默认路由和明细路由
D. 以上都不是

答案：A

13. 默认路由是路由器未为数据包找到更精确匹配路由时最后匹配的一条路由，它是基于（　　）算法。

A. 最短路径优先　　　　　　　　B. 最长前缀匹配
C. 随机选择　　　　　　　　　　D. 以上都不是

答案：B

14. 在华为路由器上显示路由表的命令是（　　）。

A. [Router]display ip routing-table
B. [Router]show ip route
C. [Router]ip route show
D. 以上都不是

答案：A

15. VRRP的作用是（　　）。

A. 提供冗余的网关　　　　　　　B. 增强网络的安全性
C. 提高网络的带宽　　　　　　　D. 优化网络的路由

答案：A

16. 在VRRP中，默认情况下，Master路由器的优先级是（　　）。

A. 100　　　　B. 255　　　　C. 0　　　　D. 150

答案：A

17. VRRP组中的路由器通过下列哪项来确定Master路由器（　　）。

A. IP地址大小　　B. 优先级　　C. MAC地址　　D. 随机选择

答案：B

二、简答题

1. 静态路由在网络中的应用场景有哪些？

答：静态路由在以下网络场景中具有应用价值。

（1）小型办公室或家庭网络：在规模较小、拓扑结构相对简单且稳定的网络环境中，配置静态路由可以满足路由需求，且管理相对简单。

（2）对网络安全和保密性要求较高的环境：由于静态路由不会频繁交换路由表，网络拓扑结构和地址等信息不易被揭示，因此适用于对安全方面有较高考虑的网络。

（3）公网IP地址规划合理的网络：例如，在"Internet"的相关案例中，若公网IP地址规划合理，能借助默认路由和路由汇总极大程度地简化路由器中的路由表，此时适合采用静态路由。

（4）特定网络通信需求：例如，在"有去有回静态路由"的案例中，当仅考虑某些特定网络之间的通信，且需要确保数据包能在这些网络间双向传输时，可采用静态路由的配置思路。

2．网络中静态路由的缺点是什么？

答：静态路由的缺点主要包括以下几点。

（1）大型和复杂网络环境不适用：在大型和复杂的网络环境中，网络拓扑结构和路由信息可能频繁变化，手动配置静态路由会变得非常烦琐和难以管理。

（2）缺乏灵活性：静态路由是手动配置的，不会根据网络拓扑的变化自动调整路由，当网络发生变化时，需要管理员手动更新路由表，这可能会导致网络中断或路由不准确。

（3）扩展性差：当网络中添加新的网段或设备时，需要在所有相关的路由器上手动添加新的路由条目，这对于大规模网络来说是一项耗时且容易出错的任务。

（4）资源消耗：虽然静态路由不会产生更新流量，不占用网络带宽，但在配置和管理过程中需要消耗管理员的时间和精力。

3．如图5-31所示，在R1、R2、R3路由添加静态路由，使得192.168.80.0/24网段与20.0.0.0/24网段互通，并且这两个网段能够访问Internet。

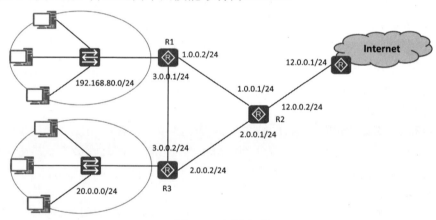

图5-31　网络拓扑

答：在R1上的配置：

[R1]ip route-static 0.0.0.0 0 1.0.0.1

[R1]ip route-static 20.0.0.0 24 3.0.0.2

在R3上的配置：

[R3]ip route-static 0.0.0.0 0 2.0.0.1

[R3]ip route-static 192.168.80.0 24 3.0.0.1

在R2上的配置：

[R2]ip route-static 192.168.80.0 24 1.0.0.2

[R2]ip route-static 20.0.0.0 24 2.0.0.2

[R2]ip route-static 0.0.0.0 0 12.0.0.1

第6章

动态路由

本章内容

- OSPF协议概述：简介OSPF是一种典型的链路状态路由协议，通过收集链路状态信息并存储在链路状态数据库中，运用最短路径优先算法计算到各个网段的最短路径，并将其加载至路由表中。OSPF具有快速收敛、支持大型网络、基于链路状态、区域划分和支持多路径负载均衡等优点，但也存在配置复杂、资源占用和协议开销大等缺点。
- 由最短路径生成路由表：通过示例展示OSPF路由器根据链路状态数据库计算最短路径并生成路由表的过程。
- 相关术语：介绍Router-ID、度量值、链路、链路状态、邻居和邻接状态等相关术语的概念。
- OSPF区域：OSPF可以将网络划分为多个区域，以控制路由信息传播范围、减小链路状态数据库规模、提高网络可扩展性和加速网络收敛。区域分为骨干区域和非骨干区域，骨干区域的标识符为0.0.0.0，区域内的路由器包括骨干路由器和自治系统边界路由器。
- 实战1：配置单区域OSPF协议。配置步骤有参照网络拓扑搭建环境，配置路由器接口IP地址，在路由器上启用OSPF协议，指定运行OSPF协议的接口及所在区域。
- 实战2：配置多区域OSPF协议。配置步骤有参照网络拓扑搭建环境，配置路由器接口IP地址，将路由器划分到三个区域，配置各区域的路由器运行OSPF协议并在区域边界路由器进行路由汇总。配置路由汇总：在区域边界路由器R2和R3上进行路由汇总，并指定开销。

静态路由不能随着网络的变化自动调整，在大规模网络中，人工管理路由器的路由表是一件非常艰巨的任务且容易出错。网络中的路由器配置了动态路由协议后，动态路由协议可以建立路由表，维护路由信息，选择最佳路径。动态路由协议可以自动适应网络状态的变化，自动维护路由信息而不需要网络管理员的参与。动态路由协议由于需要相互交换路由信息，因此比较占用网络带宽与系统资源，安全性不如静态路由。在有冗余连接的复杂网络环境中，适合采用动态路由协议。

动态路由协议有很多，如路由信息协议（Routing Information Protocol，RIP）、开放式最短路径优先协议（Open Shortest Path First，OSPF）、中间系统到中间系统（Intermediate System to Intermediate System，IS-IS）、边界网关协议（Border Gateway Protocol，BGP）等。其中OSPF是应用场景十分广泛的路由协议之一，适用于企业网络和Internet，是一种基于链路状态算法的路由协议。

本章介绍OSPF协议，包括其特点、相关术语、区域划分以及在单区域和多区域的配置实战。

6.1 OSPF 协议概述

OSPF协议通过链路状态数据库采用最短路径优先算法计算到各个网段的最短路径，本节介绍OSPF协议的特点、相关术语、三张表和OSPF区域。

6.1.1 OSPF 协议简介

OSPF 路由协议属于一种典型的链路状态（Link-state）路由协议。在运行 OSPF 协议的路由器之间交互的是链路状态信息，并非直接进行路由的交互。OSPF 路由器会把网络中的链路状态信息予以收集，将其存储在链路状态数据库里。网络当中所有的 OSPF 路由器都拥有相同的链路状态数据库，意味着它们具有相同的网络拓扑结构。每一台路由器均采用最短路径优先算法来计算抵达各个网段的最短路径，并把由这些最短路径所形成的路由加载至路由表中。

OSPF 路由协议具有以下优点。

（1）快速收敛：能够在网络拓扑发生变化时迅速计算出新的路由，减少数据传输的中断时间。

（2）支持大型网络：适用于规模较大、拓扑复杂的网络，具有良好的扩展性。

（3）基于链路状态：能更准确地反映网络的实际情况，提供更优的路由选择。

（4）区域划分：可以将大型网络划分为多个区域，减少路由信息的传播量，提高路由计算效率。

（5）支持多路径负载均衡：能够充分利用多条路径，提高网络资源的利用率。

然而，OSPF 路由协议也存在以下缺点。

（1）配置复杂：对于网络管理员来说，配置和管理相对较为复杂，需要较高的技术水平。

（2）资源占用：需要占用较多的路由器内存和 CPU 资源来存储和计算路由信息。

（3）协议开销大：在网络中交互的链路状态信息较多，会产生一定的网络开销。

6.1.2 由最短路径生成路由表

运行OSPF协议的路由器,根据链路状态数据库就能生成一个完整的网络拓扑,所有的路由器都有相同的网络拓扑。如图6-1所示标出了路由器连接的网段和每条链路上由带宽计算出来的开销。为了便于我们计算,标出的开销值都比较小。为了描述简练,路由器之间的连接占用的网段在这里并没有画出,也不参与下面的讨论。

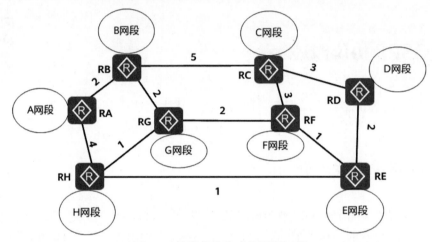

图 6-1 链路状态生成的网络拓扑

每个路由器都利用最短路径优先算法计算出以自己为根的、无环路的、拥有最短路径的一棵树。在这里不阐述最短路径算法的过程,只展现结果。图6-2所示画出了RA路由器最短路径树,即到其他网段累计开销最低的线路,该路线是无环路的。

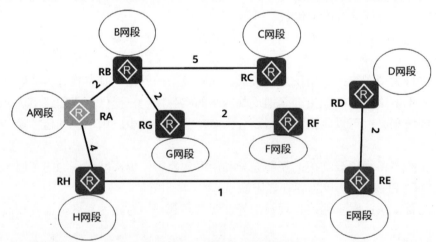

图 6-2 RA 路由器计算的最短路径

由图6-3得知,从RA路由器到网段的最小累计开销如下。
(1) 到B网段:RA→RB,累计开销2。
(2) 到C网段:RA→RB→RC,累计开销7。

(3) 到D网段：RA→RH→RE→RD，合计7。
(4) 到E网段：RA→RH→RE，合计5。
(5) 到F网段：RA→RB→RG→RF，合计6。
(6) 到G网段：RA→RB→RC，合计4。
(7) 到H网段：RA→RH，合计4。

图6-3所示画出了RH路由器的最短路径树，即到其他网段累计开销最低的路径，该路径也是无环路的。

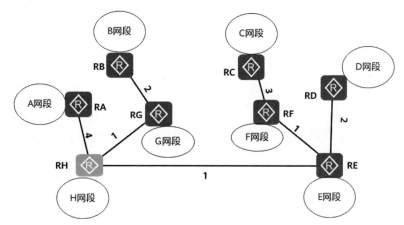

图6-3　RH路由器计算的最短路径

为了快速为数据包选择转发路径，每个路由器还要根据计算的最短路径树生成到各个网段的路由。如图6-4所示画出了RA路由器根据最短路径生成的路由。

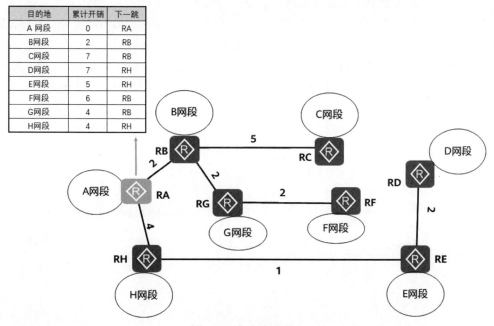

图6-4　生成路由表

6.1.3 OSPF 协议相关术语

1. Router-ID

网络中运行OSPF协议的路由器都要有一个唯一的标识,这就是Router-ID。Router-ID在网络中不可以重复,否则路由器收到的链路状态就无法确定发起者的身份,OSPF路由器发出的链路状态都带有自己的Router-ID。Router-ID使用IP地址的形式来表示,确定Router-ID的方法如下。

(1)手工指定Router-ID。

(2)路由器上活动Loopback接口中最大的IP地址,也就是数字最大的IP地址,如C类地址优先于B类地址。一个非活动接口的IP地址是不能用作Router-ID的。

(3)如果没有活动的Loopback接口,则选择活动物理接口中最大的IP地址。

在实际项目中,通常会采用手工配置方式为设备指定Router-ID。通常的做法是将Route-ID配置为与该设备某个接口(通常为Loopback接口)的IP地址一致。

2. 度量值

OSPF使用Cost(开销)作为路由的度量值,度量值 $=\dfrac{100\text{Mbit/s}}{\text{接口带宽}}$。每个激活了OSPF的接口都会维护一个接口Cost值。对于默认时的接口Cost值,其中100Mbit/s为OSPF指定的默认参考值,该值是可配置的。

从公式可以看出,OSPF协议选择最佳路径的标准是带宽,带宽越高,计算出来的开销越低。到达目标网络各条链路中累计开销最低的,就是最佳路径。

例如,一个带宽为10Mbit/s的接口,计算开销的方法为:将10Mbit换算成bit,为10 000 000bit,然后用100 000 000除以该带宽,结果为100 000 000/10 000 000 = 10,所以一个10Mbit/s的接口,OSPF认为该接口的度量值为10。需要注意的是,在计算中,带宽的单位取bit/s而不是kbit/s。例如,一个带宽为100Mbit/s的接口,开销值为100 000 000/100 000 000=1,因为开销值必须为整数,所以即使是一个带宽为1 000Mbit/s(1Gbit/s)的接口,开销值也和100Mbit/s一样为1。如果路由器要经过两个接口才能到达目标网络,那么很显然,两个接口的开销值要累加起来,才算是到达目标网络的度量值,所以OSPF路由器计算到达目标网络的度量值时,必须将沿途所有接口的开销值累加起来,在累加时,只计算出接口,不计算进接口。如图6-5所示展示了接口开销和累计开销。

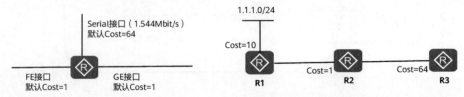

图6-5 接口开销和累计开销

OSPF会自动计算接口上的开销值,但也可以手工指定接口的开销值,手工指定的开销值优先于自动计算的开销值。

3．链路（Link）

链路是路由器上的接口，这里指运行在OSPF进程下的接口。

4．链路状态（Link-State）

链路状态就是OSPF接口的描述信息，如接口的IP地址、子网掩码、网络类型、开销值等，OSPF路由器之间交换的并不是路由表，而是链路状态。

5．邻居（Neighbor）

同一个网段上的路由器可以成为邻居。通过Hello报文发现邻居，Hello报文使用IP多播方式在每个端口定期发送。路由器一旦在其相邻路由器的Hello报文中发现它们自己，则它们就成为邻居关系了，在这种方式中，需要通信双方确认。

6．邻接状态

邻接状态是指相邻路由器交互数据库描述、链路状态请求、链路状态更新、链路状态确认报文完成后，两端设备的链路状态数据库完全相同，进入到邻接状态。

6.1.4 OSPF 区域

为了更好地管理和优化大型网络，OSPF可以将网络划分为多个区域。区域的主要作用如下。

（1）控制路由信息的传播范围：将链路状态信息的洪泛限制在区域内，减少了整个网络的通信量，降低了对路由器资源的消耗。

（2）减小链路状态数据库（LSDB）的规模：每个区域维护自己的 LSDB，而非整个自治系统的完整 LSDB，这使得路由器处理和存储的信息量减少，提高了路由计算的效率。

（3）提高网络的可扩展性：方便网络的扩展和管理，当网络规模增大时，可以通过增加新的区域来实现。

（4）加速网络的收敛：区域内的拓扑变化只会在区域内传播和计算，加快了路由的重新计算和收敛速度。

区域通常分为骨干区域（Area 0）和非骨干区域。骨干区域是整个OSPF网络的核心，所有非骨干区域都必须与骨干区域直接相连（物理或逻辑上），以实现区域间的路由信息交换。

理解OSPF的区域概念对于有效地址规划、配置和管理大型OSPF网络至关重要，有助于提高网络的性能、稳定性和可扩展性。图6-6所示画出了一个有三个区域的自治系统（Autonomous System，AS）。每一个区域都有一个32位的区域标识符（用点分十进制表示）。一个区域的规模不能太大，区域内的路由器最好不超过200个。

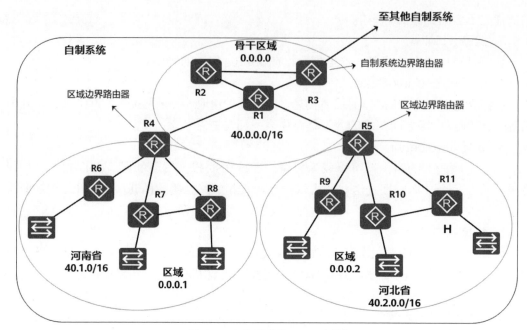

图 6-6　自治系统和 OSPF 区域

如图6-6所示，使用多区域划分要与IP地址规划相结合，以确保一个区域的地址空间连续，这样才能在区域边界路由器上将一个区域的网络汇总成一条路由并通告给其他区域。

上层的区域叫作骨干区域，骨干区域的标识符规定为0.0.0.0。骨干区域的作用是连通其他下层的区域。从其他区域发来的信息都由区域边界路由器（Area Border Router，ABR）进行路由汇总。如图6-6所示，路由器R4和R5都是区域边界路由器。显然，每一个区域至少应当有一个区域边界路由器。骨干区域内的路由器叫作骨干路由器（Backbone Router），如R1、R2、R3、R4和R5。骨干路由器可以同时是区域边界路由器，如R4和R5。骨干区域内还要有一个路由器（图6-6中的R3）专门与本自治系统外的其他自治系统交换路由信息，这样的路由器叫作自治系统边界路由器（Autonomous System Boundary Router，ASBR）。

需要说明的是：ABR连接骨干区域和非骨干区域，ASBR连接其他AS。

6.2　实战1——配置单区域 OSPF 协议

中小企业网络规模不大，路由设备数量有限，可以考虑将所有设备都放在同一个OSPF区域。大型企业网络规模大，路由器设备数量很多，网络层次分明，建议采用OSPF多区域的方式部署。

参照图6-7搭建网络环境，网络中的路由器和计算机按照图6-7中的拓扑连接并配置接口IP地址。以下操作用于配置这些路由器运行OSPF协议，将这些路由器配置在一个区域。虽然只有一个区域，该区域只能是骨干区域，区域编号是0.0.0.0，也可以写成0。

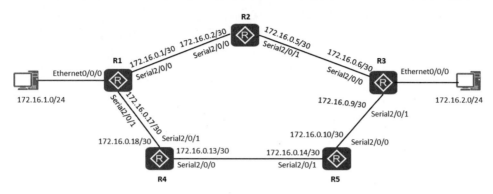

图 6-7 为 OSPF 协议配置网络拓扑

进入OSPF视图之后，需要根据网络规划来指定运行OSPF协议的接口以及这些接口所在的区域。首先，需要在OSPF视图下执行命令area *area-id*，该命令用于创建区域，并进入到区域视图。然后，在区域视图下执行network *address wildcard-mask*命令，该命令用于指定运行OSPF区域接口，其中*wildcard-mask*被称为反掩码。

在路由器R1上的配置如下。

```
[R1]display router id                   --查看路由器的当前ID
RouterID:172.16.1.1
[R1]ospf 1 router-id 1.1.1.1            --启用ospf 1进程并指明使用的Router-ID
[R1-ospf-1]area 0.0.0.0                 --进入区域 0.0.0.0
[R1-ospf-1-area-0.0.0.0]network 172.16.0.0 0.0.256.255
                                        --指定工作在Area 0的接口
[R1-ospf-1-area-0.0.0.0]quit
```

相关说明如下。

（1）命令[R1]ospf 1 router-id 1.1.1.1在路由器上启用OSPF进程，后面的数字1是给进程分配的编号，编号的范围是1~65535。

启用OSPF协议时如果不指定Router-ID，也可以使用router id命令指定的Router-ID，如[R1]router id 1.1.1.1。

（2）[R1-ospf-1]area 0.0.0.0：OSPF协议数据包内用于表示区域的字段，占4字节，正好是一个IPv4地址占用的空间，所以配置的时候可以直接写数字，也可以用点分十进制来表示指定ospf 1进程的区域。区域0可以写成0.0.0.0，区域1可以写成0.0.0.1。

（3）OSPF宣告网段的命令是Network + IP + wildcard-mask（反掩码），通过 IP 和wildcard-mask 筛选出一组IP地址，从而定位出需要开启OSPF的接口范围（哪个接口的一个IP地址在这个范围，哪个接口就开启OSPF）。

反掩码用于限定主机位的个数，即用由右至左连续的"1"来表示主机位的个数，它不能被0断开。

配置OSPF时如果输入[R1-ospf-1-area-0.0.0.0] network172.16.0.0 0.0.256.255，则表示IP地址集合172.16.0.0~172.16.255.255，这个地址集合包含了R1路由器的所有接口。

如果要在network后面针对每一个接口所在的网段来写反掩码，就要写三条，这样标识的地址集合会更精确。如果不同的接口在不同的区域，就要针对每一个端口进行配置。在本例中，路由器R1如果network针对每个接口所在的网段来写，就应该写三条，展示如下。

[R1-ospf-1-area-0.0.0.0]network 172.16.1.0 0.0.0.255
[R1-ospf-1-area-0.0.0.0]network 172.16.0.0 0.0.0.3
[R1-ospf-1-area-0.0.0.0]network 172.16.0.16 0.0.0.3

路由器R2上的配置如下。

```
[R2]ospf 1 router-id 2.2.2.2
[R2-ospf-1]area 0
[R2-ospf-1-area-0.0.0.0]network 172.16.0.0 0.0.256.255
                        --指定工作在Area 0的接口
[R2-ospf-1-area-0.0.0.0]quit
```

路由器R3上的配置如下。

```
[R3]ospf 1 router-id 3.3.3.3
[R3-ospf-1]area 0
[R3-ospf-1-area-0.0.0.0]network 172.16.0.6 0.0.0.0
                        --后跟接口地址，反掩码就是0.0.0.0
[R3-ospf-1-area-0.0.0.0]network 172.16.0.9 0.0.0.0
[R3-ospf-1-area-0.0.0.0]network 172.16.2.1 0.0.0.0
```

network后面也可以写接口的地址，反掩码要写成0.0.0.0。这样写，接口的IP地址一旦更改，就要重新配置OSPF覆盖的接口。

路由器R4上的配置如下。

```
[R4]ospf 1 router-id 4.4.4.4
[R4-ospf-1]area 0
[R4-ospf-1-area-0.0.0.0]network 172.16.0.16 0.0.0.3
[R4-ospf-1-area-0.0.0.0]network 172.16.0.12 0.0.0.3
[R4-ospf-1-area-0.0.0.0]quit
```

路由器R5上的配置如下。

```
[R6-ospf-1]area 0
[R6-ospf-1-area-0.0.0.0]network 0.0.0.0 256.256.256.255
                        --这种写法覆盖了所有地址。
```

在R1上显示运行OSPF协议的接口如下。

```
<R1>display ospf interface
 OSPF Process 1 with Router ID 1.1.1.1
       Interfaces

 Area: 0.0.0.0            (MPLS TE not enabled)
 IP Address      Type        State    Cost    Pri    DR          BDR
 172.16.1.1      Broadcast   DR       1       1      172.16.1.1  0.0.0.0
 172.16.0.1      P2P         P-2-P    48      1      0.0.0.0     0.0.0.0
 172.16.0.17     P2P         P-2-P    48      1      0.0.0.0     0.0.0.0
```

显示OSPF学到的路由如下。

```
<R1>display ip routing-table protocol ospf
Route Flags: R - relay, D - download to fib
------------------------------------------------------------------------
Public routing table : OSPF
         Destinations : 4       Routes : 5
OSPF routing table status : <Active>
         Destinations : 4       Routes : 5
Destination/Mask        Proto    Pre    Cost    Flags   NextHop        Interface
172.16.0.4/30           OSPF     10     96      D       172.16.0.2     Serial2/0/0
172.16.0.8/30           OSPF     10     144     D       172.16.0.2     Serial2/0/0
                        OSPF     10     144     D       172.16.0.18    Serial2/0/1
172.16.0.12/30          OSPF     10     96      D       172.16.0.18    Serial2/0/1
172.16.2.0/24           OSPF     10     97      D       172.16.0.2     Serial2/0/0

OSPF routing table status : <Inactive>
         Destinations : 0       Routes : 0
```

6.3 实战2——配置多区域OSPF协议

参照图6-8所示搭建网络环境，网络中的路由器按照图6-8中的拓扑连接，按照规划的网段配置接口IP地址。网络中的路由器划分了三个区域（Area）：Area 0 中的网络分配40.0.0.0/16地址块，Area 1 中的网络分配40.1.0.0/16地址块，Area 2 中的网络分配40.2.0.0/16地址块。配置这三个区域的路由器运行OSPF协议构建路由表，并在区域边界路由器进行路由汇总。

从图6-8中可以看到，OSPF的区域与IP地址规划相关，一个区域的地址最好连续，这样方便在区域边界进行路由汇总。

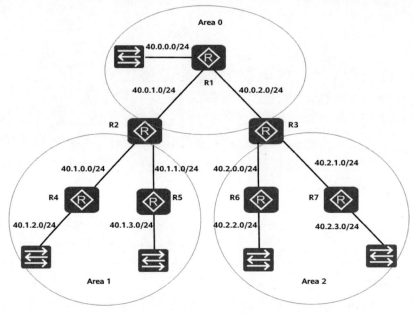

图 6-8　多区域 OSPF 网络拓扑

6.3.1　配置多区域 OSPF 协议

路由器R1上的配置如下R1是骨干区域路由器。

```
<R1>system
[R1]ospf 1 router-id 1.1.1.1          --启用ospf 1进程并指明使用的Router-ID
[R1-ospf-1]area 0.0.0.0               --创建区域并进入区域 0.0.0.0
[R1-ospf-1-area-0.0.0.0]network 40.0.0.0 0.0.256.255   --指定工作在Area 0的地址范围
[R1-ospf-1-area-0.0.0.0]quit
```

路由器R2上的配置如下。R2是区域边界路由器，要指定工作在Area 0的接口和Area 1的接口。

```
[R2]ospf 1 router-id 2.2.2.2
[R2-ospf-1]area 0
[R2-ospf-1-area-0.0.0.0]network 40.0.0.0 0.0.256.255
                                      --指定工作在Area 0的接口
[R2-ospf-1-area-0.0.0.0]quit
[R2-ospf-1]area 0.0.0.1
[R2-ospf-1-area-0.0.0.1]network 40.1.0.0 0.0.256.255
```

```
                                          --指定工作在Area 1的接口
[R2-ospf-1-area-0.0.0.1]quit
 [R2-ospf-1]display this
                                          --显示OSPF 1的配置
[V200R003C00]
#
ospf 1 router-id 2.2.2.2
 area 0.0.0.0
  network 40.0.0.0 0.0.256.255
 area 0.0.0.1
  network 40.1.0.0 0.0.256.255
#
return
```

路由器R3上的配置如下。

```
[R3]ospf 1 router-id 3.3.3.3
[R3-ospf-1]area 0.0.0.0
[R3-ospf-1-area-0.0.0.0]network 40.0.0.0 0.0.256.255
[R3-ospf-1-area-0.0.0.0]quit
[R3-ospf-1]area 0.0.0.2
[R3-ospf-1-area-0.0.0.2]network 40.2.0.1 0.0.0.0
                        --写接口地址，wildcard-mask为0.0.0.0
[R3-ospf-1-area-0.0.0.2]network 40.2.1.1 0.0.0.0
                        --写接口地址，wildcard-mask为0.0.0.0
[R3-ospf-1-area-0.0.0.2]quit
```

路由器R4上的配置如下。

```
[R4]ospf 1 router-id 4.4.4.4
[R4-ospf-1]area 1
[R4-ospf-1-area-0.0.0.1]network 40.1.0.0 0.0.256.255
[R4-ospf-1-area-0.0.0.1]quit
```

路由器R5上的配置如下。

```
[R5]ospf 1 router-id 6.6.6.5
[R6-ospf-1]area 1
[R6-ospf-1-area-0.0.0.1]network 40.1.0.0 0.0.256.255
[R6-ospf-1-area-0.0.0.1]quit
```

路由器R6上的配置如下。

```
[R6]ospf 1 router-id 6.6.6.6
[R6-ospf-1]area 2
[R6-ospf-1-area-0.0.0.2]network 40.2.0.0 0.0.256.255
[R6-ospf-1-area-0.0.0.2]quit
```

路由器R7上的配置如下。

```
[R7]ospf 1 router-id 6.6.6.7
[R6-ospf-1]area 2
[R6-ospf-1-area-0.0.0.2]network 40.2.0.0 0.0.256.255
[R6-ospf-1-area-0.0.0.2]quit
```

6.3.2 配置路由汇总

在区域边界路由器R2上进行路由汇总。将Area 1汇总成40.1.0.0 256.256.0.0，开销指定为10；将Area 0汇总成40.0.0.0 256.256.0.0，指定开销为10。

```
[R2]ospf 1
[R2-ospf-1]area 1
[R2-ospf-1-area-0.0.0.1]abr-summary 40.1.0.0 256.256.0.0 cost 10
[R2-ospf-1-area-0.0.0.1]quit
[R2-ospf-1]area 0
[R2-ospf-1-area-0.0.0.0]abr-summary 40.0.0.0 256.256.0.0 cost 10
[R2-ospf-1-area-0.0.0.0]quit
```

在区域边界路由器R3上进行路由汇总。将Area 2汇总成40.2.0.0 256.256.0.0，开销指定为20；将Area 0汇总成40.0.0.0 256.256.0.0，指定开销为10。

```
[R3]ospf 1
[R3-ospf-1]area 0
[R3-ospf-1-area-0.0.0.0]abr-summary 40.0.0.0 256.256.0.0 cost 10
[R3-ospf-1-area-0.0.0.0]quit
[R3-ospf-1]area 2
[R3-ospf-1-area-0.0.0.2]abr-summary 40.2.0.0 256.256.0.0 cost 20
[R3-ospf-1-area-0.0.0.2]quit
[R3-ospf-1]quit
```

在区域边界路由器配置汇总后，在R1上查看OSPF链路状态，可以看到Area 1和Area 2在R1的链路状态数据库只显示一条记录。

```
<R1>display ospf lsdb
  OSPF Process 1 with Router ID 1.1.1.1
```

```
            Link State Database
                 Area: 0.0.0.0
   Type      LinkState ID      AdvRouter        Age    Len    Sequence     Metric
   Router    2.2.2.2           2.2.2.2          1732   48     80000011     48
   Router    1.1.1.1           1.1.1.1          1690   84     80000013     1
   Router    3.3.3.3           3.3.3.3          1725   48     80000010     48
   Sum-Net   40.1.0.0          2.2.2.2          99     28     80000001     10
   Sum-Net   40.2.0.0          3.3.3.3          26     28     80000001     20
```

在R1上显示OSPF协议生成的路由,可以看到Area 0和Area 1汇总成一条路由,开销分别是58和68,这与汇总时指定的开销有关。

```
<R1>display ospf routing
 OSPF Process 1 with Router ID 1.1.1.1
         Routing Tables
 Routing for Network
 Destination        Cost    Type       NextHop      AdvRouter       Area
 40.0.0.0/24        1       Stub       40.0.0.1     1.1.1.1         0.0.0.0
 40.0.1.0/24        48      Stub       40.0.1.1     1.1.1.1         0.0.0.0
 40.0.2.0/24        48      Stub       40.0.2.1     1.1.1.1         0.0.0.0
 40.1.0.0/16        58      Inter-area 40.0.1.2     2.2.2.2         0.0.0.0
 40.2.0.0/16        68      Inter-area 40.0.2.2     3.3.3.3         0.0.0.0
 Total Nets: 5
 Intra Area: 3  Inter Area: 2  ASE: 0  NSSA: 0
```

6.4 习题

一、选择题

1. OSPF协议是基于( )的路由协议。
   A. 距离矢量　　　B. 链路状态　　　C. 路径矢量　　　D. 以上都不是
   答案:B

2. OSPF协议使用( )算法计算最短路径。
   A. Bellman-Ford　　B. Dijkstra　　　C. SPF　　　D. RIP
   答案:C

3. 在OSPF协议中,Router-ID的作用是( )。
   A. 标识路由器　　　　　　　　　B. 计算度量值
   C. 建立邻居关系　　　　　　　　D. 以上都不是
   答案:A

4. OSPF协议的度量值是基于（　　）的。
   A. 跳数　　　　　B. 带宽　　　　　C. 延迟　　　　　D. 负载
   答案：B

5. 在OSPF中，下列关于区域的描述正确的是（　　）。
   A. 区域之间通过链路状态信息进行通信
   B. 所有区域都必须与骨干区域直接相连
   C. 不同区域可以使用相同的区域标识符
   D. 区域的划分可以随意进行
   答案：B

6. 下列关于OSPF区域边界路由器（ABR）的描述，正确的是（　　）。
   A. ABR连接骨干区域和非骨干区域
   B. ABR只存在于骨干区域中
   C. ABR不能同时是骨干路由器
   D. ABR不负责路由汇总
   答案：A

7. 在OSPF协议中，链路状态信息包含（　　）。
   A. 路由器的接口IP地址　　　　　B. 子网掩码
   C. 网络类型　　　　　　　　　　D. 以上都是
   答案：D

8. 关于OSPF的路由汇总，下列说法正确的是（　　）。
   A. 路由汇总可以减小路由表的规模
   B. 只有区域边界路由器才能进行路由汇总
   C. 路由汇总会导致路由信息的丢失
   D. 以上都对
   答案：D

9. 在OSPF协议中，自治系统边界路由器（ASBR）的作用是（　　）。
   A. 连接不同的自治系统　　　　　B. 负责区域内的路由计算
   C. 进行路由汇总　　　　　　　　D. 以上都不是
   答案：A

10. 在OSPF多区域网络中，区域间的路由信息传递是通过（　　）实现的。
    A. 直接传递　　　　　　　　　　B. 由ABR进行汇总后传递
    C. 由ASBR进行转发　　　　　　 D. 以上都不是
    答案：B

11. 关于OSPF协议的配置，下列说法正确的是（　　）。
    A. 必须手工配置Router-ID
    B. 可以配置多个OSPF进程
    C. 每个区域只能有一个ABR
    D. 以上都不是

答案：B

12. 在OSPF协议中，区域0通常被称为（　　）。
    A. 常规区域　　　　　　　　　　B. 骨干区域
    C. 非骨干区域　　　　　　　　　D. 以上都不是
    答案：B

13. OSPF协议中，显示OSPF学到的路由的命令是（　　）。
    A. display ospf routing
    B. display ospf interface
    C. display ip routing-table protocol ospf
    D. 以上都对
    答案：D

二、简答题

1. OSPF 协议的优缺点有哪些？

答：OSPF协议的优点如下。

（1）快速收敛：能够在网络拓扑发生变化时迅速计算出新的路由，减少数据传输的中断时间。

（2）支持大型网络：适用于规模较大、拓扑复杂的网络，具有良好的扩展性。

（3）基于链路状态：能更准确地反映网络的实际情况，提供更优的路由选择。

（4）区域划分：可以将大型网络划分为多个区域，减少路由信息的传播量，提高路由计算效率。

（5）支持多路径负载均衡：能够充分利用多条路径，提高网络资源的利用率。

OSPF协议的缺点如下。

① 配置复杂：对于网络管理员来说，配置和管理相对较为复杂，需要较高的技术水平。

② 资源占用：需要占用较多的路由器内存和CPU资源来存储和计算路由信息。

③ 协议开销大：在网络中交互的链路状态信息较多，会产生一定的网络开销。

④ OSPF如何计算路由器接口开销？

OSPF使用Cost（开销）作为路由的度量值。每个激活了OSPF的接口都会维护一个接口Cost值。默认时接口Cost值 $= \dfrac{100\text{Mbit/s}}{\text{接口带宽}}$，其中100Mbit/s为OSPF指定的默认参考值，该值是可配置的。

从公式可以看出，OSPF协议选择最佳路径的标准是带宽，带宽越高，计算出来的开销越低。到达目标网络的各条链路的累计开销最低的，就是最佳路径。

第 7 章

组建局域网

本章内容

- 交换机端口安全：配置交换机端口安全的步骤包括启用端口安全、设置端口允许的最大MAC地址数量、配置端口安全违规后保护动作、设置MAC地址安全类型。
- 安全设置：通过Sticky的方式实现端口与MAC地址的绑定，违反安全规则采取的措施为Shutdown、protect 或restrict。
- 镜像端口：通过配置交换机的镜像端口，管理员可以将一个或多个端口（被监控端口）的流量复制到指定的端口（镜像端口）。
- 端口隔离：通过设置交换机端口隔离，可以实现在同一个VLAN内对端口进行逻辑隔离。
- 创建和管理VLAN：介绍跨交换机VLAN、交换机Access和Trunk接口类型，配置跨交换机的VLAN。
- 实现VLAN间的通信：使用三层交换实现VLAN间的路由。
- 三层交换连接路由器：三层交换机与路由器连接需创建连接VLAN。

本章讲解交换机组网的相关技术，包括交换机端口安全、VLAN的创建和管理、VLAN间的路由以及相关的实验配置。

7.1 交换机端口安全

如果企业网络对于网络安全有着较高的要求,则可以在交换机上启用端口安全功能，对其接入网络的计算机加以管控。

7.1.1 交换机端口安全配置步骤

下面是华为交换机配置端口安全的一般步骤，具体命令可能因交换机型号和软件版本而略有不同。

1. 启用端口安全

开启端口安全功能，默认情况下该功能是关闭的，使用"port-security enable"命令。在交换机接口上激活Port-Security后，该接口就有了安全功能。

2. 设置端口允许的最大 MAC 地址数量（可选）

端口允许的最大 MAC 地址数量通常是 1，即只能学习一个 MAC 地址表项，用户可以根据组网需求更改限制数，使用"port-security maximum max-number"命令设置数量。

3. 配置端口安全违规后保护动作

当出现违反端口安全设置的情况时采取相应措施。

（1）动作：restrict，丢弃源 MAC 地址不存在的报文并上告报警，推荐使用。

（2）动作：protect，只丢弃源 MAC 地址不存在的报文，不上告报警。

（3）动作：shutdown，接口状态被置为 error-down，并上告报警（接口 down 掉）。

4. 设置MAC 地址安全类型

（1）安全动态 MAC 地址：启用端口安全而未启用 sticky-mac 功能时转换的 MAC 地址。设备重启后表项会丢失，需要重新学习，默认情况下不会老化，只有在配置安全 MAC 的老化时间后才可以被老化。其老化类型包括绝对老化时间和相对老化时间。

（2）安全静态 MAC 地址：启用端口安全时在交换机上手工配置的静态 MAC 地址，不会被老化，手动保存配置后重启设备不会丢失。

（3）sticky MAC（黏性 MAC）：特殊类型的静态 MAC，先进行安全动态 MAC 地址的学习，再转换成 sticky MAC，无须手工配置（可防止配置错误）。sticky MAC 不会被老化，保存配置后，设备上会生成一个包含 sticky MAC 地址信息的文件，重启设备后 sticky MAC 也不会丢失，无须重新学习。

7.1.2 配置交换机端口安全

如图7-1所示，在LSW1交换机上设置端口安全，端口Ethernet 0/0/1只允许连接PC1，端口Ethernet 0/0/2只允许连接PC2，端口Ethernet 0/0/3只允许连接PC3，端口与MAC地址的绑定通过sticky的方式实现。违反安全规则采取的措施为shutdown。

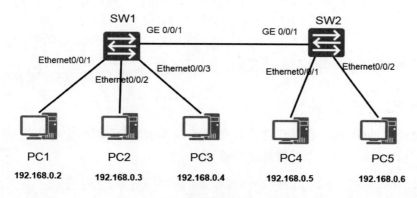

图 7-1 配置交换机端口安全

端口GigabitEthernet 0/0/1最多只允许连接两台计算机且只能是PC4和PC5，人工绑定PC4和PC5两个MAC地址。违反安全规则采取的措施为restrict。

SW1上的配置如下。

```
[Huawei]sysname SW1              --改名为SW1
```

在PC1上ping PC2、PC3、PC4、PC5，SW2完成MAC地址表的构建。

```
[SW1]display mac-address
MAC address table of slot 0:
------------------------------------------------------------------------
MAC Address    VLAN/       PEVLAN CEVLAN Port        Type       LSP/LSR-ID
               VSI/SI                                MAC-Tunnel
------------------------------------------------------------------------
5489-9853-3b60 1           -      -      Eth0/0/1    dynamic    0/-
5489-986a-20ec 1           -      -      Eth0/0/2    dynamic    0/-
5489-9851-0fbe 1           -      -      Eth0/0/3    dynamic    0/-
5489-98a6-7d20 1           -      -      GE0/0/1     dynamic    0/-
5489-985e-16b9 1           -      -      GE0/0/1     dynamic    0/-
------------------------------------------------------------------------
Total matching items on slot 0 displayed = 5
```

可以看到MAC地址表中列出了每个MAC地址所属的VLAN以及对应的接口和类型。

设置Ethernet 0/0/1～Ethernet 0/0/3端口安全，可以逐个端口进行设置，也可以定义一个端口组，添加端口成员，进行批量安全设置。

```
[SW1]port-group 1to3             --定义端口组
[SW1-port-group-1to3]group-member Ethernet 0/0/1 to Ethernet 0/0/3
                                 --添加端口成员
[SW1-port-group-1to3]port-security enable    --启用端口安全
[SW1-port-group-1to3]port-security protect-action shutdown
                                 --定义违反规则后采取的措施
[SW1-port-group-1to3]port-security mac-address sticky
                                 --将现有的MAC绑定
[SW1-port-group-1to3]quit
```

设置交换机的GE0/0/1端口安全，只允许连接两台MAC地址为5489-98A6-7D20、5489-985E-16B9的计算机，且配置顺序不能颠倒。

```
[SW1]interface GigabitEthernet 0/0/1
[SW1-GigabitEthernet0/0/1]port-security enable
```

```
[SW1-GigabitEthernet0/0/1]port-security protect-action restrict
[SW1-GigabitEthernet0/0/1]port-security max-mac-num 2
[SW1-GigabitEthernet0/0/1]port-security mac-address sticky
[SW1-GigabitEthernet0/0/1]port-security mac-address sticky
5489-98A6-7D20 vlan 1
[SW1-GigabitEthernet0/0/1]port-security mac-address sticky
5489-985E-16B9 vlan 1
```

交换机的MAC地址表中的条目有老化时间，默认为300s，如果某条目没有被刷新，300s后就会从MAC地址表中清除。再次在PC1上ping PC2、PC3、PC4、PC5，交换机会自动重新构建MAC地址表。

再次查看MAC地址表，可以看到所有端口Type为sticky。

```
[SW1]display mac-address
MAC address table of slot 0:
-----------------------------------------------------------------
MAC Address     VLAN/      PEVLAN CEVLAN Port         Type        LSP/LSR-ID
                VSI/SI                                MAC-Tunnel
-----------------------------------------------------------------
5489-986a-20ec  1          -      -      Eth0/0/2     sticky      -
5489-985e-16b9  1          -      -      GE0/0/1      sticky      -
5489-9853-3b60  1          -      -      Eth0/0/1     sticky      -
5489-9851-0fbe  1          -      -      Eth0/0/3     sticky      -
5489-98a6-7d20  1          -      -      GE0/0/1      sticky      -
-----------------------------------------------------------------
Total matching items on slot 0 displayed = 5
```

以上操作设置了交换机端口安全。如果GigabitEthernet0/0/1接口违反安全规则，端口将处于关闭状态，需要运行undo shutdown启用端口。

运行以下命令，清除端口的全部配置。清除配置后，端口将处于关闭状态，需要执行undo shutdown重新启用端口。

```
[LSW1]clear configuration interface GigabitEthernet0/0/1
```

7.1.3 镜像端口监控网络流量

如图7-2所示，如果打算在PC4上安装抓包工具或流量监控软件来监控网络中的计算机上网流量，则PC4只能捕获自己发送出去和接收到的数据包。PC1、PC2、PC3的上网流量由交换机直接转发到路由器的Ethernet 0/0/4端口，PC4上的抓包工具或流量监控软件是没有办法捕获这些数据包的。

为了让PC4上的抓包工具或流量监控软件能够捕获分析内网计算机访问Internet的流量，需将Ethernet 0/0/3端口指定为监控端口，将交换机的Ethernet 0/0/4端口设置为被监控端口，这样进出Ethernet 0/0/4端口的帧会同时转发给Ethernet 0/0/3端口。

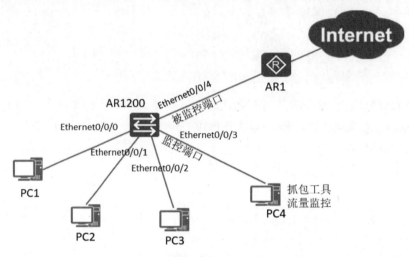

图 7-2 镜像端口监控网络流量

由于eNSP软件中模拟的交换机不支持镜像端口功能，因此我们使用AR1220路由器替代交换机来做镜像端口实验，如图7-2所示。

```
[AR1200]observe-port interface Ethernet 0/0/3          --指定监控端口
[AR1200]interface Ethernet 0/0/4
[AR1200-Ethernet0/0/4]mirror to observe-port ?
  both      Assign Mirror to both inbound and outbound of an interface
                                                       --出入端口的流量
  inbound   Assign Mirror to the inbound of an interface   --进端口的流量
  outbound  Assign Mirror to the outbound of an interface  --出端口的流量
[AR1200-Ethernet0/0/4]mirror to observe-port both
                                  --将出入端口的流量同时发送到监控端口
```

注意：华为交换机只能设置一个observe-port监控端口。如要取消监控端口，则需要先在被监视端口上取消镜像，再取消监控端口，配置命令如下。

```
[AR1200]interface Ethernet 0/0/4
[AR1200-Ethernet0/0/4]undo mirror both
[AR1200-Ethernet0/0/4]quit
[AR1200]undo observe-port
```

交换机镜像端口的优点如下。

（1）网络监控：能够捕获和分析网络流量，帮助管理员监控网络中的活动，检测潜在的安全威胁或性能问题。

（2）故障诊断：有助于快速定位和解决网络故障，通过分析镜像端口捕获的数据包，可以找出异常的网络行为或通信问题。

（3）不影响原始流量：在复制流量到镜像端口时，不会对被监控端口的正常数据传输产生影响。

然而，镜像端口也存在以下缺点。

（1）配置复杂性：需要在交换机上进行特定的配置，对于不熟悉网络配置的人员来说，可能会比较复杂。

（2）资源占用：会占用交换机的一定资源，包括端口和处理能力，特别是在处理大量流量时。

（3）局限性：只能监控通过交换机的流量，如果问题发生在交换机之前或之后的网络部分，可能无法检测到。

（4）安全风险：如果镜像端口的配置不当，可能会导致敏感信息的泄露。

7.1.4 端口隔离

端口隔离可以实现在同一个VLAN内对端口进行逻辑隔离，端口隔离分为L2层隔离和L3层隔离，在这里只讲解和演示L2层隔离。

如图7-3所示，PC1、PC2、PC3和PC4在同一个VLAN，不允许它们之间相互通信，仅允许它们访问Internet。这就要求设置交换机端口Ethernet0/0/0~Ethernet0/0/3的隔离，但不能隔离它们与路由器RA的GE 0/0/0接口的相互通信。

下面是交换机SW1上的配置步骤，由于要设置多个端口隔离，因此定义一个端口组，进行批量设置。

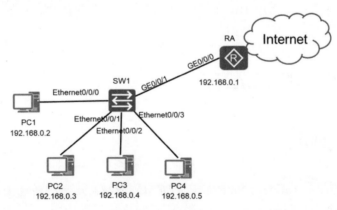

图 7-3 端口隔离

```
[SW1]port-isolate mode ?
  all  All
  l2   L2 only
[SW1]port-isolate mode l2                    --启用L2层隔离功能
[SW1]port-group vlan1port                    --定义一个端口组
```

```
[SW1-port-group-vlan1port]group-member Ethernet 0/0/0 to Ethernet 0/0/3
[SW1-port-group-vlan1port]port link-type access   --将端口组配置为Access类型
[SW1-port-group-vlan1port]port default vlan 1   --将端口组指定到VLAN 1
[SW1-port-group-vlan1port]port-isolate enable group ?
   INTEGER<1-64>  Port isolate group-id
[SW1-port-group-vlan1port]port-isolate enable group 1
                                       --隔离组内的端口不能相互通信
```

交换机SW1的GE 0/0/1不能加入端口隔离组1，处于同一隔离组的各个端口间不能通信。

端口隔离技术主要应用于以下场景。

（1）企业网络安全：在企业网络中，为了保护不同部门或用户之间的数据安全，可以使用端口隔离技术来限制它们之间的直接通信，防止数据泄露或恶意攻击。

（2）公共场所网络：如机场、酒店、图书馆等公共场所提供的无线网络，为了保证用户之间的网络隔离，避免相互干扰，可以采用端口隔离技术。

（3）学校和教育机构：在学校的网络中，可以使用端口隔离技术来划分不同的教学区域或用户群体，确保网络资源的合理分配和安全使用。

（4）数据中心：在数据中心中，为了保护不同服务器或应用之间的独立性和安全性，可以运用端口隔离技术来实现逻辑隔离。

（5）网络测试和开发环境：在进行网络测试或开发时，需要创建独立的网络环境，端口隔离技术可以帮助实现不同测试设备或开发节点之间的隔离。

总之，端口隔离技术适用于需要在同一网络中实现逻辑隔离，以提高网络安全性和稳定性的各种场景。

7.2　创建和管理 VLAN

7.2.1　什么是 VLAN

VLAN（Virtual Local Area Network，即虚拟局域网）是一种将一个物理的局域网在逻辑上划分成多个广播域的技术。

通过 VLAN 技术，可以将一个较大的局域网划分成多个较小的逻辑网络，每个VLAN 中的设备就像在一个独立的局域网中一样进行通信。VLAN 的主要作用如下。

（1）提高网络安全性：不同 VLAN 之间的设备不能直接通信，增强了网络的安全性。

（2）控制广播风暴：限制广播域的范围，减少广播流量，提高网络性能。

(3) 灵活组网：方便对网络进行逻辑分组和管理，而不受物理位置的限制。

VLAN通常基于交换机的端口、MAC 地址、IP 地址等方式进行划分。

如图7-4所示，公司于办公大楼的第一层、第二层以及第三层分别部署了交换机，这三台交换机皆属于接入层交换机，它们通过汇聚层交换机实现连接。公司内销售部、研发部和财务部的计算机在各个楼层均有分布。出于安全以及对网络广播的控制考量，需要为每个部门单独构建一个 VLAN。将销售部的计算机划定至 VLAN 1，将研发部的计算机划定至 VLAN 2，将财务部的计算机划定至 VLAN 3。

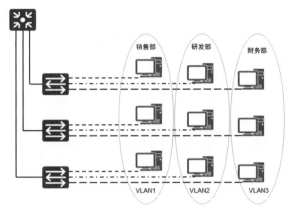

图 7-4　VLAN 示意图

7.2.2　VLAN 的划分策略与要点

VLAN划分需要区分业务VLAN、管理VLAN和互联VLAN。

管理VLAN设计时，交换机要想进行远程管理，就要配置IP地址、网络掩码和默认路由。通常二层交换机使用VLANIF接口地址作为管理地址。建议所有属于同一二层网络的交换机使用同一管理VLAN，管理IP地址处于同一网段。

在网络规划中，业务VLAN通常基于部门或工作组、地理位置、业务类型、应用类型、安全级别、网络协议、终端类型、访客和内部用户等因素划分设定。

（1）部门或工作组：将不同部门（如财务、销售、研发等）或工作小组划分到不同的 VLAN中，便于进行访问控制和资源分配。

（2）地理位置：按照不同的物理位置，如不同的楼层、建筑物、分支机构等划分VLAN，有助于简化网络管理和故障排查。

（3）业务类型：根据业务的性质和需求，如生产业务、办公业务、客服业务等进行划分，方便为不同业务提供特定的网络策略和服务质量保证。

（4）应用类型：基于所使用的应用程序或服务，如电子邮件、文件共享、视频会议等划分VLAN，以优化网络性能和保障应用的正常运行。

（5）安全级别：根据数据的安全要求和敏感程度，将高安全级别、中安全级别和低安全级别的设备或用户划分到不同的VLAN中，实施不同的安全策略。

（6）网络协议：使用不同网络协议（如IPv4和IPv6）的设备或用户群，可以划分到不同的VLAN中。

（7）终端类型：如将台式计算机、笔记本电脑、移动设备等划分到不同的VLAN中，以便进行针对性的管理和控制。

（8）访客与内部用户：将访客的网络访问与内部员工的网络访问分开，以保障内部网络的安全。

在网络规划中划分VLAN时，应注意以下问题。

（1）明确需求和目标：清楚了解划分VLAN的目的，是为了提高网络性能、增强安全性还是便于管理等，以确保划分方式符合预期。

（2）避免VLAN数量过多：过多的VLAN可能会增加管理的复杂性和交换机的负担。

（3）考虑网络流量模式：根据不同区域或用户组的网络流量大小和类型，合理分配VLAN，避免某个VLAN出现流量拥塞。

（4）跨VLAN通信规划：确定哪些VLAN之间需要通信，并合理配置路由或三层交换来实现跨VLAN数据传输。

（5）与IP地址规划的配合：VLAN划分应与IP子网的规划相协调，以便进行有效的网络管理和控制。

（6）广播域的控制：划分VLAN要有效地控制广播域的大小，减少广播风暴对网络性能的影响。

（7）安全策略：为每个VLAN制定适当的安全策略，如访问控制列表（ACL）等，保障网络安全。

（8）灵活性和扩展性：考虑未来网络的扩展和变化，预留一定的VLAN资源。

7.2.3 理解VLAN

交换机的所有端口默认都属于VLAN 1，VLAN 1是默认VLAN，不能删除，也不需要创建。如图7-5所示，交换机S1的所有端口都在VLAN 1中，进入交换机端口的帧自动加上端口所属VLAN的标记，出交换机端口则会去掉VLAN标记。在图7-5中，计算机A给计算机D发送一个数据帧，数据帧进入F0端口，加了VLAN 1的标记，出F3端口，去掉VLAN 1的标记。对于通信的计算机A和D而言，这个过程是透明的。如果计算机A发送一个广播帧，则该帧会加上VLAN 1的标记，转发到VLAN 1的所有端口。

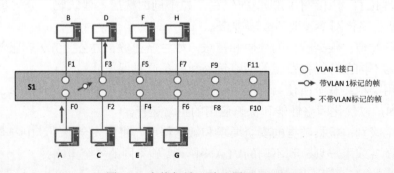

图7-5 交换机端口默认属于VLAN1

假如交换机S1上连接两个部门的计算机，A、B、C、D是销售部门的计算机，E、F、G、H是研发部门的计算机。为了安全考虑，将销售部门的计算机指定到VLAN 1，将研发部门的计算机指定到VLAN 2。如图7-6所示，计算机E给计算机H发送一个帧，进入F8端口，该帧加上了VLAN 2的标记，从F11端口出去，去掉了VLAN 2的标记。计算机发送和接收的帧不带VLAN标记。

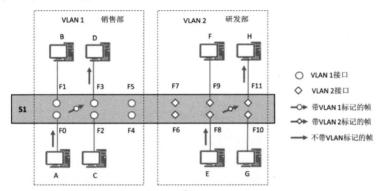

图 7-6　交换机上同一 VLAN 通信过程

交换机S1划分了两个VLAN，等价于把该交换机从逻辑上分成了两个独立的交换机S1-VLAN1和S1-VLAN2，等价关系如图7-7所示。看到这幅等价图，我们就知道，不同VLAN的计算机即便IP地址设置成一个网段也不能通信。要想实现VLAN间的通信，必须经过路由器（三层设备）转发，这就要求不同VLAN分配不同网段的IP地址，图7-7中S1-VLAN 1分配的网段是192.168.1.0/24，S1-VLAN 2分配的网段是192.168.2.0/24。图7-7中添加了一个路由器来展示VLAN间的通信过程，路由器的F0端口连接S1-VLAN 1的F5端口，F1端口连接S1-VLAN 2的F7端口。图7-7标记了计算机C给计算机E发送数据包，帧进出交换机端口，以及VLAN标记的变化。

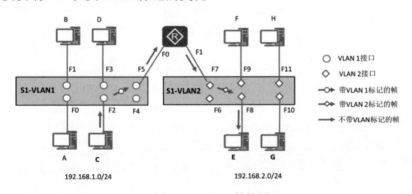

图 7-7　VLAN 等价图

7.2.4　跨交换机 VLAN

跨交换机的 VLAN 是指在多个交换机上创建并配置相同的 VLAN，使得属于同一 VLAN 的设备即使连接在不同的交换机上，也能够像在同一台交换机上同一个 VLAN

中一样进行通信。

如图7-8所示,网络中有两台交换机S1和S2,计算机A、B、C、D属于销售部门,计算机E、F、G、H属于研发部门。按部门划分VLAN,销售部门为VLAN 1,研发部门为VLAN 2。在S1上创建VLAN 2,把F6～F11指定到VLAN 2,在S2创建VLAN 2,把F6～F11指定到VLAN 2。为了让S1的VLAN 1和S2的VLAN 1能够通信,对两台交换机的VLAN 1端口进行连接,这样计算机A、B、C、D就属于同一个VLAN,VLAN 1跨两台交换机。同样对两台交换机上的VLAN 2端口进行连接,VLAN 2也跨两台交换机。注意观察计算机D与计算机C通信时帧的VLAN标记变化。

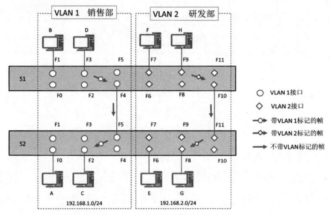

图 7-8　跨交换机 VLAN

图7-8中每个VLAN使用单独的一根网线进行连接,这是为了方便讲清楚跨交换机VLAN的逻辑结构。跨交换机的多个VLAN也可以共用同一根网线,这根网线就称为干道（Trunk）链路,干道链路连接的交换机端口就称为干道端口,如图7-9所示。

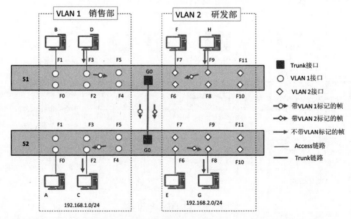

图 7-9　干道链路的帧有 VLAN 标记

Access 接口和Trunk 接口是交换机上常见的两种接口类型,它们在VLAN中的作用不同。

（1）Access接口:通常用于连接终端设备,如计算机、打印机等。Access 接口只能属于一个VLAN,当数据帧从Access接口进入交换机时,交换机将去掉数据帧中的VLAN标签;当数据帧从Access接口发送出去时,交换机不会给数据帧添加VLAN 标签。

（2）Trunk 接口：一般用于连接其他交换机或路由器，以实现跨交换机的 VLAN 通信。Trunk 接口可以允许多个 VLAN 的数据帧通过。当数据帧从 Trunk 接口进入交换机时，交换机会保留数据帧中的 VLAN标签；当数据帧从Trunk接口发送出去时，交换机也会保持数据帧的VLAN标签不变。

简而言之，Access 接口用于连接终端，只属于一个VLAN且不对数据帧的VLAN标签做处理；Trunk接口用于交换机间的连接，能传输多个VLAN的数据帧并保留其 VLAN标签。

7.2.5 实战——管理跨交换机的 VLAN

网络中根据不同功能和用途，可将VLAN划分为业务VLAN和管理VLAN。

业务 VLAN 则是根据不同的业务需求或部门划分的VLAN。例如，公司的财务部门可以划分在一个业务VLAN中，销售部门在另一个业务VLAN中。每个业务VLAN 承载着特定业务或部门相关的数据流量，实现不同业务或部门之间的网络隔离，保障业务数据的安全性和独立性，同时也能有效地控制广播域，优化网络性能。

管理VLAN主要用于对网络设备（如交换机、路由器等）进行管理和监控。通常会为管理VLAN分配一个独立的VLAN ID，并为其配置专门的IP地址段。通过这个 VLAN，可以远程访问和管理网络设备，进行配置更改、故障排查等操作，与业务流量相隔离，提高管理的安全性和稳定性。

总的来说，管理VLAN侧重于网络设备的管理，业务VLAN侧重于业务数据的隔离和传输。

如图7-10所示，网络中有两台接入层交换机SW2和SW3以及一台汇聚层交换机SW1。VLAN 1、VLAN 2、VLAN 3分别是销售部、研发部和财务部的VLAN，这些VLAN称为业务VLAN。

VLAN 4是接入层交换机SW2和SW3管理地址所在的VLAN，称为管理VLAN。

每个VLAN的网关使用所在网段的第一个可用地址。

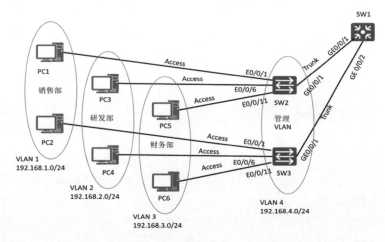

图 7-10 跨交换机 VLAN

我们需要完成以下功能。

（1）每个交换机都创建VLAN1、VLAN2、VLAN3和VLAN4，VLAN1是默认VLAN，不需要创建。

（2）将接入层交换机端口Ethernet 0/0/1～Ethernet 0/0/5指定到VLAN 1。

（3）将接入层交换机端口Ethernet 0/0/6～Ethernet 0/0/10指定到VLAN 2。

（4）将接入层交换机端口Ethernet 0/0/11～Ethernet 0/0/15指定到VLAN 3。

（5）将连接计算机的端口设置成Access端口。

（6）将交换机之间的连接端口设置成Trunk端口，允许VLAN 1、VLAN 2、VLAN 3、VLAN 4的帧通过。

（7）为配置SW2、SW3的管理接口配置IP地址。

（8）捕捉分析干道链路上带VLAN标记的帧。

在交换机SW2上创建VLAN 2、VLAN3、VLAN 4。

由于要批量设置端口，因此有必要创建端口组进行批量设置。创建端口组g1，向端口组添加端口，将端口组的链路类型指定为Access，将端口指定到VLAN 1。

```
[SW2]vlan batch 2 3 4
[SW2]port-group g1
[SW2-port-group-g1]group-member Ethernet 0/0/1 to Ethernet 0/0/5
[SW2-port-group-g1]port link-type access
[SW2-port-group-g1]port default vlan 1
[SW2-port-group-g1]quit
```

VLAN 1 是默认 VLAN，不用创建。

以下命令批量创建 VLAN 4、VLAN 5 和 VLAN 6。

[LSW2]vlan batch 4 5 6

以下命令批量创建 VLAN 10～VLAN 20 共 11 个 VLAN。

vlan batch 10 to 20

批量删除 VLAN 4、VLAN 5 和 VLAN 6。

[LSW2]undo vlan batch 4 5 6

为VLAN 2创建端口组g2，将Ethernet 0/0/6～Ethernet 0/0/10端口设置为Access端口，并将它们指定到VLAN 2。

```
[SW2]port-group g2
[SW2-port-group-g2]group-member Ethernet 0/0/6 to Ethernet 0/0/10
[SW2-port-group-g2]port link-type access
[SW2-port-group-g2]port default vlan 2
[SW2-port-group-g2]quit
```

为VLAN 3创建端口组g3，将Ethernet 0/0/11～Ethernet 0/0/15端口设置为Access端口，并将它们指定到VLAN 3。

```
[SW2]port-group g3
[SW2-port-group-g3]group-member Ethernet 0/0/11 to Ethernet 0/0/15
[SW2-port-group-g3]port link-type access
[SW2-port-group-g3]port default vlan 3
[SW2-port-group-g3]quit
```

将GigabitEthernet 0/0/1端口配置为Trunk类型，允许VLAN 1、VLAN 2、VLAN 3和VLAN 4的帧通过。

```
[SW2]interface GigabitEthernet 0/0/1
[SW2-GigabitEthernet0/0/1]port link-type trunk
[SW2-GigabitEthernet0/0/1]port trunk allow-pass vlan 1 2 3 4
[SW2-GigabitEthernet0/0/1]quit
```

配置管理地址，交换机的接口都是二层接口，管理地址需要配置到VLANIF虚拟接口，本案例管理VLAN为VLAN 4，管理地址设置在Vlanif 4，需要添加默认路由指向网关。

```
[SW2]interface Vlanif 4
[SW2-Vlanif4]ip address 192.168.4.2 24
[SW2-Vlanif4]quit
[SW2]ip route-static 0.0.0.0 0 192.168.4.1
```

使用all可以允许所有VLAN通过干道端口。

```
[SW2-GigabitEthernet0/0/1]port trunk allow-pass vlan all
```

参照SW2的配置在SW3上进行配置，创建VLAN并指定端口类型、配置管理地址、添加默认路由。

在汇聚层交换机SW1上，创建VLAN 2、VLAN 3和VLAN 4，将GigabitEthernet 0/0/1和GigabitEthernet 0/0/2端口类型设置成Trunk，允许所有VLAN的帧通过。

```
[SW1]vlan batch 2 3 4
[SW1]interface GigabitEthernet 0/0/1
[SW1-GigabitEthernet0/0/1]port link-type trunk
[SW1-GigabitEthernet0/0/1]port trunk allow-pass vlan all
[SW1-GigabitEthernet0/0/1]quit
[SW1]interface GigabitEthernet 0/0/2
[SW1-GigabitEthernet0/0/2]port link-type trunk
[SW1-GigabitEthernet0/0/2]port trunk allow-pass vlan all
```

```
[SW1-GigabitEthernet0/0/2] quit
```

抓包捕获干道链路的帧，可以看到华为交换机的干道链路帧在数据链路层和网络层之间插入了VLAN标记，使用的是IEEE 802.1Q帧格式。VLAN ID使用12位表示，VLAN ID的取值范围为0~4095，由于0和4095为协议保留取值，因此VLAN ID的有效取值范围为1~4094。图7-11所示展示的帧是VLAN 2的帧。

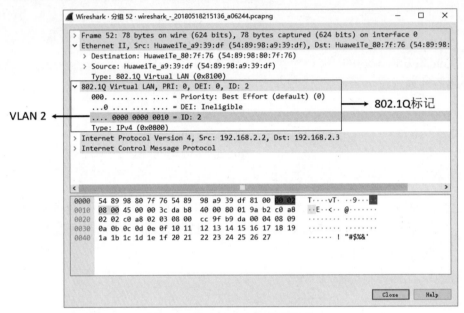

图 7-11　带 VLAN 标记的帧结构

7.3　实现 VLAN 间通信

7.3.1　使用三层交换实现 VLAN 间路由

　　三层交换是在网络交换机中引入路由模块，从而取代传统路由器，以实现交换与路由相结合的网络技术。具有三层交换功能的设备是带有三层路由功能的二层交换机。其在IP路由的处理上进行了改进，实现了简化的IP转发流程，利用专用的ASIC芯片实现硬件的转发，这样绝大多数的报文处理就都可以在硬件中实现了，只有极少数报文才需要使用软件转发，整个系统的转发性能得以提升千倍，相同性能的设备，其成本也大幅下降。

　　对于具有三层交换功能的交换机，到底它属于交换机还是路由器？这让很多学生感到难以理解。大家不妨将三层交换机视作虚拟路由器与交换机的结合体。在交换机上存在几个 VLAN，那么在虚拟路由器上就会有对应数量的虚拟端口（VLANIF）与这几个 VLAN 相连接。

如图7-12所示，在三层交换上创建了VLAN 1和VLAN 2两个VLAN，在虚拟路由器上就有两个虚拟端口Vlanif 1和Vlanif 2，这两个虚拟端口相当于分别接入VLAN 1的某个接口和VLAN 2的某个接口。图中的端口F5与 Vlanif 1连接，端口F7与Vlanif 2连接。图7-12所示纯属为了形象展示，虚拟路由器是不可见的，也不占用交换机的物理端口与Vlanif端口连接。我们能够操作的就是给虚拟端口配置IP地址和子网掩码，让其充当VLAN的网关，让不同VLAN中的计算机能够相互通信。

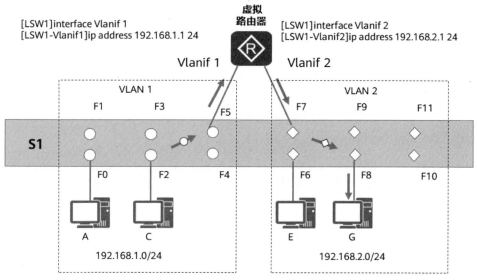

图 7-12　三层交换机等价图

7.2.4节的实战只配置了跨交换机的VLAN，继续上面的实验，SW1是三层交换机，配置SW1交换机以实现VLAN 1、VLAN 2、VLAN 3和VLAN 4的路由。

```
[SW1]interface Vlanif 1
[SW1-Vlanif1]ip address 192.168.1.1 24
[SW1-Vlanif1]quit
[SW1]interface Vlanif 2
[SW1-Vlanif2]ip address 192.168.2.1 24
[SW1-Vlanif2]quit
[SW1]interface Vlanif 3
[SW1-Vlanif3]ip address 192.168.3.1 24
[SW1-Vlanif3]quit
[SW1]interface Vlanif 4
[SW1-Vlanif4]ip address 192.168.4.1 24
[SW1-Vlanif4]quit
```

输入display ip interface brief命令显示Vlanif接口的IP地址信息以及状态。

```
<LSW1>display ip interface brief
```

```
*down: administratively down
^down: standby
(l): loopback
(s): spoofing
The number of interface that is UP in Physical is 4
The number of interface that is DOWN in Physical is 1
The number of interface that is UP in Protocol is 4
The number of interface that is DOWN in Protocol is 1

Interface              IP Address/Mask      Physical    Protocol
MEth0/0/1              unassigned           down        down
NULL0                  unassigned           up          up(s)
Vlanif1                192.168.1.1/24       up          up
Vlanif2                192.168.2.1/24       up          up
Vlanif3                192.168.3.1/24       up          up
Vlanif4                192.168.4.1/24       up          up
```

7.3.2 三层交换连接路由器

三层交换机通常不直接连接Internet，主要有以下几个原因。

（1）安全考虑：直接连接Internet会使内部网络面临更多来自外部的安全威胁，如黑客攻击、病毒入侵等，而通过防火墙等安全设备连接Internet可以更好地进行访问控制和安全防护。

（2）地址转换需求：通常Internet上使用的是公网IP地址，而内部网络使用的是私有IP地址，需要网络地址转换（NAT）设备来实现私有地址和公网地址的转换，而三层交换机一般不具备完善的 NAT 功能。

（3）缺乏高级的互联网接入功能：例如，对不同类型的互联网服务提供商（ISP）连接的支持不够灵活，无法处理复杂的带宽管理、服务质量（QoS）策略等以满足多样化的 Internet 接入需求。

（4）策略和管理：直接将三层交换机连接到 Internet 可能难以实施统一的网络访问策略和流量管理规则，不利于对网络的有效管理和监控。

综上所述，为了保障网络的安全性、灵活性、可管理性以及实现地址转换和高级的互联网接入功能，通常不会让三层交换机直接连接 Internet。更多的情况是使用路由器或防火墙设备连接Internet。

内网三层交换SW1实现了VLAN 1、VLAN 2、VLAN 3、VLAN 4的路由，内网的逻辑拓扑如图7-13所示，可将一个 VLAN 视为一个交换机，而三层交换 SW1 则看作是路由器。三层交换机通过R1路由器连接Internet。

R1 路由器的 GE0/0/1 接口需与三层交换机的一个三层接口相连接。而要使三层交换机拥有一个三层接口（VLANIF），就必须创建一个 VLAN。此 VLAN 专门用于与路由器进行连接，被称为连接 VLAN。本案例连接VLAN的网段设定为 192.168.5.0/24。

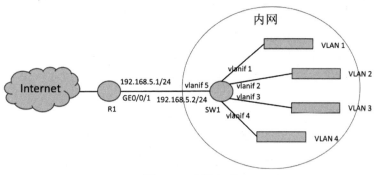

图 7-13　逻辑拓扑

如图7-14所示，R1路由器的GE0/0/1接口与三层交换机SW1的GE0/0/3接口连接。内网VLAN 1、VLAN 2、VLAN 3和VLAN 4访问Internet的数据包经过三层交换机由Vlanfi 5接口发送给路由器，数据包的VLAN标记会更改为VLAN 5，因此SW1的GE0/0/3接口出去的数据包都是VLAN5的数据包，这样就需要将GE0/0/3接口链路类型配置为Access，指定到VLAN 5。

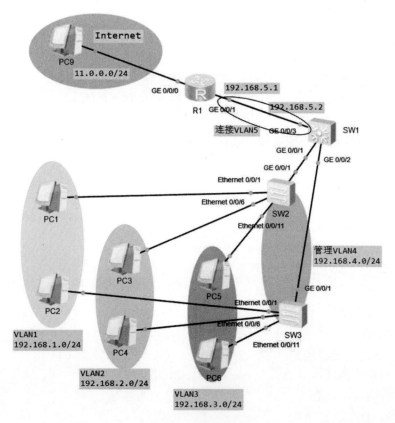

图 7-14　物理拓扑

在SW1的配置如下。

```
[SW1]vlan 5
[SW1-vlan5]quit
[SW1]interface Vlanif 5
[SW1-Vlanif5]ip address 192.168.5.2 24
[SW1-Vlanif5]quit
[SW1]interface GigabitEthernet 0/0/3
[SW1-GigabitEthernet0/0/3]port access
[SW1-GigabitEthernet0/0/3]port default vlan 5
[SW1-GigabitEthernet0/0/3]quit
[SW1]ip route-static 0.0.0.0 0 192.168.5.1      --添加到Internet的路由
在R1上的配置：
[R1]ip route-static 192.168.0.0 16 192.168.5.2   --添加到内网的汇总路由
```

7.4 习题

一、选择题

1. 当华为交换机的接口启用了端口安全功能后，如果学习到的MAC地址数量超过了限制，会发生（   ）。
  A. 丢弃数据包　　　　　　　　B. 关闭接口
  C. 发出告警信息　　　　　　　D. 以上都有可能
  答案：D

2. 在华为交换机上，配置端口隔离的命令是（   ）。
  A. port-isolate　　　　　　　　B. port-protect
  C. port-security　　　　　　　D. vlan-isolate
  答案：A

3. 端口隔离可以实现（   ）。
  A. 同一VLAN内的端口之间不能通信
  B. 不同VLAN内的端口之间不能通信
  C. 所有端口之间都不能通信
  D. 以上都不是
  答案：A

4. VLAN的主要作用是（   ）。
  A. 分割广播域　　　　　　　　B. 增强网络安全性
  C. 提高网络性能　　　　　　　D. 以上都是
  答案：D

5. VLAN标记在下列数据帧中的哪个位置（　　）。
   A. 源MAC地址之后　　　　　　　B. 目的MAC地址之后
   C. 类型字段之后　　　　　　　　D. 数据字段之后
   答案：C

6. 下列关于三层交换机的描述，错误的是（　　）。
   A. 三层交换机可以实现VLAN间的路由
   B. 三层交换机的路由功能比路由器弱
   C. 三层交换机可以替代路由器
   D. 以上都不是
   答案：C

7. 管理VLAN的主要作用是（　　）。
   A. 用于管理设备　　　　　　　　B. 用于传输业务数据
   C. 没有特殊作用　　　　　　　　D. 以上都不是
   答案：A

8. 业务VLAN通常用于（　　）。
   A. 隔离不同的业务流量　　　　　B. 提高网络性能
   C. 增强网络安全性　　　　　　　D. 以上都是
   答案：A

9. 业务VLAN可以根据（　　）进行划分。
   A. 部门　　　　B. 应用　　　　C. 地理位置　　　　D. 以上都是
   答案：D

10. 连接不同VLAN的设备需要具备（　　）功能。
    A. 二层交换　　　B. 三层路由　　　C. 无线接入　　　D. 以上都不是
    答案：B

11. 以下关于VLAN间通信的描述，正确的是（　　）。
    A. 不同VLAN间的设备不能通信
    B. 需要通过路由器或三层交换机实现VLAN间通信
    C. 可以通过二层交换机实现VLAN间通信
    D. 以上都不是
    答案：B

12. VLAN标记的标准是（　　）。
    A. IEEE 802.1Q　　　　　　　　B. IEEE 802.3
    C. IEEE 802.5　　　　　　　　　D. IEEE 802.11
    答案：A

13. 以下关于VLAN的优点，描述错误的是（　　）。
    A. 增加了网络的复杂性　　　　　B. 提高了网络的安全性
    C. 简化了网络管理　　　　　　　D. 增强了网络的灵活性

答案：A

14. Access端口可以属于（　　）。
    A. 一个VLAN B. 多个VLAN
    C. 所有VLAN D. 以上都不是
    答案：A

二、简答题

1. 交换机端口安全的配置原则是什么？

参考答案：

交换机端口安全的配置原则包括以下几点。

（1）明确安全需求：根据网络的安全要求和实际应用场景，确定需要保护的端口和设备，以及允许连接的MAC地址数量等。

（2）启用端口安全功能：在需要进行安全控制的端口上启用端口安全功能，通常使用"port-security enable"命令进行设置。

（3）设置最大MAC地址数量：根据实际情况设置端口允许的最大MAC地址数量，以限制连接到该端口的设备数量，可使用"port-security maximum max-number"命令进行设置。

（4）配置违规保护动作：当出现违反端口安全设置的情况时，需要配置相应的保护动作，如restrict（丢弃源MAC地址不存在的报文并上告报警）、protect（只丢弃源MAC地址不存在的报文，不上告报警）或shutdown（接口状态被置为error-down，并上告报警），可使用"port-security protect-action"命令进行配置。

（5）设置MAC地址安全类型：可以选择安全动态MAC地址、安全静态MAC地址或sticky MAC（黏性MAC），以满足不同的安全需求。

（6）绑定MAC地址：通过sticky的方式实现端口与MAC地址的绑定，确保只有授权的设备能够连接到该端口。

2. 请简述VLAN的作用。

参考答案：

VLAN（虚拟局域网）的作用主要有以下几点。

（1）提高网络安全性：通过将不同用户或部门划分到不同的VLAN中，可以限制不同 VLAN 之间的直接通信，从而提高网络的安全性。

（2）控制广播风暴：可以将广播域限制在一个VLAN内，减少整个网络中的广播流量，降低广播风暴的影响。

（3）灵活的网络管理：方便网络管理员进行网络规划和管理，如可以根据不同的业务需求、部门或用户组来划分VLAN。

3. 三层交换在连接VLAN中有哪些优势？

参考答案：

三层交换在连接VLAN中有以下优势。

（1）高速转发：三层交换机能够实现线速转发数据包，比传统的路由器在转发性能上有很大提升。

（2）路由功能：具备路由功能，可以实现不同VLAN之间的通信，同时支持多种路由协议。

（3）简化网络结构：可以替代传统路由器和二层交换机的组合，简化网络拓扑结构，降低网络建设成本。

（4）支持VLAN间的安全策略：可以对不同VLAN之间的通信进行访问控制和安全策略配置。

4．管理VLAN和业务VLAN的主要区别是什么？

参考答案：

管理VLAN和业务VLAN的主要区别如下。

（1）用途不同：管理VLAN主要用于网络设备的管理和维护，如通过该VLAN可以远程登录到交换机、路由器等设备进行配置管理；业务VLAN则用于承载实际的业务数据流量。

（2）安全性要求不同：管理VLAN通常需要更高的安全性，因为对网络设备的管理访问涉及对整个网络的控制。一般会设置更严格的访问控制策略；而业务VLAN的安全性要求则根据具体的业务需求而定。

（3）IP地址规划不同：管理VLAN通常会使用专门的IP地址段进行规划，以便于管理和区分。业务VLAN的IP地址规划则根据业务需求和网络规模进行。

第 8 章

生成树与链路聚合

本章内容

- 交换机组网环路问题：交换机环路会带来广播风暴，使用生成树协议阻断环路。
- 生成树协议：生成树通过选举根桥、选定根接口、选定指定接口、阻塞备用接口四个步骤，在具有物理环路的交换网络中自动生成没有环路的网络拓扑。
- 链路聚合：链路聚合指将多个物理端口汇聚在一起，形成一个逻辑端口，以实现出/入流量吞吐量在各成员端口的负荷分担，具有增加链路带宽、提高可靠性、实现链路传输弹性和冗余等优势。

本章主要介绍了生成树与链路聚合的相关知识，包括交换机组网环路问题、生成树协议、生成树协议的三个版本、配置 RSTP 的实战、链路聚合等内容。

8.1 交换机组网环路问题

交换机环路是指在网络中存在冗余链路时，由于错误的配置或连接，导致数据包在网络中不断循环传输的现象。

交换机环路会带来以下严重问题。

（1）广播风暴：大量的广播数据包在网络中无限循环，占用大量网络带宽，导致正常数据无法传输。

（2）MAC 地址表不稳定：交换机不断学习和更新错误的 MAC 地址信息，导致 MAC 地址表混乱。

（3）网络拥塞：过多的重复数据包使网络拥塞，严重降低网络性能。

（4）设备高负荷：交换机处理大量重复数据包，导致设备 CPU 利用率升高，甚至可能导致设备死机。

为了检测和解决交换机环路问题，可以采取以下方法。

（1）使用生成树协议（STP）或其改进版本（如 RSTP、MSTP）来防止环路的产生，当发现环路时，会自动阻塞某些冗余链路。

（2）通过端口镜像，将疑似存在环路的端口流量镜像到分析设备上，使用抓包工具分析是否存在大量重复的数据包。

（3）查看交换机的日志和告警信息，可能会提示存在环路。

（4）观察交换机的指示灯，如果某些端口的指示灯快速闪烁或常亮，则可能存在环路。

一旦发现环路，需要及时排查网络拓扑，找出形成环路的链路或错误的连接，并进行修复或调整配置。

如图8-1所示，接入层交换机连接汇聚层交换机，如果汇聚层交换机出现故障，两台接入层交换机就不能相互访问，这就是单点故障。某些企业和单位业务不允许因设备故障造成网络长时间中断，为了避免汇聚层交换机单点故障，在组网时通常会部署两台汇聚层交换机，如图8-2所示，当汇聚层交换机1出现故障时，接入层的两台交换机可以通过汇聚层交换机2进行通信。

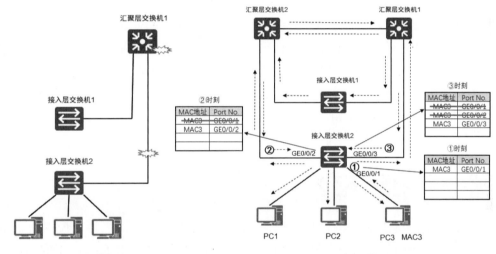

图 8-1　单汇聚层组网　　　　　　图 8-2　双汇聚层组网

这样一来，交换机组建的网络则会形成环路。如图8-2所示，如果网络中计算机PC3发送广播帧，交换机收到广播帧会泛洪，所以会在环路中一直转发，占用交换机的接口带宽，消耗交换机的资源，网络中的计算机会一直重复收到该帧，影响计算机接收正常通信的帧，这就是广播风暴。

交换机组建的网络如果有环路，还会出现交换机 MAC 地址表的快速振荡，如图 8-2 所示，在①时刻接入层交换机 2 的 GE0/0/1 接口收到了 PC3 的广播帧，会在 MAC 地址表添加一条 MAC3 和 GE0/0/1 接口的映射。该广播帧会从接入层交换机 2 的 GE0/0/3 和 GE0/0/2 接口发送出去。在②时刻交换机 2 的 GE0/0/2 从汇聚层交换机收到该广播帧，将 MAC 地址表中 MAC3 对应的接口修改为 GE0/0/2。在③时刻接入层交换机的 GE0/0/3 接口从汇聚层交换机1 收到该广播帧，将 MAC 地址表中 MAC3 对应的接口更改为 GE0/0/3。这样一来，接入层交换机 2 的 MAC 地址表中关于 PC3 的 MAC 地址的表项内容就会无休止地、快速地变来变去，这就是 MAC 地址震荡。接入层交换机 1 和汇聚层交换机1、2的MAC地址表也会出现完全一样的快速翻摆现象。MAC地址表的快速翻摆会大量消耗交换机的处理资源，甚至可能会导致交换机瘫痪。

这就要求交换机能够有效解决环路的问题。交换机使用生成树协议（Spanning Tree Protocol，STP）来阻断环路，生成树协议通过阻塞接口来阻断环路。

8.2 生成树协议

生成树协议可应用于计算机网络中树形拓扑结构的建立，主要作用是防止交换机网络中的冗余链路形成环路，从而避免广播风暴以及大量占用交换机资源等问题。生成树协议适用于所有厂商的网络设备，不同厂商的设备在配置上有所差别，但是在原理和应用效果上是一致的。

通过在交换机之间传递网桥协议数据单元（Bridge Protocol Data Unit，BPDU），采用生成树算法选举根桥、根接口和指定接口的方式，最终形成树形结构的网络。其中，根接口、指定接口都处于转发状态，其他接口处于禁用状态。如果网络拓扑发生改变，将重新计算生成树拓扑。生成树协议的存在，既解决了核心层和汇聚层网络需要冗余链路的网络健壮性要求，又解决了因为冗余链路形成的物理环路导致的"广播风暴"问题和MAC地址振荡问题。

8.2.1 生成树相关术语

华为交换机生成树协议默认使用MSTP模式，本书演示将生成树协议更改为RSTP模式。在描述生成树协议之前，我们还需要了解桥（Bridge）、桥的MAC地址（Bridge MAC Address）、桥ID（Bridge Identifier，BID）、接口ID（Port Identifier，PID）几个基本术语。

1. 桥

因为性能方面的限制等因素，早期的交换机一般只有两个转发接口（如果接口多了，交换机的转发速度就会慢得无法接收），所以那时的交换机常常被称为"网桥"，或简称"桥"。在IEEE的术语中，"桥"这个术语一直沿用至今，并不特指只有两个转发接口的交换机，而是泛指具有任意多接口的交换机。目前，"桥"和"交换机"这两个术语是完全混用的，本书也采用了这一混用习惯。

2. 桥的MAC地址

一个桥有多个转发接口，每个接口有一个MAC地址。通常，我们把接口编号最小的那个接口的MAC地址作为整个桥的MAC地址。

3. 桥ID

如图8-3所示，一个桥（交换机）的桥ID由两部分组成，前面2个字节是这个桥的桥优先级，后面 6 个字节是这个桥的 MAC 地址。桥优先级的值可以人为设定，默认值为 32768。

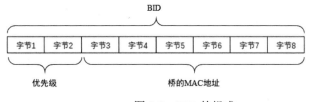

图 8-3　BID 的组成

4. 接口 ID

一个桥（交换机）某个接口的接口 ID 定义方法有很多种，图 8-4 给出了其中的两种定义。在第一种定义中，接口 ID 由两个字节组成，第一个字节是该接口的接口优先级，后一个字节是该接口的接口编号。在第二种定义中，接口 ID 由 16 个比特组成，前 4 比特是该接口的接口优先级，后 12 比特是该接口的接口编号。接口优先级的值是可以人为设定的。不同的设备商所采用的 PID 定义方法可能不同。华为交换机的 PID 采用第一种定义。

图 8-4　PID 的组成

8.2.2　生成树协议工作过程

生成树协议（Spanning Tree Protocol，STP）的基本原理，就是在具有物理环路的交换网络中，交换机通过运行 STP 协议，自动生成没有环路的网络拓扑。

在 STP 工作过程中，交换机之间通过交换 BPDU 来传递相关信息和参数，包括根网桥 ID、根路径成本、发送网桥 ID、端口 ID 和计时器等。BPDU 帧利用一个 STP 组播地址（01-80-c2-00-00-00）作为目的地址，以便能到达相邻的、并处于 STP 侦听状态的交换机。BPDU 报文每隔 2s 向所有的交换机端口发送一次，以便交换机能交换当前最新的拓扑信息，并迅速识别和检测其中的环路。

STP 的任务是找到网络中的所有链路，并关闭所有冗余的链路，这样就可以防止网络环路的产生。为了达到这个目的，STP 首先需要选举一个根桥（根交换机），由根桥负责决定网络拓扑。一旦所有的交换机都同意将某台交换机选举为根桥，其余的交换机就要选定唯一的根接口。还必须为两台交换机之间每一条链路两端连接的接口（一根网线就是一条链路）选定一个指定接口，既不是根接口也不是指定接口的接口就称为备用接口，备用接口不转发计算机通信的帧，从而阻断环路。

下面将以图 8-5 所示的网络拓扑为例讲解生成树的工作过程，分为以下四个步骤：选举根桥（Root Bridge）；为非根桥选定根接口（Root Port，RP）；为每条链路两端连接的接口选定一个指定接口（Designated Port，DP）；阻塞备用接口（Alternate Port，AP）。

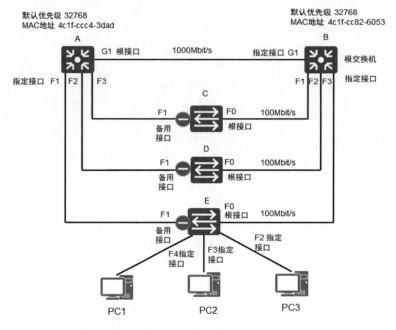

图 8-5　生成树的工作过程

1. 选举根桥

根桥是 STP 树的根节点。要生成一棵 STP 树，首先要确定一个根桥。根桥是整个交换网络的逻辑中心，但不一定是它的物理中心。当网络的拓扑发生变化时，根桥也可能会发生变化。

运行 STP 协议的交换机（简称为 STP 交换机）会相互交换 STP 协议帧，这些协议帧的载荷数据被称为网桥协议数据单元（Bridge Protocol Data Unit，BPDU）。虽然 BPDU 是 STP 协议帧的载荷数据，但它并非网络层的数据单元；BPDU 的产生者、接收者、处理者都是 STP 交换机本身，而非终端计算机。BPDU 中包含了与 STP 协议相关的所有信息，其中就有 BID。

STP 交换机初始启动之后，都会认为自己是根桥，并在发送给别的交换机的 BPDU 中宣告自己是根桥。当交换机从网络中收到其他设备发送过来的 BPDU 时，会比较 BPDU 中指定的根桥 BID 和自己的 BID。交换机不断地交互 BPDU，同时对 BID 进行比较，直至最终选举出一台 BID 最小的交换机作为根桥。

图 8-5 所示的网络中有 A、B、C、D、E 共五台交换机，BID 最小的将被选举为根桥。

默认每隔 2s 发送一次 BPDU。在本例中，交换机 A 和交换机 B 的优先级相同，交换机 B 的 MAC 地址为 4c1f-cc82-6053，比交换机 A 的 MAC 地址 4c1f-ccc4-3dad 小，交换机 B 就更有可能成为根桥。此外，可以通过更改交换机的优先级来指定成为根桥的首选和备用交换机。通常我们会事先指定性能较好、距离网络中心较近的交换机作为根桥。在本例中，显然让交换机 B 和交换机 A 成为根桥的首选和备用交换机最佳。

2. 选定根接口

根桥确定后,其他没有成为根桥的交换机都被称为非根桥。一台非根桥上可能会有多个接口与网络相连,为了保证从某台非根桥到根桥的工作路径是最优且唯一的,就必须从该非根桥的接口中确定出一个被称为"根接口"的接口,由根接口来作为该非根桥与根桥之间进行报文交互的接口。

根接口的选举:首先要比较根路径开销(Root Path Cost,RPC),STP 协议把根路径开销作为确定根接口的重要依据。RPC 值越小,越优选;当 RPC 相同时,比较上行交换机的 BID,即比较交换机各个接口收到的 BPDU 中的 BID,值越小,越优选;当上行交换机 BID 相同时,比较上行交换机的 PID,即比较交换机各个接口收到的 BPDU 中的 PID,值越小,越优先;当上行交换机的 PID 相同时,则比较本地交换机的 PID,即比较本端交换机各个接口各自的 PID,值越小,越优先。一台非根桥设备上最多只能有一个根接口。

生成树协议把根路径开销作为确定根接口的一个重要依据。在一个运行 STP 协议的网络中,我们将某个交换机的接口到根的累计路径开销(即从该接口到根桥所经过的所有链路的路径开销的和)称为这个接口的根路径开销(RPC)。链路的路径开销(Path Cost)与接口带宽有关,接口带宽越大,则路径开销越小。接口带宽与路径开销的对应关系详见表 8-1。

表 8-1 接口带宽和路径开销的对应关系

接口带宽	路径开销(IEEE 802.1t 标准)
10Mbit/s	2 000 000
100Mbit/s	200 000
1000Mbit/s	20 000
10Gbit/s	2 000

图 8-5 中,确定了交换机 B 为根桥后,交换机 A、C、D 和 E 为非根桥,每个非根桥要选择一个到达根桥最近(累计开销最小)的接口作为根接口。图 8-5 中交换机 A 的 G1 接口、交换机 C、D、E 的 F0 接口成为这些交换机的根接口。

如图 8-6 所示,S1 为根桥,假设 S4 到根桥的路径 1 开销和路径 2 开销相同,则 S4 会对上行设备 S2 和 S3 的网桥 ID 进行比较,如果 S2 的网桥 ID 小于 S3 的网桥 ID,则 S4 会将自己的 G0/0/1 确定为自己的根接口;如果 S3 的网桥 ID 小于 S2 的网桥 ID,则 S4 会将自己的 G0/0/2 确定为自己的根接口。

对于 S5 而言,假设其 GE 0/0/1 接口的 RPC 与 GE0/0/2 的接口 RPC 相同,由于这两个接口的上行设备同为 S4,所以 S5 还会对 S4 的 GE0/0/3 和 GE0/0/4 接口的 PID 进行比较,如果 S4 的 GE0/0/3 接口 PID 小于 GE0/0/4 的 PID,则 S5 会将自己的 GE0/0/1 作为根接口。如果 S4 的 GE0/0/4 接口 PID 小于 GE0/0/3 的 PID,则 S5 会将自己的 GE0/0/2 作为根接口。

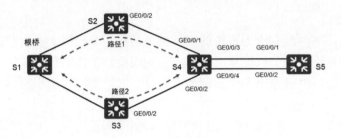

图 8-6　确定根接口

3. 选定指定接口

根接口保证了交换机与根桥之间工作路径的唯一性和最优性。为了防止工作环路的存在，连接交换机的网线两端连接的接口还要确定一个指定接口。指定接口也是通过比较 RPC 来确定的，RPC 较小的接口将成为指定接口；如果 RPC 相同，则比较 BID；如果 BID 相同，则再比较设备的 PID；值小的那个接口将成为指定接口。

如图 8-7 所示，假定 S1 已被选举为根桥，并且假定各链路的开销均相等。显然，S3 的 GE0/0/1 接口的 RPC 小于 S3 的 GE0/0/2 端的 RPC，所以 S3 将自己的 GE0/0/1 接口确定为自己的根接口。类似地，S2 的 GE0/0/1 接口的 RPC 小于 S2 的 GE0/0/2 接口的 RPC，所以 S2 将自己的 GE0/0/1 接口确定为自己的根接口。

对于 S3 的 GE0/0/2 与 S2 的 GE0/0/2 之间的网段来说，S3 的 GE0/0/2 接口的 RPC 是与 S2 的 GE0/0/2 接口的 RPC 相等的，所以需要比较 S3 的 BID 和 S2 的 BID。假定 S2 的 BID 小于 S3 的 BID，则 S2 的 GE0/0/2 接口将被确定为 S3 的 GE0/0/2 和 S2 的 GE0/0/2 之间的链路的指定接口。

对网段 LAN 来说，如果 LAN 是一个集线器组建的网络，集线器相当于网线，不参与生成树。与之相连的交换机只有 S2。在这种情况下，就需要比较 S2 的 GE0/0/3 接口的 PID 和 GE0/0/4 接口的 PID。假定 GE0/0/3 接口的 PID 小于 GE0/0/4 接口的 PID，则 S2 的 GE0/0/3 接口将被确定为网段 LAN 的指定接口。

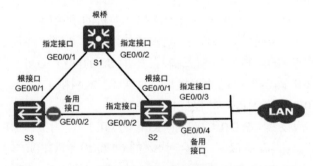

图 8-7　确定指定接口

图 8-5 所示的网络中，由于交换机 A 和 B 之间的连接带宽为 1000Mbit/s，因此交换机 A 的 F1、F2、F3 接口比交换机 C、D 和 E 的 F1 接口的 RPC 小，交换机 A 的 F1、F2 和 F3 接口成为指定接口。根桥的所有接口都是指定接口，交换机 E 连接计算机的 F2、F3、F4 接口为指定接口。

4. 阻塞备用接口

确定了根接口和指定接口后，剩下的接口就是非指定接口和非根接口，这些接口统称为备用接口。STP 会对这些备用接口进行逻辑阻塞。所谓逻辑阻塞，是指这些备用接口不能转发由终端计算机产生并发送的帧，这些帧也被称为用户数据帧。不过，备用接口可以接收并处理 STP 协议帧，根接口和指定接口既可以发送和接收 STP 协议帧，又可以转发用户数据帧。

如图 8-5 和图 8-7 所示，一旦备用接口被逻辑阻塞后，STP 树（无环工作拓扑）的生成过程便告完成。

8.3 生成树协议的三个版本

生成树协议有 STP（Spanning Tree Protocol，生成树协议）、RSTP（Rapid Spanning Tree Protocol，快速生成树协议）、MSTP（Multiple Spanning Tree Protocol，多生成树协议）三个版本。

8.3.1 STP

STP 适用于较小规模的网络，但它的收敛速度较慢，对网络中的拓扑变化反应不够迅速。

STP 端口存在多种状态，包括禁用（Disabled）、阻塞（Blocking）、侦听（Listening）、学习（Learning）和转发（Forwarding）。端口状态的切换是为了确保在网络拓扑发生变化时，能够正确地进行数据转发和避免环路。当网络拓扑发生改变时（如链路故障或新设备加入），STP 会重新进行计算，通过发送和接收 BPDU 报文，重新选举根网桥、根端口和指定端口，并阻塞非指定端口，以维持无环的网络拓扑。

STP（生成树协议）定义了以下五种端口状态。

（1）禁用（Disabled）：端口处于管理性关闭状态，不参与生成树的计算和数据转发。

（2）阻塞（Blocking）：端口不转发数据帧，只接收 BPDU（桥协议数据单元）。此状态用于防止环路的产生。

（3）监听（Listening）：端口接收和发送 BPDU，确定网桥端口角色，但不转发数据帧。

（4）学习（Learning）：端口开始构建 MAC 地址表，但仍不转发数据帧。

（5）转发（Forwarding）：端口正常转发数据帧和 BPDU。

端口在初始启动时会先进入阻塞状态，然后经过一定的时间和条件后转换到其他状态，最终稳定在转发或阻塞状态，以实现无环的网络拓扑。

STP（生成树协议）定义了以下几种端口角色。

（1）根端口（Root Port）：非根网桥到根网桥路径开销最小的端口。每个非根网桥有且仅有一个根端口,用于接收来自根网桥的配置消息。

(2)指定端口(Designated Port):每个网段都有一个指定端口,用于转发数据包。根网桥上的所有端口都是指定端口,网段中到根网桥路径开销最小的端口会成为指定端口。

(3)阻塞端口(Blocked Port):既不是根端口也不是指定端口的端口,处于阻塞状态,不转发数据帧,只接收 BPDU(桥协议数据单元)来监听网络变化。

8.3.2 RSTP

在 STP 网络中,如果新增或减少交换机,或者更改了交换机的网桥优先级,或者某条链路失效,那么 STP 协议有可能要重新选定根桥,为非根桥重新选定根接口,以及为每条链路重新选定指定接口,那些处于阻塞状态的接口有可能变成转发接口,这个过程需要几十秒的时间(这段时间又称为收敛时间),在此期间会引起网络中断。为了缩短收敛时间,IEEE 802.1w 定义了快速成树协议(Rapid Spanning Tree Protocol,RSTP),RSTP 在 STP 的基础上进行了许多改进。在现实网络中 STP 几乎已经停止使用,取而代之的是 RSTP。

STP(生成树协议)和 RSTP(快速生成树协议)的主要区别包括以下几点。

(1)收敛速度:RSTP 的收敛速度比 STP 快得多。STP 的收敛通常需要 30~50s,而 RSTP 可以在几秒内完成收敛。

(2)端口角色:STP 有根端口(root port,RP)、指定端口(designated port,DP)和阻塞端口(blocking port,BP)三种端口角色;RSTP 在其基础上增加了备用端口(alternate port,AP)和边缘端口(edge port,EP)角色。备用端口作为去往根桥的次优端口,可以在根端口失效时成为新的根端口;边缘端口直接连接终端设备,不参与生成树的计算,可以直接进入转发状态。

(3)端口状态:STP 有五种端口状态(禁用、阻塞、监听、学习、转发),RSTP 则简化为三种(丢弃、学习、转发)。

(4)拓扑变更机制:在 STP 中,只有当非边缘端口迁移到转发状态时,才会引发拓扑变更;而在 RSTP 中,只要一个端口从阻塞状态迁移到转发状态,就会引起拓扑变更。

(5)配置消息传播方式:STP 的配置消息(BPDU)只有在根网桥指定的时间间隔内才会发送;RSTP 则在每个 Hello 时间内都会发送配置消息,加快了信息的传播。

总体而言,RSTP 在保持与 STP 兼容性的基础上,通过改进端口状态、角色和收敛机制等方面,提高了网络的性能和可靠性,减少了网络拓扑变化时的收敛时间。

8.3.3 MSTP

STP 和 RSTP 都存在同一个缺陷,即局域网内所有的 VLAN 共享一棵生成树,链路被阻塞后将不承载任何流量,导致带宽浪费。多生成树协议(Multiple Spanning Tree

Protocol，MSTP）是 IEEE 802.1s 中定义的一种新型生成树协议。MSTP 中引入了"实例"（Instance）和"域"（Region）的概念。所谓"实例"，就是多个 VLAN 的一个集合，这种将多个 VLAN 捆绑到一个实例中的方法可以节省通信开销和资源占用率。MSTP 各个实例拓扑的计算是独立的，在这些实例上就可以实现负载均衡。使用的时候，可以把多个相同拓扑结构的 VLAN 映射到某个实例中，这些 VLAN 在接口上的转发状态将取决于对应实例在 MSTP 中的转发状态。

MSTP 的主要特点和优势如下。

（1）多实例支持：MSTP 允许将一个交换网络划分成多个域，每个域内可以运行多个生成树实例。这样可以实现针对不同 VLAN 的流量负载均衡和冗余备份。

（2）灵活的 VLAN 映射：可以将不同的 VLAN 映射到不同的生成树实例，从而更好地管理网络流量和提高网络资源的利用率。

（3）快速收敛：当网络拓扑发生变化时，能够相对快速地重新计算生成树，减少网络中断时间。

（4）兼容性：与传统的 STP 和 RSTP 兼容，便于在现有网络基础上进行升级和部署。

（5）提高链路利用率：通过合理的 VLAN 到生成树实例的映射，可以更有效地利用网络链路，避免某些链路闲置而某些链路负载过重的情况发生。

MSTP 工作原理：MSTP 首先将网络划分为多个 MST 区域（Multiple Spanning Tree Region），每个区域内有一个共同的配置信息，包括区域标识符、修订级别等；区域内的交换机根据这些配置信息和 VLAN 与实例的映射关系计算生成树；不同区域之间通过 CST（Common Spanning Tree，公共生成树）进行连接和通信。

MSTP 适用于大型、复杂的企业网络，尤其是那些有大量 VLAN 并且对网络可靠性和性能要求较高的环境。

8.4 实战——配置 RSTP

用三台交换机 SW1、SW2 和 SW3 组建企业局域网，网络拓扑如图 8-8 所示，下面的操作实现以下功能。

（1）查看生成树协议的版本。
（2）更改生成树协议的版本为 RSTP。
（3）确定根桥。
（4）指定 SW2 为根桥。
（5）指定 SW3 为备用的根桥。
（6）将 SW1 连接计算机的接口配置为边缘端口。

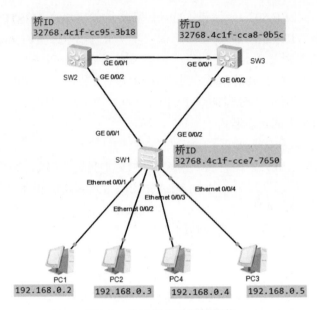

图 8-8 生成树实验网络拓扑

在 SW2 上查看桥的 MAC 地址如下。

```
<SW2>display bridge mac-address
System bridge MAC address: 4c1f-cc95-3b18
```

在 SW2 上查看生成树信息如下。

```
<SW2>display stp
-------[CIST Global Info][Mode MSTP]-------        --生成树协议的版本默认为MSTP
CIST Bridge         :32768.4c1f-cc95-3b18          --该交换机的桥ID
Config Times        :Hello 2s MaxAge 20s FwDly 15s MaxHop 20
Active Times        :Hello 2s MaxAge 20s FwDly 15s MaxHop 20
CIST Root/ERPC      :32768.4c1f-cc95-3b18 / 0      --根桥ID、到根桥的开销
CIST RegRoot/IRPC   :32768.4c1f-cc95-3b18 / 0
CIST RootPortId     :0.0
```

可以看到根桥 ID 与该交换机的桥 ID 一样，该交换机为根桥，根桥到自己的开销为 0。配置三个交换机，将生成树协议设置为 RSTP。

```
[SW2]stp mode rstp
[SW3]stp mode  rstp
[SW1]stp mode rstp
```

在 SW3 上查看生成树信息，可以看到生成树版本已更改为 RSTP。

```
[SW3]display stp
-------[CIST Global Info][Mode RSTP]-------        --生成式版本为RSTP
```

```
CIST Bridge            :32768.4c1f-cca8-0b5c
Config Times           :Hello 2s MaxAge 20s FwDly 15s MaxHop 20
Active Times           :Hello 2s MaxAge 20s FwDly 15s MaxHop 20
CIST Root/ERPC         :32768.4c1f-cc95-3b18 / 20000      --根桥，到根桥的开销
CIST RegRoot/IRPC      :32768.4c1f-cca8-0b5c / 0
CIST RootPortId        :128.1                             --根端口的 PID
```

在 SW1 上查看生成树摘要信息如下。

```
<SW1>display stp brief
 MSTID  Port                Role  STP State    Protection
   0    Ethernet0/0/1       DESI  FORWARDING   NONE      --连接计算机的接
口为指定端口
   0    Ethernet0/0/2       DESI  FORWARDING   NONE
   0    Ethernet0/0/3       DESI  FORWARDING   NONE
   0    Ethernet0/0/4       DESI  FORWARDING   NONE
   0    GigabitEthernet0/0/1 ROOT FORWARDING   NONE      --根端口
   0    GigabitEthernet0/0/2 ALTE DISCARDING   NONE      --备用端口
```

虽然 STP 会自动选举根桥，但通常情况下，网络管理员会事先指定性能较好、距离网络中心较近的交换机作为根桥。用户可以更改交换机的优先级来指定根桥和备用的根桥。

下面更改交换机 SW2 的优先级，让其优先成为根桥，更改 SW3 的优先级，让其成为备用根桥。

```
[SW2]stp priority ?                                 --查看优先级取值范围
   INTEGER<0-61440>  Bridge priority, in steps of 4096
                                                   --优先级取值范围，取值是 4096 的倍数
[SW2]stp priority 0                                --优先级设置为 0
[SW3]stp priority 4096                             --优先级设置为 4096
```

也可以使用以下命令将 SW2 的优先级设置为 0。

```
[SW2]stp root primary
```

也可以使用以下命令将 SW3 的优先级设置为 4096。

```
[SW3]stp root secondary
```

将 SW1 连接计算机的端口配置为边缘端口。

```
[SW1]port-group g1
[SW1-port-group-g1]group-member Ethernet 0/0/1 to Ethernet 0/0/4
[SW1-port-group-g1]stp edged-port enable
```

边缘端口通常连接的是终端设备（如 PC、服务器等），而不是其他交换机或网桥。

当边缘端口被激活时，它可以立即从阻塞状态转变为转发状态，无须经历生成树协议中通常所需的侦听和学习状态，从而加快了网络的收敛速度。

8.5 链路聚合

8.5.1 介绍链路聚合

标准以太网接口标准有：FE（Fast Ethernet）接口、百兆口、GE（Gigabit Ethernet）接口、万兆口。IEEE 在制定关于以太网的信息传输率的规范时，信息传输速率几乎总是按照十倍关系来递增的。目前，规范化的以太网的接口带宽主要有 10Mbit/s、100Mbit/s、1000Mbit（1Gbit/s）、10Gbit/s 和 100Gbit/s。

如图 8-9 所示为某个公司的网络结构，接入层交换机和汇聚层交换机使用 GE 链路连接，如果打算提高接入层交换机和汇聚层交换机的连接带宽，从理论上来讲可以再增加一条 GE 链路，但生成树协议会阻断其中一条链路的一个接口。

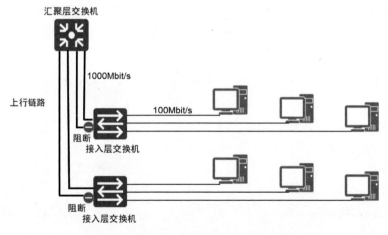

图 8-9　多条上行链路 STP 阻塞其中一条链路的一个接口

根据扩展链路带宽的需求，需要让链路两端的设备将多条链路视为一条逻辑链路进行处理，这就用到了以太网链路聚合技术。这里所说的链路聚合技术，针对的都是以太网链路。

链路聚合接口可以作为普通的以太网接口来使用，它与普通以太网接口的差别就是转发数据的时候链路聚合接口（逻辑接口）需要从成员接口（物理接口）中选择一个或多个接口来进行数据转发，实现流量负载分担和链路冗余。如图 8-10 所示，如果两条 1000Mbit/s 链路构建 2000Mbit/s 聚合链路就能满足要求，就不用购买 10000Mbit/s 接口的设备。

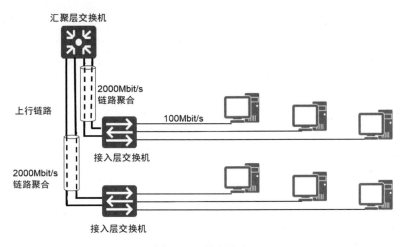

图 8-10 链路聚合

链路聚合（Link Aggregation）是一种计算机网络技术，指将多个物理端口汇聚在一起，形成一个逻辑端口，以实现出/入流量吞吐量在各成员端口的负荷分担，交换机根据用户配置的端口负荷分担策略决定网络封包从哪个成员端口发送到对端的交换机。

链路聚合主要有以下优势。

（1）增加链路带宽：理论上，通过聚合几条链路，一个聚合口的带宽就可以扩展为所有成员口带宽的总和。

（2）提高可靠性：配置了链路聚合后，如果一个成员接口发生故障，该成员接口的物理链路会把流量切换到另一条成员链路上。

（3）实现链路传输弹性和冗余：当某条链路出现问题时，数据可以自动切换到其他正常的链路上，保障数据传输的稳定性。

8.5.2 实现链路聚合的条件

链路聚合的实现需要满足以下条件。

（1）每个 eth-trunk 接口下最多可以包含 8 个成员接口。

（2）成员接口不能配置任何业务和静态 MAC 地址。

（3）成员接口加入 eth-trunk 时，必须为默认的 hybrid 类型接口。

（4）eth-trunk 接口不能嵌套，即成员接口不能是 eth-trunk。

（5）一个以太网接口只能加入到一个 eth-trunk 接口，如果需要加入其他 eth-trunk 接口，必须先退出原来的 eth-trunk 接口。

（6）一个 eth-trunk 接口中的成员接口必须是同一类型，如 FE 口（快速以太网接口）和 GE 口（千兆以太网接口）不能加入同一个 eth-trunk 接口。

（7）可以将不同接口板上的以太网接口加入到同一个 eth-trunk。

（8）如果本地设备使用了 eth-trunk，与成员接口直连的对端接口也必须捆绑为 eth-trunk 接口，两端才能正常通信。

（9）当成员接口的速率不一致时，实际使用过程中，速率小的接口可能会出现拥塞，导致丢包。

（10）当成员接口加入 eth-trunk 后，学习 MAC 地址时是按照 eth-trunk 来学习的，而不是按照成员接口来学习。

同时，链路聚合两端相连的物理接口的数量、速率、双工方式、流控方式也须一致。成员接口可以是二层接口或三层接口。

8.5.3　链路聚合技术的使用场景

事实上，链路聚合技术除了可以应用在了两台交换机之间，还可以应用在交换机与路由器之间、路由器与路由器之间、交换机与服务器之间、路由器与服务器之间、服务器与服务器之间，如图 8-11 所示。注意：从理论上讲，个人计算机（PC）上也是可以实现链路聚合的，但考虑到成本等因素，很少有人会在现实中去真正实现。另外，从原理性角度来看，服务器不过就是高性能的计算机。从网络应用的角度来看，服务器的地位是非常重要的，必须保证服务器与其他设备之间的连接具有非常高的可靠性。因此，服务器上经常需要用到链路聚合技术。

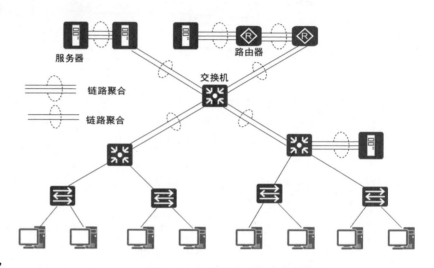

图 8-11　链路聚合技术的应用场景

8.5.4　链路聚合的模式

为了使链路聚合接口正常工作，要求本端链路聚合接口中所有成员接口的对端接口属于同一设备，且加入同一链路聚合接口。

建立链路聚合也像设置接口带宽一样有手动配置和通过双方动态协商两种方式。在华为的 Eth-Trunk 语境中，前者称为手动模式（Manual Mode），而后者则根据协商协议被命名为 LACP 模式（LACP Mode）。

1. 手动模式

手动模式就是管理员在一台设备上创建出 Eth-Trunk，根据自己的需求将多条连接同一台交换机的接口都添加到这个 Eth-Trunk 中，然后再在对端交换机上执行对应的操作。采用手动模式配置的 Eth-Trunk，设备之间不会就建立 Eth-Trunk 而交互信息，它们只会按照管理员的配置执行链路捆绑，然后采用负载分担的方式通过捆绑的链路发送数据。

手动模式建立 Eth-Trunk 缺乏灵活性，只能通过物理状态判断接口是否正常工作，不能发现错误的配置或链接。如果在手动模式配置的 Eth-Trunk 中有一条链路出现了故障，那么双方设备可以检测到这一点，并且不再使用那条故障链路，而继续使用仍然正常的链路来发送数据。尽管因为链路故障导致一部分带宽无法使用，但通信的效果仍然可以得到保障，如图 8-12 所示。

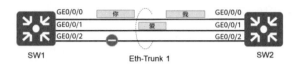

图 8-12　手动模式只能通过物理状态判断接口是否正常工作

如图 8-13 所示，管理员误将图 8-13 交换机 SW1 的接口 GE0/0/2 接到了交换机 SW3，SW1 不会知道该接口链接到了其他交换机，依然使用 GE0/0/2 这个接口进行负载均衡，很显然"你"这个帧不能发送到交换机 SW2，会导致无法正常通信。如果采用 LACP 模式，即 SW1 和 SW2 之间交换 LACP 协议帧的方式进行自动协商，可以确保对端是同一台设备、同一个聚合接口的成员接口。

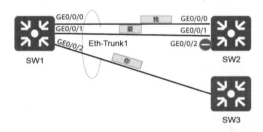

图 8-13　手动模式 Eth-Trunk 错误连接造成无法正常通信

2. LACP 模式

采用 LACP 协议的一种链路聚合模式，设备间通过链路聚合控制协议数据单元（Link Aggregation Control Protoco Data Unit，LACPDU）进行交互，通过协议协商确保对端是同一台设备、同一个聚合接口的成员接口。采用 LACP 模式配置 Eth-Trunk 也不复杂，管理员只需要首先在两边的设备上创建出 Eth-Trunk 接口，然后将这个 Eth-Trunk 接口配置为 LACP 模式，最后再把需要捆绑的物理接口添加到这个 Eth-Trunk 中即可。

老旧、低端的设备如果不支持 LACP 协议，则可以选择使用手工模式。

8.5.5　负载分担模式

Eth-Trunk 支持对基于报文的 IP 地址或 MAC 地址进行负载分担，可以配置不同的模式（本地有效，对出方向报文生效）将数据流分担到不同的成员接口上。

常见的负载分担模式有：源 IP 地址、目标 IP 地址、源 MAC、目标 MAC，源目 IP 地址、源目 MAC。实际业务中用户需要根据业务流量特征配置合适的负载分担方式。业务流量中某种参数变化频繁（也就是数量多），则选择与此参数相关的负载分担方式负载均衡程度就高。

如果报文的 IP 地址变化较为频繁，那么选择基于源 IP、目的 IP 或者源目 IP 的负载分担模式更有利于流量在各物理链路间合理地负载分担。

如果报文的 MAC 地址变化较为频繁，IP 地址比较固定，那么选择基于源 MAC、目的 MAC 或源目 MAC 的负载分担模式更有利于流量在各物理链路间合理地负载分担。

如果选择的负载分担模式和实际业务特征不相符，可能会导致流量分担不均，部分成员链路负载很高，其余的成员链路却很空闲，如在报文源目 IP 变化频繁但是源目 MAC 固定的场景下选择源目 MAC 模式，将会导致所有流量都分担在一条成员链路上。

举例说明：如图 8-14 所示，A 区域计算机访问 B 区域服务器，A 区域的计算机数量多、源 MAC 数量多，在 SW1 上的链路聚合接口配置使用源 MAC 负载分担模式，这样 A 区域的计算机访问 B 区域服务器的流量会比较平均地由三条物理链路分担。在 SW2 上链路聚合接口就不能配置源 MAC 负载分担模式了，如果配置使用源 MAC 负载分担，则源 MAC 就一个（一个服务器），所有到 A 区域的流量就会只走一个物理链路了。B 区域的流量到 A 区域的流量，目标 MAC 数量多，SW2 上配置目标 MAC 负载分担模式，这样服务器给 A 区域的计算机发送的流量就比较均匀地分担在三条物理链路上。

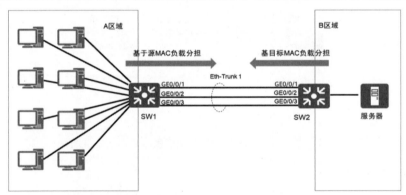

图 8-14　基于源 MAC 和目标 MAC 的负载分担模式

图 8-15 与图 8-14 类似，都有 A 区域。A 区域的计算机需要通过链路聚合接口访问 Internet，两个交换机 SW1 和 SW2 的链路聚合接口负载分担模式如何选择呢？

A 区域的计算机访问 Internet，Internet 中的计算机数量要比 A 区域的多，也就是 A 区域的计算机访问 Internet 的流量中，目标 IP 地址这个参数数量最多，因此在 SW1 的链路聚合接口上配置基于

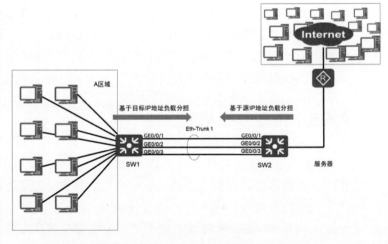

图 8-15　基于 IP 地址和目标 IP 地址负载分担模式

目标 IP 地址的负载分担模式，在 SW2 的链路聚合接口配置基于源 IP 地址的负载分担。

8.5.6 实战——配置链路聚合

加入到链路聚合接口的物理接口的接口带宽、双工模式、VLAN 配置必须相同。接口类型要么都是 Access，要么都是 Trunk。如果为 Access 接口，则 default VLAN 需要一致；如果为 Trunk 接口，则接口的 PVID 和允许通过的 VLAN 需要一致。

如图 8-16 所示，将交换机 SW1 的 GE0/0/1、GE0/0/2、GE0/0/3 和交换机 SW2 的 GE0/0/1、GE0/0/2、GE0/0/3 接口相连的三条链路配置成一条聚合链路。SW1 负载分担模式为基于目标 MAC 地址，SW2 负载分担模式为基于源 MAC 地址。

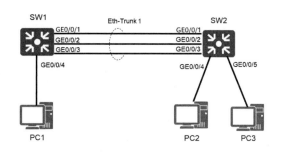

图 8-16 Eth-Trunk 配置示例

在 SW1 上创建编号为 1 的 Eth-Trunk 接口，接口编号要与 SW2 的一致，配置 Eth-Trunk 1 接口的工作模式为手动工作模式，将接口 GE0/0/1 到接口 GE0/0/3 加入 Eth-Trunk 1 接口，将 Eth-Trunk 1 配置成干道链路，允许所有 VLAN 通过。

```
[SW1]interface Eth-Trunk 1
[SW1-Eth-Trunk1]mode ?   --查看聚合链路支持的工作模式
  lacp-static   Static working mode
  manual        Manual working mode
[SW1-Eth-Trunk1]mode manual load-balance       --配置链路聚合模式为手工模式
[SW1-Eth-Trunk1]trunkport GigabitEthernet 0/0/1 to 0/0/3
[SW1-Eth-Trunk1]load-balance ?  --查看支持的负载分担模式
  dst-ip       According to destination IP hash arithmetic
  dst-mac      According to destination MAC hash arithmetic
  src-dst-ip   According to source/destination IP hash arithmetic
  src-dst-mac  According to source/destination MAC hash arithmetic
  src-ip       According to source IP hash arithmetic
  src-mac      According to source MAC hash arithmetic
[SW1-Eth-Trunk1]load-balance dst-mac     --配置基于目标 MAC 的负载分担模式

[SW1-Eth-Trunk1]port link-type trunk
[SW1-Eth-Trunk1]port trunk allow-pass vlan all
[SW1-Eth-Trunk1]quit
```

在 SW2 上创建编号为 1 的 Eth-Trunk 接口，接口编号要与 SW1 的一致，配置 Eth-Trunk 1

接口的工作模式为手工负载分担模式，将接口 GE0/0/1 到接口 GE0/0/3 加入 Eth-Trunk 接口，将 Eth-Trunk 1 配置成干道链路，允许所有 VLAN 通过。

```
[SW2]interface Eth-Trunk 1
[SW2-Eth-Trunk1]mode manual load-balance
[SW2-Eth-Trunk1]trunkport GigabitEthernet 0/0/1 to 0/0/3
[SW2-Eth-Trunk1]load-balance src-mac    --基于源 MAC 地址负载均衡
[SW2-Eth-Trunk1]port link-type trunk
[SW2-Eth-Trunk1]port trunk allow-pass vlan all
[SW2-Eth-Trunk1]quit
```

输入 display eth-trunk 1 命令，查看 Eth-Trunk 1 接口的配置信息如下。

```
[SW1]display eth-trunk 1
Eth-Trunk1's state information is:
WorkingMode: NORMAL           Hash arithmetic: According to SA
Least Active-linknumber: 1   Max Bandwidth-affected-linknumber: 8
Operate status: up            Number Of Up Port In Trunk: 3
--------------------------------------------------------------------
PortName                  Status        Weight
GigabitEthernet0/0/1       Up            1
GigabitEthernet0/0/2       Up            1
GigabitEthernet0/0/3       Up            1
```

在上面的回显信息中，"WorkingMode：NORMAL"表示 Eth-Trunk1 接口的链路聚合模式为 NORMAL，即手工模式。"Least Active-linknumber：1"表示处于 Up 状态的成员链路的下限阈值为 1。设置最少活动接口数目是为了保证最小带宽，当带宽过小时一些对链路带宽有要求的业务将会出现异常，此时切断 Eth-Trunk，通过网络自身的高可靠性将业务切换到其他路径，从而保证业务的正常运行。"Operate status：up"表示 Eth-Trunk 1 接口的状态为 Up。从 Flow statistic 下面的信息可以看出，Eth-Trunk 1 接口包含了三个成员接口，分别是 GigabitEthernet0/0/1、GigabitEthernet0/0/2、GigabitEthernet0/0/3。

8.6 习题

一、选择题

1. 生成树协议的主要作用是（　　）。
   A. 提高网络带宽　　　　　　　　　　B. 防止二层环路
   C. 实现路由选择　　　　　　　　　　D. 分配 IP 地址
   答案：B

2. 在生成树协议中，根桥是如何选举出来的（　　）。
   A. 随机选举
   B. 拥有最小 MAC 地址的交换机成为根桥
   C. 拥有最大 IP 地址的交换机成为根桥
   D. 拥有最小桥 ID 的交换机成为根桥
   答案：D

3. 生成树协议中，端口状态不包括下列哪个（　　）。
   A. 阻塞　　　　　　B. 学习　　　　　　C. 转发　　　　　　D. 监听
   E. 激活
   答案：E

4. 当网络拓扑发生变化时，生成树协议会进行（　　）操作。
   A. 立即重新计算生成树　　　　　　B. 等待一段时间后重新计算生成树
   C. 不进行任何操作　　　　　　　　D. 手动重新启动生成树协议
   答案：B

5. 二层环路可能会导致下列哪些问题（　　）。
   A. 广播风暴　　　　　　　　　　　B. MAC 地址表不稳定
   C. 网络拥塞　　　　　　　　　　　D. 以上都是
   答案：D

6. 二层环路会对网络性能产生严重影响，主要是因为（　　）。
   A. 增加了网络延迟　　　　　　　　B. 降低了网络带宽
   C. 导致数据包重复传输　　　　　　D. 以上都是
   答案：D

7. RSTP（快速生成树协议）相比传统生成树协议的主要优势是（　　）。
   A. 更快的收敛速度　　　　　　　　B. 更高的网络带宽
   C. 更简单的配置　　　　　　　　　D. 更好的兼容性
   答案：A

8. 下列哪个不是生成树协议的版本（　　）。
   A. STP　　　　　　B. RSTP　　　　　　C. MSTP　　　　　　D. VTP
   答案：D

9. 在 RSTP 中，端口角色有（　　）。
   A. 根端口、指定端口、备用端口　　　B. 根端口、指定端口、阻塞端口
   C. 根端口、转发端口、阻塞端口　　　D. 根端口、学习端口、转发端口
   答案：A

10. RSTP 中，当端口从阻塞状态转换为转发状态时，需要经过下列哪几个状态（　　）。
    A. 阻塞→学习→转发　　　　　　　　B. 阻塞→监听→学习→转发
    C. 阻塞→转发　　　　　　　　　　　D. 监听→学习→转发
    答案：A

11. RSTP 中，下列哪种端口可以立即进入转发状态（ ）。
   A. 边缘端口   B. 根端口   C. 指定端口   D. 备用端口
   答案：A

12. 链路聚合的主要目的是（ ）。
   A. 增加网络带宽   B. 提高网络可靠性
   C. 简化网络管理   D. 以上都是
   答案：D

13. 链路聚合的模式不包括下列哪种（ ）。
   A. 手工负载分担模式   B. LACP 模式
   C. 动态模式   D. 静态模式
   答案：C

14. 在 LACP 模式下，活动端口是如何确定的（ ）。
   A. 随机选择
   B. 拥有最小 MAC 地址的端口成为活动端口
   C. 根据端口优先级和 MAC 地址确定
   D. 由管理员手动指定
   答案：C

15. 链路聚合后，逻辑端口的带宽等于（ ）。
   A. 单个物理端口的带宽   B. 所有物理端口带宽之和
   C. 最大物理端口的带宽   D. 最小物理端口的带宽
   答案：B

16. 链路聚合中的物理端口出现故障时，会发生（ ）。
   A. 整个链路聚合组失效
   B. 故障端口自动从链路聚合组中移除，其他端口继续工作
   C. 网络会出现短暂中断，然后重新计算生成树
   D. 需要手动重新配置链路聚合组
   答案：B

二、简答题

1. 生成树协议的主要优势是什么？

参考答案：

生成树协议的主要优势如下。

（1）防止环路：通过阻塞冗余链路，生成树协议能够有效避免交换机网络中的冗余链路形成环路，从而防止广播风暴以及大量占用交换机资源等问题。

（2）增强网络健壮性：解决了核心层和汇聚层网络需要冗余链路的网络健壮性要求，当网络拓扑发生变化，如链路故障或新设备加入时，能重新计算生成树拓扑，确保网络的稳定性。

（3）解决广播风暴问题：避免了大量的广播数据包在网络中无限循环，占用大量网

络带宽，导致正常数据无法传输的问题。

（4）稳定 MAC 地址表：防止交换机不断学习和更新错误的 MAC 地址信息，导致 MAC 地址表混乱的情况发生。

（5）提高网络可靠性：通过及时检测和处理网络拓扑的变化，确保网络的正常运行，减少因网络故障导致的业务中断时间。

2. 链路聚合的主要优势是什么？

参考答案：链路聚合的主要优势如下。

（1）增加链路带宽：理论上，通过聚合几条链路，一个聚合口的带宽可以扩展为所有成员口带宽的总和，从而增加了链路的总带宽。

（2）提高可靠性：配置了链路聚合后，如果一个成员接口发生故障，则该成员接口的物理链路会把流量切换到另一条成员链路上,确保数据传输的连续性,提高了网络的可靠性。

（3）实现链路传输弹性和冗余：当某条链路出现问题时，数据可以自动切换到其他正常的链路上，保障数据传输的稳定性，实现了链路传输的弹性和冗余。

（4）灵活配置：可以根据实际需求，灵活地添加或删除成员接口，以满足不同的网络带宽需求。

（5）成本效益：在不增加昂贵的高带宽接口设备的情况下，通过聚合多个较低带宽的接口，可以达到提高带宽的目的，具有较好的成本效益。

（6）负载分担：交换机根据用户配置的端口负荷分担策略决定网络封包从哪个成员端口发送到对端的交换机，实现了流量在各成员端口的负荷分担，提高了网络资源的利用率。

3. 在华为交换机上配置链路聚合需要注意哪些问题？

参考答案：

（1）确保参与聚合的端口类型、速率、双工模式等参数一致。

（2）如果使用 LACP 模式，则需要确保两端设备的系统优先级和端口优先级设置合理，以确定活动端口。

（3）配置链路聚合后，需要对聚合后的逻辑端口进行管理和监控，确保其正常工作。

（4）在进行配置时，要注意保存配置，防止设备重启后配置丢失。

第 9 章

DHCP

本章内容

- 静态地址和动态地址应用场景。
- DHCP 协议：DHCP 是一种网络协议，可以自动为网络中的设备分配 IP 地址、子网掩码、默认网关、DNS 服务器等网络配置信息，采用 C/S 架构，主机设置 IP 地址为自动获得即可从服务端获取地址，实现即插即用。
- DHCP 工作过程：DHCP Discover、DHCP Offer、DHCP Request、DHCP ACK。
- 将路由器配置为 DHCP 服务。
- DHCP 客户端的配置。

本章主要介绍 DHCP（动态主机配置协议）的相关内容，包括静态地址和动态地址的使用场景、DHCP 协议的工作原理、如何将路由器配置为 DHCP 服务器，以及 DHCP 客户端相关的实战操作。

9.1 静态地址和动态地址

为计算机配置 IP 地址有两种方式：一种是人工指定 IP 地址、子网掩码、网关和 DNS 等配置信息，这种方式获得的 IP 地址称为静态地址；另一种是使用 DHCP 服务器为计算机分配 IP 地址、子网掩码、网关和 DNS 配置信息，这种方式获得的地址称为动态地址。

1. 使用静态地址的场景

（1）服务器：企业或组织的服务器通常需要静态 IP 地址，以便客户端能够始终准确地访问它们。

（2）网络打印机：为了让多台计算机能够稳定地连接和使用网络打印机，通常会为其分配静态 IP 地址。

（3）监控系统：监控设备（如摄像头）可能会被分配静态 IP 地址，以确保远程监控的连续性和稳定性。

（4）企业内部关键设备：如门禁系统、重要的生产设备控制系统等，以保证稳定的网络连接和管理。

2．动态地址的场景

（1）家庭网络中的大多数设备：如个人计算机、手机、平板电脑等，通常使用动态 IP 地址，因为在家庭环境中，对地址的稳定性要求相对较低，且可以更有效地利用有限的 IP 地址资源。

（2）公共场所的无线网络：如咖啡店、机场等提供的无线网络，用户设备通常被分配动态 IP 地址。

（3）临时连接的设备：如访客的设备在企业或组织的网络中临时连接时，可能会被分配动态 IP 地址。

总之，静态地址适用于需要始终保持可访问和稳定连接的关键设备或服务，而动态地址则更适用于对地址稳定性要求不高、数量众多且临时连接的设备。

静态 IP 地址在网络安全方面有以下一些影响。

（1）更容易成为攻击目标：由于静态 IP 地址保持不变，攻击者更容易识别和定位目标，从而增加了遭受定向攻击的风险。

（2）追踪和溯源相对容易：对于安全机构或管理员来说，在发生安全事件时，静态 IP 有助于更快速和准确地追踪和溯源。

（3）潜在的漏洞暴露时间长：如果系统存在与特定 IP 相关的漏洞且未及时修复，由于 IP 不变，攻击者有更长的时间利用该漏洞。

动态 IP 地址在网络安全方面有以下一些影响。

（1）降低被定向攻击的可能性：频繁变化的 IP 地址使得攻击者难以持续锁定目标，降低了被针对性攻击的风险。

（2）增加攻击者的难度：动态 IP 使得攻击者难以建立长期的攻击策略和监控目标，增加了他们的攻击成本和复杂性。

（3）减少潜在的长期漏洞利用：由于 IP 不断变化，即使存在未修复的漏洞，攻击者利用的机会窗口也相对较短。

然而，无论是静态还是动态 IP 地址，都不能单独决定网络的安全性。网络安全需要综合多种措施，如防火墙、入侵检测系统、加密技术、用户认证和授权等，以此来全面保护网络和系统的安全。

9.2 DHCP 协议概述

DHCP（Dynamic Host Configuration Protocol，动态主机配置协议）是一种网络协议，它可以实现自动为网络中的设备分配 IP 地址、子网掩码、默认网关、DNS 服务器等网络配置信息。DHCP 采用 C/S（Client/Server）架构，主机只需将 IP 地址设置成自动获取就能从服务端获取地址，实现接入网络后即插即用。

使用 DHCP 自动分配地址的优点如下。

（1）简化网络配置管理：管理员无须为每个设备手动配置网络参数，减少了管理工作量和出错的可能性。

（2）有效利用 IP 地址资源：通过动态分配，可以在一定程度上避免 IP 地址的浪费，提高 IP 地址的利用率。

（3）方便设备接入网络：新设备接入网络时能够自动获取所需的网络配置，快速实现网络连接。

如图 9-1 所示，DHCP 客户端可以是无线移动设备，也可以是笔记本电脑、台式机，只要 IP 地址设置成自动获取（默认就是自动获取），就是 DHCP 客户端。DHCP 服务器可以是 Windows Server、Linux 服务器，也可以是华为的三层设备和路由器。DHCP 客户端发送 DHCP 请求，DHCP 服务器收到请求后为客户端提供一个可用的地址、子网掩码、网关和 DNS 等参数。

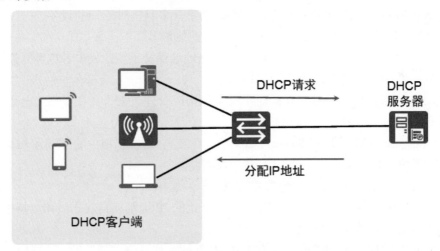

图 9-1　DHCP 工作示意图

当 DHCP 服务器不可用时，Windows 操作系统会自动专用 IP 寻址（APIPA）。Windows 系统在无法从 DHCP 服务器获取 IP 地址时，会自动从地址范围 169.254.0.0 到 169.254.255.255 中选择一个 IP 地址，并使用子网掩码 255.255.0.0。客户端会定期尝试重新联系 DHCP 服务器以获取合法的 IP 地址配置。

这些地址是私有地址，仅在本地网络中有效，不能在互联网上路由。

使用 APIPA 分配 IP 地址的设备无法与外部网络通信，除非通过网络地址转换（NAT）等特殊设置，但通常也只能有限地访问外部网络。

9.3　DHCP 工作过程

DHCP 客户端与 DHCP 服务器之间会通过以下四个包来相互通信，其过程如图 9-2 所示。DHCP 协议定义了四种类型的数据包。DHCP 服务器使用 UDP 端口 67 来接收来自客户端的请求报文，客户端使用 UDP 端口 68 来接收来自服务器的响应报文。

1. DHCP Discover（DHCP 发现）

DHCP 客户端通过向网络广播一个 DHCP Discover 数据包来发现可用的 DHCP 服务器。

将 IP 地址设置为自动获取的计算机就是 DHCP 客户端，它不知道网络中谁是 DHCP 服务器，自己也没地址，DHCP 客户端就发送广播包来请求地址，网络中的设备都能收到该请求。广播包的源 IP 地址为 0.0.0.0，目标 IP 地址为 255.255.255.255。

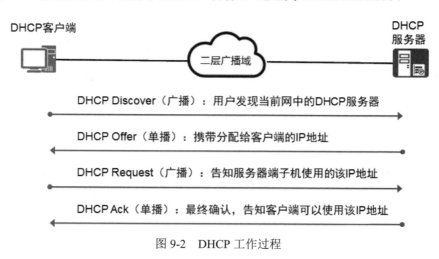

图 9-2　DHCP 工作过程

2. DHCP Offer（DHCP 提供）

DHCP 服务器通过向网络广播一个 DHCP Offer 数据包来应答客户端的请求。

当 DHCP 服务器接收到 DHCP 客户端广播的 DHCP Discover 数据包后，网络中的所有 DHCP 服务器都会向网络广播一个 DHCP Offer 数据包。所谓 DHCP Offer 数据包，就是 DHCP 服务器用于将 IP 地址提供给 DHCP 客户端的信息。

3. DHCP Request（DHCP 请求）

DHCP 客户端向网络广播一个 DHCP Request 数据包来选择多个服务器提供的 IP 地址。

在 DHCP 客户端接收到服务器的 DHCP Offer 数据包后，会向网络广播一个 DHCP Request 数据包以接受分配。DHCP Request 数据包包含为客户端提供租约的 DHCP 服务器的标识，这样其他 DHCP 服务器收到这个数据包后，就会撤销对这个客户端的分配，而将本该分配的 IP 地址收回，用于响应其他客户端的租约请求。

4. DHCP ACK（DHCP 确认）

被选择的 DHCP 服务器向网络广播一个 DHCP ACK 数据包，用于确认客户端的选择。

在 DHCP 服务器接收到客户端广播的 DHCP Request 数据包后，随即向网络广播一个 DHCP ACK 数据包。所谓 DHCP ACK 数据包，就是 DHCP 服务器发给 DHCP 客户端的用于确认 IP 地址租约成功生成的信息。此信息包含该 IP 地址的有效租约和其他的 IP 配置信息。

DHCP 客户端在收到 DHCP ACK 信息后，就完成了获取 IP 地址的步骤，也就可以开始利用这个 IP 地址与网络中的其他计算机通信。

9.4 实战 1——将路由器配置为 DHCP 服务器

Windows Server、Linux 服务器和华为路由器、三层交换机都可以配置为 DHCP 服务器。将华为网络设备配置为 DHCP 服务器，就可以不使用专门的 Windows 或 Linux 服务器作为 DHCP 服务器了。

如图 9-3 所示，某企业有三个部门，销售部的网络使用 192.168.1.0/24 网段、市场部的网络使用 192.168.2.0/24 网段、研发部的网络使用 172.16.5.0/24 网段。现在要配置 AR1 路由器为 DHCP 服务器，为这三个部门的计算机分配 IP 地址。

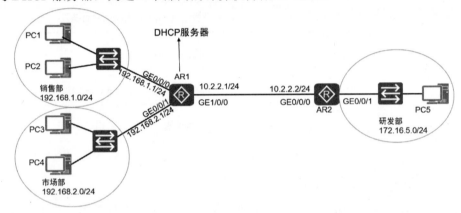

图 9-3　DHCP 网络拓扑

在 AR1 上为销售部创建地址池 vlan1，vlan1 是地址池的名称，地址池名称可以随意指定。华为路由器作为 DHCP，地址租约默认 1 天。

```
[AR1]dhcp enable                                          --全局启用 DHCP 服务
[AR1]ip pool vlan1                                        --为 VLAN 1 创建地址池
[AR1-ip-pool-vlan1]network 192.168.1.0 mask 24            --指定地址池所在的网段
[AR1-ip-pool-vlan1]gateway-list 192.168.1.1               --指定该网段的网关
[AR1-ip-pool-vlan1]dns-list 8.8.8.8                       --指定 DNS 服务器
[AR1-ip-pool-vlan1]dns-list 222.222.222.222               --指定第二个 DNS 服务器
[AR1-ip-pool-vlan1]lease day 0 hour 8 minute 0            --地址租约，允许客户端使用多长时间
[AR1-ip-pool-vlan1]excluded-ip-address 192.168.1.1 192.168.1.10
                                                          --指定排除的地址范围
Error:The gateway cannot be excluded.                     --不能包括网关
[AR1-ip-pool-vlan1]excluded-ip-address 192.168.1.2 192.168.1.10
                                                          --指定排除的地址范围
[AR1-ip-pool-vlan1]excluded-ip-address 192.168.1.50 192.168.1.60
                                                          --指定排除的地址范围
[AR1-ip-pool-vlan1]display this                           --显示地址池的配置
```

```
[V200R003C00]
#
ip pool vlan1
 gateway-list 192.168.1.1
 network 192.168.1.0 mask 255.255.255.0
 excluded-ip-address 192.168.1.2 192.168.1.10
 excluded-ip-address 192.168.1.50 192.168.1.60
 lease day 0 hour 8 minute 0
 dns-list 8.8.8.8 222.222.222.222
#
Return
```

配置 GigabitEthernet 0/0/0 接口，从全局地址池选择地址。以上创建的 vlan1 地址池是全局（global）地址池。

```
[AR1]interface GigabitEthernet 0/0/0
[AR1-GigabitEthernet0/0/0]dhcp select global
```

一个网段只能创建一个地址池，如果该网段中有些地址已经被占用，就要在该地址池中排除，避免 DHCP 分配的地址与其他计算机冲突。DHCP 分配给客户端的 IP 地址等配置信息是有时间限制的（租约时间），对于网络中计算机变换频繁的情况，租约时间可以设置得短一些，如果网络中的计算机相对稳定，租约时间可以设置得长一点。软件学院的学生 2 个小时就有可能更换教室听课，可以把租约时间设置成 2 小时。通常情况下，客户端在租约时间过去一半就会自动找到 DHCP 服务器续约。如果到期了，客户端没有找 DHCP 服务器续约，DHCP 就认为该客户端已经不在网络中，该地址就被收回，以后就可以分配给其他计算机了。

为市场部创建地址池如下。

```
[AR1]ip pool vlan2
[AR1-ip-pool-vlan2]network 192.168.2.0 mask 24
[AR1-ip-pool-vlan2]gateway-list 192.168.2.1
[AR1-ip-pool-vlan2]dns-list 114.114.114.114
[AR1-ip-pool-vlan2]lease day 0 hour 2 minute 0
[AR1-ip-pool-vlan2]quit
```

配置 GigabitEthernet 0/0/1 接口，以从全局地址池选择地址。

```
[AR1]interface GigabitEthernet 0/0/1
[AR1-GigabitEthernet0/0/1]dhcp select global
```

输入 display ip pool 命令以显示定义的地址池。

```
<AR1>display ip pool
```

```
--------------------------------------------------------------------
  Pool-name        : vlan1
  Pool-No          : 0
  Position         : Local         Status          : Unlocked
  Gateway-0        : 192.168.1.1
  Mask             : 255.255.255.0
  VPN instance     : --
--------------------------------------------------------------------
  Pool-name        : vlan2
  Pool-No          : 1
  Position         : Local         Status          : Unlocked
  Gateway-0        : 192.168.2.1
  Mask             : 255.255.255.0
  VPN instance     : --

  IP address Statistic
    Total          :506
    Used           :4           Idle        :482
    Expired        :0           Conflict    :0          Disable    :20
```

在 Windows 10 上运行抓包工具,将 IP 地址设置成自动获取,能够捕获 DHCP 客户端请求 IP 地址的数据包。如图 9-4 所示,可以看到 DHCP 客户端与 DHCP 服务器交互的四个数据包,也就是 DHCP 协议的工作过程。

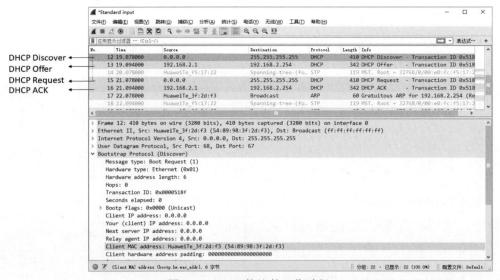

图 9-4　DHCP 协议的工作过程

输入 display ip pool name vlan1 used 命令显示地址池 vlan1 的地址租约使用情况,使用

黑体标出了已经分配给计算机使用的地址有 2 个。

```
<AR1>display ip pool name vlan1 used
  Pool-name         : vlan1
  Pool-No           : 0
  Lease             : 0 Days 8 Hours 0 Minutes
  Domain-name       : -
  DNS-server0       : 8.8.8.8
  DNS-server1       : 222.222.222.222
  NBNS-server0      : -
  Netbios-type      : -
  Position          : Local          Status          : Unlocked
  Gateway-0         : 192.168.1.1
  Mask              : 255.255.255.0
  VPN instance      : --
  ----------------------------------------------------------------
  Start         End            Total    Used   Idle(Expired)   Conflict   Disable
  ----------------------------------------------------------------
  192.168.1.1   192.168.1.254  253      2      231(0)          0          20

  Network section :
  ----------------------------------------------------------------
  Index       IP                 MAC               Lease     Status
  ----------------------------------------------------------------
  252         192.168.1.253      5489-9851-4a95    335       Used
                                                      --租约,有客户端MAC地址
  253         192.168.1.254      5489-9831-72f6    344       Used
                                                      --租约,有客户端MAC地址
  ----------------------------------------------------------------
```

9.5 实战 2——使用接口地址池为直连网段分配地址

以上操作将华为路由器配置为 DHCP 服务器，一个网段创建一个地址池，还为地址池指定了网段和子网掩码。如果路由器为直连网段分配地址，可以不用创建地址池，路由器接口已经配置了地址和子网掩码，可以使用接口所在的网段作为地址池的网段和子网掩码。

如图 9-5 所示，AR1 路由器连接两个网段 192.168.1.0/24 和 192.168.2.0/24。要求配置 AR1 路由器，为这两个网段分配 IP 地址。

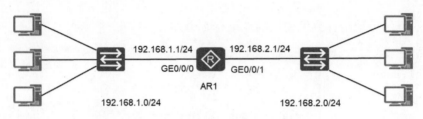

图 9-5　使用接口地址池为直连网段分配地址的拓扑图

配置 AR1 的 GigabitEthernet 0/0/0 和 GigabitEthernet 0/0/1 接口地址。

```
[AR1]interface GigabitEthernet 0/0/0
[AR1-GigabitEthernet0/0/0]ip address 192.168.1.1 24
[AR1-GigabitEthernet0/0/0]quit
[AR1]interface GigabitEthernet 0/0/1
[AR1-GigabitEthernet0/0/1]ip address 192.168.2.1 24
[AR1-GigabitEthernet0/0/1]
```

启用 DHCP 服务，配置 GigabitEthernet 0/0/0 接口，从接口地址池选择地址。

```
[AR1]dhcp enable                                        --全局启用 DHCP 服务
[AR1]interface GigabitEthernet 0/0/0
[AR1-GigabitEthernet0/0/0]dhcp select interface         --从接口地址池选择地址
[AR1-GigabitEthernet0/0/0]dhcp server dns-list 114.114.114.114
[AR1-GigabitEthernet0/0/0]dhcp server ?                 --可以看到全部配置项
  dns-list              Configure DNS servers
  domain-name           Configure domain name
  excluded-ip-address   Mark disable IP addresses
  ……
  lease                 Configure the lease of the IP pool
[AR1-GigabitEthernet0/0/0]dhcp server excluded-ip-address 192.168.1.2 192.168.1.20      --排除地址
```

配置 GigabitEthernet 0/0/1 接口，从接口地址池选择地址。

```
[AR1]interface GigabitEthernet 0/0/1
[AR1-GigabitEthernet0/0/1]dhcp select interface
[AR1-GigabitEthernet0/0/1]dhcp server dns-list 8.8.8.8
[AR1-GigabitEthernet0/0/1]dhcp server lease day 0 hour 4 minute 0
```

9.6　实战 3——跨网段分配 IP 地址

前面讲的是 DHCP 服务器为直连的网段分配 IP 地址。DHCP 服务器也可以为非直连的网段分配 IP 地址。如图 9-6 所示，配置 AR1 作为 DHCP 服务器，为研发部分配 IP 地址。这就需要在 AR2 路由器的 GE0/0/1 接口启用 DHCP 中继。

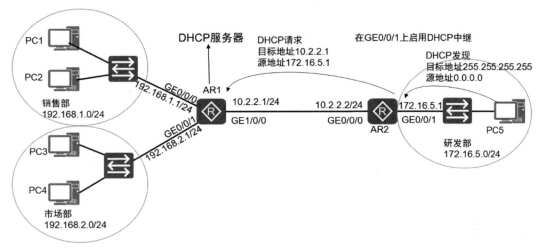

图 9-6 DHCP 中继示意图

DHCP 中继工作过程如下。

（1）当 DHCP 客户端启动并进行 DHCP 初始化时，它会在本地网络发送 DHCP Discover 请求报文。

（2）如果本地网络存在 DHCP 服务器，则可以直接进行 DHCP 配置，不需要 DHCP 中继。

（3）如果本地网络没有 DHCP 服务器，则与本地网络相连的具有 DHCP 中继功能的网络设备收到该广播报文后，将进行适当处理并转发给指定的其他网络上的 DHCP 服务器。如图 9-6 所示，DHCP 中继转发给 DHCP 请求数据包的目标地址是 DHCP 服务器的 IP 地址，源地址是 AR2 接口 Vlanif 1 的 IP 地址。DHCP 根据源地址就能够判断出这是来自哪个网段的请求。

（4）DHCP 服务器根据 DHCP 客户端提供的信息进行相应的配置，并通过 DHCP 中继将配置信息发送给 DHCP 客户端，完成对 DHCP 客户端的动态配置。

事实上，从开始到最终完成配置，需要多个这样的交互过程。DHCP 中继设备修改 DHCP 消息中的相应字段，把 DHCP 的广播包改成单播包，并负责在服务器与客户机之间转换。

按照图 9-6 搭建网络环境，在 AR1 路由器上创建地址池 remoteNet，从而为研发部的计算机分配地址，研发部的网络没有与 AR1 路由器直连，路由器隔绝广播，AR1 收不到研发部的计算机发送的 DHCP 发现数据包。这就需要配置 AR2 路由器的 GE0/0/1 接口，启用 DHCP 中继功能，将收到的 DHCP 发现数据包转换成定向 DHCP 发现数据包，目标地址为 9.2.2.1，源地址为接口 GE0/0/1 的地址 172.16.5.1。AR1 路由器一旦收到这样的数据包，就知道这是来自 172.16.5.0/24 网段的请求，于是就从 remoteNet 地址池中选择一个 IP 地址提供给 PC5。完成本实战的前提是确保这几个网络畅通。

下面就在 AR1 上为研发部的网络创建地址池 remoteNet。远程网段的地址池必须设置网关。

```
[AR1]ip pool remoteNet
[AR1-ip-pool-remoteNet]network 172.16.5.0 mask 24
[AR1-ip-pool-remoteNet]gateway-list 172.16.5.1        --必须设置网关
[AR1-ip-pool-remoteNet]dns-list 8.8.8.8
[AR1-ip-pool-remoteNet]lease day 0 hour 2 minute 0
[AR1-ip-pool-remoteNet]quit
```

配置 AR1 的 GigabitEthernet 1/0/0 接口，从全局地址池选择地址。

```
[AR1]interface GigabitEthernet 1/0/0
[AR1-GigabitEthernet1/0/0]dhcp select global
[AR1-GigabitEthernet1/0/0]quit
```

在 AR2 路由器上启用 DHCP 功能，配置 AR2 路由器的 GE0/0/1 接口，启用 DHCP 中继功能，指明 DHCP 服务器的地址。

```
[AR2]dhcp enable        --启用DHCP
[AR2] interface GigabitEthernet 0/0/1
[AR2- GigabitEthernet 0/0/1]dhcp select relay        --在接口启用DHCP中继
[AR2- GigabitEthernet 0/0/1]dhcp relay server-ip 10.2.2.1
                                        --指定DHCP服务器的地址
```

9.7 DHCP 客户端的配置

此外，在 Windows 操作系统中，还可以使用以下命令来管理 DHCP 客户端的 IP 地址配置。

（1）ipconfig /all：查看自动获得的 IP 地址等详细网络配置信息。

（2）ipconfig /release：释放当前网络连接所获取的动态 IP 地址配置。

（3）ipconfig /renew：尝试从 DHCP 服务器更新网络连接的 IP 地址配置。

在 Windows 11 上输入 ipconfig /all 命令查看自动获得的 IP 地址。

```
C:\Users\dell>ipconfig /all
Windows IP 配置
    主机名 . . . . . . . . . . . . . . . : W11
    无线局域网适配器 WLAN 2:
    连接特定的 DNS 后缀 . . . . . . . : lan
    描述. . . . . . . . . . . . . . . . : Intel(R) Wi-Fi 6 AX201 160MHz #2
    物理地址. . . . . . . . . . . . . . : 94-E7-0B-9-03-FB
    DHCP 已启用 . . . . . . . . . . . . : 是
    自动配置已启用. . . . . . . . . . . : 是
```

```
        IPv4 地址 . . . . . . . . . . . . . . . : 192.168.2.131(首选)
        子网掩码  . . . . . . . . . . . . . . . : 255.255.255.0
        获得租约的时间  . . . . . . . . . . . : 2024 年 7 月 31 日 12:27:59
        租约过期的时间  . . . . . . . . . . . : 2024 年 8 月 1 日 12:28:02
        默认网关. . . . . . . . . . . . . . . . : 192.168.2.1
        DHCP 服务器 . . . . . . . . . . . . . : 192.168.2.1
        DNS 服务器  . . . . . . . . . . . . . : 101.198.198.198
                                                 8.8.8.8
```

在 Windows 操作系统中,如果网络连接无法正常获取到 DHCP 服务器分配的 IP 地址,可能会自动配置为 169.254.x.x 网段的 IP 地址。但这个网段一般不能用于正常的网络通信,通常意味着网络连接存在故障或配置不当。下面是 Windows 11 没有请求到地址时,自己为自己分配的 169.254.x.x 网段的 IP 地址。

```
C:\Users\hanlg>ipconfig /all
以太网适配器 Ethernet0:

        描述. . . . . . . . . . . . . . . . . : Intel(R) 82574L Gigabit Network Connection
        物理地址. . . . . . . . . . . . . . . : 00-0C-29-AE-CB-C9
        DHCP 已启用 . . . . . . . . . . . . . : 是
        自动配置已启用. . . . . . . . . . . . : 是
        本地链接 IPv6 地址. . . . . . . . . . : fe80::2bb9:b215:662c:7e6b%7(首选)
        自动配置 IPv4 地址  . . . . . . . . . : 169.254.194.182(首选)
        子网掩码  . . . . . . . . . . . . . . : 255.255.0.0
        默认网关. . . . . . . . . . . . . . . :
        DHCPv6 IAID . . . . . . . . . . . . . : 100666409
        DHCPv6 客户端 DUID  . . . . . . . . . :
00-01-00-01-29-C9-B1-8D-00-0C-29-AE-CB-C9
        DNS 服务器  . . . . . . . . . . . . . : fec0:0:0:ffff::1%1
        TCPIP 上的 NetBIOS  . . . . . . . . . : 已启用
```

"ipconfig /release" 是 Windows 操作系统中的一个命令,用于释放当前网络连接所获取的动态 IP 地址配置。

当执行这个命令后,系统会放弃从 DHCP 服务器获取到的 IP 地址、子网掩码和默认网关等网络配置信息。通常在需要重新获取新的网络配置或者解决某些网络连接问题时会使用这个命令。一般在执行 "ipconfig /release" 后,会接着执行 "ipconfig /renew" 来重新获取网络配置。

```
C:\Users\dell>ipconfig /release
```

"ipconfig /renew" 是一个 Windows 操作系统中的命令,用于尝试从 DHCP(动态主机配置协议)服务器更新网络连接的 IP 地址配置。

当执行此命令时,系统会向 DHCP 服务器发送请求,以获取新的 IP 地址、子网掩码、默认网关等网络配置信息。

如果网络连接正常且存在可用的 DHCP 服务器，执行该命令可能会解决一些由于 IP 配置过期或不正确导致的网络连接问题。

```
C:\Users\dell>ipconfig /renew
```

9.8 习题

一、选择题

1. DHCP 的全称是（　　）。
   A. Dynamic Host Configuration Protocol
   B. Digital Host Configuration Protocol
   C. Distributed Host Configuration Protocol
   D. Dynamic Home Configuration Protocol
   答案：A

2. DHCP 服务器可以为客户端分配下列哪些参数（　　）。
   A. IP 地址、子网掩码、默认网关
   B. IP 地址、DNS 服务器地址、MAC 地址
   C. IP 地址、子网掩码、MAC 地址
   D. IP 地址、默认网关、DNS 服务器地址、子网掩码
   答案：D

3. 在华为路由器上配置 DHCP 服务器时，下列哪个命令用于开启 DHCP 服务（　　）。
   A. dhcp enable　　　B. dhcp start　　　C. enable dhcp　　　D. start dhcp
   答案：A

4. 华为路由器作为 DHCP 服务器，默认的地址池租期是多少天（　　）。
   A. 1 天　　　　　　B. 7 天　　　　　　C. 14 天　　　　　　D. 30 天
   答案：A（华为设备默认租期为 1 天，可根据实际需求调整）

5. 如果客户端已经从 DHCP 服务器获取到 IP 地址，但想重新获取新的 IP 地址，可以使用下列哪个命令（　　）。
   A. ipconfig /release　　　　　　　　　B. ipconfig /renew
   C. ipconfig /flushdns　　　　　　　　D. ipconfig /registerdns
   答案：B

6. DHCP 协议使用的端口号是（　　）。
   A. UDP 67 和 UDP 68　　　　　　　　B. TCP 67 和 TCP 68
   C. UDP 53 和 UDP 54　　　　　　　　D. TCP 53 和 TCP 54
   答案：A

7. 当 DHCP 服务器不可用时，客户端租约到期，会使用下列哪种方式获取 IP 地址（　　）。

　　A. 自动专用 IP 寻址

　　B. 使用上一次获取的 IP 地址继续通信

　　C. 向网络中的其他设备请求 IP 地址

　　D. 无法获取 IP 地址，网络无法通信

　　答案：A

8. DHCP 协议中，客户端在下列哪个阶段向服务器请求 IP 地址（　　）。

　　A. Discover　　　　B. Offer　　　　C. Request　　　　D. Acknowledge

　　答案：A（Discover 阶段客户端广播发现报文，向 DHCP 服务器请求 IP 地址）

二、简答题

1. 使用 DHCP 配置 IP 地址的好处有哪些？

参考答案：

（1）减少配置时间和工作量。

（2）方便移动设备和新设备接入。

（3）动态分配 IP 地址。设备离开网络后，其占用的 IP 地址可以被回收并分配给其他设备使用，提高了 IP 地址的利用率。

2. 华为路由器配置 DHCP 中继代理时需要注意哪些事项？

参考答案：

（1）确保网络互通：DHCP 中继代理要与 DHCP 服务器以及客户端所在网段都实现网络连通。需检查路由配置，保证数据包能在不同网段间正确传输。

（2）正确配置 DHCP 服务器信息：在中继代理上，需准确指定 DHCP 服务器的 IP 地址。如果配置了多个 DHCP 服务器，要确保地址准确无误，否则中继代理无法将客户端的请求转发到正确的服务器。

（3）接口配置正确：连接客户端所在网段的接口，要开启 DHCP 中继功能，并指定使用的 DHCP 服务器或服务器组。同时，该接口的 IP 地址应设置为客户端所在网段的网关地址，确保客户端能正确与中继代理通信。

（4）DHCP 服务器配置：如果 DHCP 服务器不在客户端所在网段，需在服务器上配置相应的地址池，使其包含客户端所在网段的 IP 地址范围，并且要确保服务器的 DHCP 服务已正确开启。

第 10 章 访问控制列表

本章内容

- ACL 的作用：包括网络安全防护、流量控制和管理、限制网络服务访问、防止网络滥用、实现网络隔离等。
- ACL 组成：由访问控制列表编号或名称、一系列的规则（包含匹配条件和动作）组成，匹配条件包含源 IP 地址、目的 IP 地址、源端口、目的端口、协议类型等。
- ACL 类型：根据特性不同可分为基本 ACL、高级 ACL、二层 ACL、用户自定义 ACL。
- 通配符：与 IP 地址合写表示由若干 IP 地址组成的集合，用于指示 IP 地址中哪些比特位需要严格匹配，哪些无须匹配。
- ACL 设计思路：明确需求，定义规则策略，确定网络拓扑和流量方向，选择 ACL 类型，规划规则顺序，考虑特殊情况，测试和验证，监控和优化。在路由器每个接口的出向和入向每个方向只能绑定一个 ACL，一个 ACL 可以绑定到多个接口。
- ACL 应用案例：使用基本 ACL 实现网络安全，使用基本 ACL 保护路由器安全，使用高级 ACL 实现网络安全。

本章主要介绍了访问控制列表（ACL）的相关知识，包括 ACL 的作用、组成、类型、设计思路和应用案例等内容。

10.1 介绍 ACL

10.1.1 ACL 的作用

访问控制列表（Access Control List，ACL）是路由器与交换机接口的指令列表，用于控制端口进出的数据包。ACL 通过一系列的规则来允许或拒绝特定的网络流量。这些规则可以基于多种条件，如源 IP 地址、目的 IP 地址、协议类型（如 TCP、UDP 等）、端口号等。

访问控制列表（ACL）的主要作用如下。

（1）网络安全防护：可以阻止未经授权的网络访问，如禁止特定 IP 地址或网段的主机访问内部网络资源，从而降低网络遭受攻击的风险。

（2）流量控制和管理：通过限制某些类型的流量或特定主机的流量，优化网络带宽的使用，确保关键业务的流量优先得到处理。

（3）限制网络服务访问：可以禁止某些用户或网络对特定网络服务（如 HTTP、FTP 等）的访问。

（4）防止网络滥用：阻止非法或不适当的网络活动，如 P2P 下载、在线游戏等，以提高工作效率和保障网络正常运行。

（5）实现网络隔离：在不同的网络区域之间设置访问控制，实现区域之间的隔离和保护。

总之，ACL 有助于提高网络的安全性、性能和管理效率，保障网络的正常运行和资源的合理使用。

10.1.2 ACL 组成

ACL 通常由以下几个部分组成。

（1）访问控制列表编号或名称：用于标识和区分不同的 ACL。

（2）一系列的规则（Rule）：每条规则包含匹配条件和动作（允许或拒绝）。

（3）匹配条件：如源 IP 地址、目的 IP 地址、源端口、目的端口、协议类型等。

（4）动作：指定对匹配到规则的数据包采取允许（permit）通过或拒绝（deny）通过的操作。

不同类型的设备和网络环境中，ACL 的具体组成和细节可能会有所差异，但基本都包含上述要素。

如图 10-1 所示，一个 ACL 由若干条"deny""permit"语句组成，每条语句就是该 ACL 的一条规则，每条语句中的 deny 或 permit 就是与这条规则相对应的处理动作。处理动作 permit 的含义是"允许"，处理动作 deny 的含义是"拒绝"。

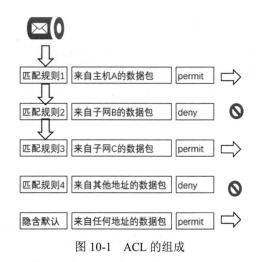

图 10-1 ACL 的组成

配置了 ACL 的设备在接收到一个报文之后，会将该报文与 ACL 中的规则逐条进行匹配。如果不能匹配上当前这条规则，则会继续尝试去匹配下一条规则。一旦报文匹配上了某条规则，设备会对该报文执行这条规则中定义的处理动作（permit 或 deny），并且不再继续尝试与后续规则进行匹配。如果报文不能匹配上 ACL 的任何一条规则，设备会对该报文执行 permit 这个处理动作。华为路由器中的 ACL 隐含默认最后一条规则是任何地址允许通过，可以在 ACL 最后添加一条规则，拒绝来自任何地址的数据包，隐含默认的规则就没机会起作用了。

一个 ACL 中的每一条规则都有一个相应的编号，称为规则编号（rule-id）。默认情况下，报文总是按照规则编号从小到大的顺序与规则进行匹配。默认情况下，设备会在创建 ACL 的过程中自动为每一条规则分配一个编号。如果将规则编号的步长设定为 10（注意规则编号的步长的默认值为 5），则规则编号将按照 10、20、30、40…这样的规律自动进行分配。如果将规则编号的步长设定为 2，则规则编号将按照 2、4、6、8…这样的规律自动进行分配。步长的大小反映了相邻规则编号之间的间隔大小。间隔的存在，实际上是为了便于在两个相邻的规则之间插入新的规则。

10.1.3 ACL 类型

根据 ACL 所具备的特性不同，我们将 ACL 分成了不同的类型，分别是基本 ACL、高级 ACL、二层 ACL、用户自定义 ACL。其中应用最为广泛的是基本 ACL 和高级 ACL。在网络设备上配置 ACL 时，每一个 ACL 都需要分配一个编号，称为 ACL 编号。基本 ACL、高级 ACL、二层 ACL、用户自定义 ACL 的编号范围分别为 2000~2999、3000~3999、4000~4999、5000~5999。配置 ACL 时，ACL 的类型应该与相应的编号范围保持一致。

基本 ACL 只能基于 IP 报文的源 IP 地址、报文分片标记和时间段信息来定义规则。

高级 ACL 可以根据 IP 报文的源 IP 地址、目的 IP 地址、协议字段的值、优先级的值、长度值、TCP 报文的源端口号、TCP 报文的目的端口号、UDP 报文的源端口号、UDP 报文的目的端口号等信息来定义规则。基本 ACL 的功能只是高级 ACL 功能的一个子集，高级 ACL 可以比基本 ACL 定义出更精准、更复杂、更灵活的规则。

高级 ACL 中规则的配置比基本 ACL 中规则的配置要复杂得多，且配置命令的格式也会因 IP 报文载荷数据的类型不同而不同。例如，针对 ICMP 报文、TCP 报文、UDP 报文等不同类型的报文，其相应配置命令的格式也是不同的。

10.1.4 通配符

通配符（Wildcard-mask）与 IP 地址（Address）合写在一起时，表示的是一个由若干个 IP 地址组成的集合。通配符是一个 32 比特长度的数值，用于指示 IP 地址中哪些比特位需要严格匹配，哪些比特位无须匹配。通配符通常采用类似于网络掩码的点分十进制形式表示，但是含义却与网络掩码完全不同。

通配符换算成二进制后，"0" 表示 "匹配"，"1" 表示 "不关心"。如图 10-2 所示，192.168.1.0 的通配符为 0.0.0.255，表示的网段为 192.168.1.0/24。

图 10-2　通配符

以下命令用于创建 ACL 2000，添加 4 条规则，每条规则后的黑体部分为通配符。

```
[AR1]acl 2000
[AR1-acl-basic-2000]rule 5   deny    source 10.1.1.1      0.0.0.0
[AR1-acl-basic-2000]rule 10  permit  source 192.168.1.0   0.0.0.255
[AR1-acl-basic-2000]rule 15  permit  source 172.16.0.0    0.0.255.255
[AR1-acl-basic-2000]rule 20  deny    source 0.0.0.0       255.255.255.255
[AR1-acl-basic-2000]quit
```

rule 5：拒绝源 IP 地址为 10.1.1.1 的报文通过，因为通配符为全 0，所以每一位都要严格匹配，因此匹配的主机 IP 地址为 10.1.1.1。

rule 10：允许源地址是 192.168.1.0/24 网段地址的报文通过，因为通配符写成二进制为 0.0.0.11111111，后 8 位为 1，表示不关心。因此 192.168.1.xxxx xxxx 的后 8 位可以为任意值，所以匹配的是 192.168.1.0/24 网段。

rule 15：允许源地址是 172.16.0.0/16 网段地址的报文通过，因为通配符写成二进制为 0.0.11111110.11111111，后 16 位为 1，表示不关心。因此 172.16.xxxxxxxx.xxxxxxxx 的后 16 位可以为任意值，所以匹配的是 172.16.0.0/16 网段。

rule 20：拒绝源地址是 0.0.0.0/0 网段地址的报文通过，这就相当于拒绝了所有网段。因为通配符写成二进制为 11111110.11111110.11111110.11111111，32 位全为 1，表示都不关心。因此 xxxxxxxx.xxxxxxxx.xxxxxxxx.xxxxxxxx 32 位可以为任意值，所以匹配的是 0.0.0.0/0 网段。

通配符中的"1"或者"0"可以不连续。

使用通配符匹配 192.168.1.0/24 这个网段中的奇数 IP 地址，如 192.168.1.1、192.168.1.3、192.168.1.5 等，通配符如何写呢？

如图 10-3 所示，将奇数 IP 地址最后一部分写成二进制，可以看到共同点，奇数的 IP 地址最后一位都是 1，要严格匹配，因此答案为 192.168.1.1 0.0.0.254（0.0.0.11111110）。

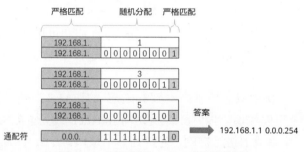

图 10-3　通配符中 0 和 1 可以不连续

思考一下，使用通配符匹配 192.168.1.0/24 这个网段中的偶数 IP 地址，如 192.168.1.0、192.168.1.2、192.168.1.4、192.168.1.6 等，如何写呢？

答案是：192.168.1.0 0.0.0.254，如果你不明白，就把偶数地址也写成二进制，再写出通配符。

还有两个特殊的通配符。当通配符全为 0 来匹配 IP 地址时，表示匹配某个 IP 地址。当通配符全为 1 来匹配 0.0.0.0 地址时，表示匹配所有地址。

10.2 ACL 设计思路

以下是设计 ACL 的一般思路和步骤。

（1）明确需求：确定需要通过 ACL 实现的具体目标，如限制特定用户访问某些资源、保护敏感数据、控制网络流量等。

（2）定义规则策略：根据需求确定规则的策略，如哪些流量应该被允许，哪些应该被拒绝。优先考虑关键业务和重要服务的需求。

（3）确定网络拓扑和流量方向：了解网络的结构和数据流动的方向，以便确定在哪些设备和接口上应用 ACL。计算机通信通常是客户端向服务器发送请求，服务器响应客户端的请求。使用 ACL 控制网络流量时，通常是限制客户端向服务器发送的请求流量，服务器收不到客户端请求，就不会响应。虽然使用 ACL 限制服务器向客户端发送响应的流量也能实现相同效果，但不如直接拦截客户端请求的流量更直接。

（4）选择 ACL 类型：根据设备支持和网络需求，选择标准 ACL（基于源 IP 地址进行过滤）或扩展 ACL（可以基于更多的条件，如源和目的 IP 地址、端口号、协议等进行过滤）。

（5）规划规则顺序：将更具体和精确的规则放在不具体的规则之前，以确保准确地匹配和处理。

（6）考虑特殊情况：如处理广播和组播流量、处理来自网络设备自身的流量等。

（7）测试和验证：在小规模或测试环境中应用 ACL，并进行流量测试，以确保其按照预期工作，且没有对正常业务产生不利影响。

（8）监控和优化：在实际网络中部署后，持续监控网络性能和流量，根据需要对 ACL 规则进行优化和调整。

总之，ACL 的设计需要综合考虑网络的安全性、性能和可用性，以达到最佳的效果。

在路由器每个接口出向和入向的每个方向只能绑定一个 ACL，一个 ACL 可以绑定到多个接口。

如图 10-4 所示，本例中只想控制内网到 Internet 的访问，是基于源 IP 地址的控制，因此使用基本 ACL 就可以实现。内网计算机访问 Internet 要经过 R1 和 R2 两个路由器，这就要考虑要在哪个路由器上进行控制，绑定到哪个接口。若在 R1 路由器上创建 ACL，就要绑定到 R1 路由器 GE0/0/1 的出向，出去的时候检查应用 ACL。本例在 R2 路由器上创建 ACL，绑定到 R2 路由器 GE0/0/0 的入向。

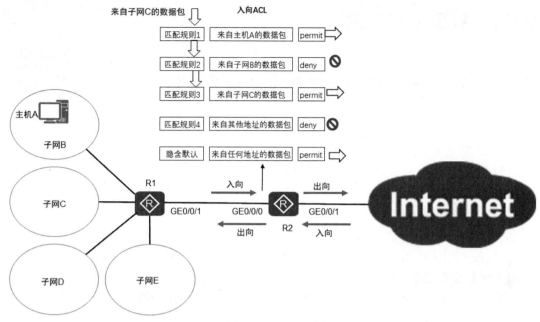

图 10-4　ACL 示例

可以看到图 10-4 所示 ACL 中有 4 条匹配规则，在华为路由器中，ACL 中隐含默认最后一条规则是任何地址都允许通过，本例中创建的匹配规则 4，任何地址都拒绝通过，则隐含默认规则就没机会用上了，因为 ACL 中的规则是按编号从小到大的顺序依次进行匹配，一旦匹配成功，就不再匹配下面的规则。

本例规则 2 中的源地址包含规则 1 中的主机 A，也就是规则中的地址有重叠，如图 10-4 所示，这就要求针对主机 A 的规则在针对子网 B 的规则前面，如果顺序颠倒，针对主机 A 的规则就没机会匹配上了。

创建好的 ACL 要在接口进行绑定，并且要指明方向。方向是站在路由器来看的，从接口进入路由器就是入向，从接口离开路由器就是出向。本例中定义好的 ACL 绑定到 R2 路由器的 GE0/0/0 接口，就是入向，绑定到 R2 路由器的 GE0/0/1 接口就是出向。

图 10-4 中来自子网 C 的数据包从 R2 路由器的 GE0/0/0 进入，将会依次比对规则 1、规则 2，最后匹配规则 3，处理动作是允许。子网 E 在规则中没有明确指明，但会匹配规则 4，处理动作是拒绝，隐含默认那条规则没机会用到。

试想象一下，该 ACL 绑定到 R2 路由器 GE 0/0/1 的出向是否可以？绑定到 R2 路由器的 GE 0/0/1 的入向是否可以？

绑定到 R2 路由接口 GE0/0/1 的出口方向也是可以的，但绑定到 R2 路由器的 GE0/0/1 接口的入站方向是不行的，因为规则创建时源地址都是内网，控制的是内网到 Internet 的访问。

10.3 ACL 应用案例

10.3.1 实战 1——使用基本 ACL 实现网络安全

基本 ACL 只能基于 IP 报文的源 IP 地址、报文分片标记和时间段信息来定义规则。下面就以一家企业的网络为例,讲述基本 ACL 的用法。

根据数据包从源网络到目标网络的路径,在必经之地(某个路由器的接口)进行数据包过滤。在创建 ACL 之前,需要先确定在沿途的哪个路由器的哪个接口的哪个方向进行包过滤,才能确定 ACL 规则中的源地址。

如图 10-5 所示,某企业内网有三个网段,VLAN 10 是财务部服务器,VLAN 20 是工程部网段,VLAN 30 是财务部网段,企业路由器 AR1 连接 Internet,现需要在 AR1 上创建 ACL 实现以下功能。

(1)源 IP 地址为私有地址的流量不能从 Internet 进入企业网络。
(2)财务部服务器只能由财务部的计算机访问。

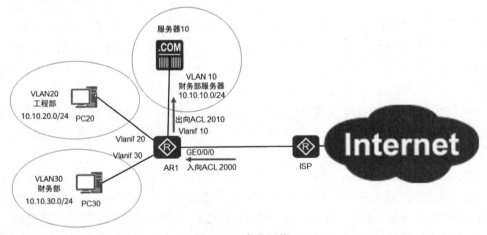

图 10-5　企业网络

首先确定需要创建两个 ACL,一个绑定到 AR1 路由器的 GE0/0/0 接口入向,一个绑定到 AR1 的 Vlanif 10 接口的出向。

在 AR1 上创建两个基本 ACL 2000 和 ACL 2010。

```
[RA1]acl ?
  INTEGER<2000-2999>  Basic access-list(add to current using rules)
--基本 ACL 编号范围
  INTEGER<3000-3999>  Advanced access-list(add to current using rules)
--高级 ACL 编号范围
  INTEGER<4000-4999>  Specify a L2 acl group
  ipv6                ACL IPv6
```

```
  name                  Specify a named ACL
  number                Specify a numbered ACL

[AR1]acl 2000                                                    --创建ACL
[AR1-acl-basic-2000]rule deny source 10.0.0.0 0.255.255.255
[AR1-acl-basic-2000]rule deny source 172.16.0.0 0.15.255.255
[AR1-acl-basic-2000]rule deny source 192.168.0.0 0.0.255.255
[AR1-acl-basic-2000]quit
[AR1]acl 2010
[AR1-acl-basic-2010]rule permit source 10.10.30.0 0.0.0.255
[AR1-acl-basic-2010]rule 20 deny source any                      --指定规则编号
[AR1-acl-basic-2010]quit
```

输入 display acl all 命令查看全部 ACL，输入 display acl 2000 命令可以查看编号是 2000 的 ACL。

```
[AR1]display acl all
 Total quantity of nonempty ACL number is 2

Basic ACL 2000, 3 rules
Acl's step is 5
 rule 5 deny source 10.0.0.0 0.255.255.255
 rule 10 deny source 172.16.0.0 0.15.255.255
 rule 15 deny source 192.168.0.0 0.0.255.255

Basic ACL 2010, 2 rules
Acl's step is 5
 rule 5 permit source 10.10.30.0 0.0.0.255
 rule 20 deny
```

将创建的 ACL 绑定到接口。

```
[AR1]interface GigabitEthernet 0/0/0
[AR1-GigabitEthernet0/0/0]traffic-filter inbound acl 2000        --入向
[AR1-GigabitEthernet0/0/0]quit
[AR1]interface Vlanif 1
[AR1-Vlanif1]quit
[AR1]interface Vlanif 10
[AR1-Vlanif10]traffic-filter outbound acl 2010                   --出向
[AR1-Vlanif10]quit
```

ACL 定义好之后，还可以对其进行编辑，可以删除其中的规则，也可以在指定位置插入规则。

现在修改 ACL 2000，删除其中的规则 10，添加一条规则，允许 10.30.30.0/24 网段通过，思考一下这条规则应该放到什么位置呢？

```
[RA1]acl 2000
[RA1-acl-basic-2000]undo rule 10          --删除 rule 10
[RA1-acl-basic-2000]rule 2 permit source 10.30.30.0 0.0.0.255
                                          --插入 rule 2 编号要小于 5
[RA1-acl-basic-2000]rule 15 permit source 192.168.0.0 0.0.255.255
                                          --修改 rule 15 将其改成 permit
[AR1-acl-basic-2000]display this
[V200R003C00]
#
acl number 2000
 rule 2 permit source 10.30.30.0 0.0.0.255
 rule 5 deny source 10.0.0.0 0.255.255.255
 rule 15 permit source 192.168.0.0 0.0.255.255
#
return
```

删除 ACL，并不会自动删除接口的绑定，还需要在接口删除绑定的 ACL。

```
[RA1]undo acl 2000                                   --删除 ACL
[RA1]interface GigabitEthernet 0/0/0
[AR1-GigabitEthernet0/0/0]display this
[V200R003C00]
#
interface GigabitEthernet0/0/0
 ip address 20.1.1.1 255.255.255.0
 traffic-filter inbound acl 2000                     --acl 2000 依然绑定在出口
#
return
[AR1-GigabitEthernet0/0/0]undo traffic-filter inbound    --解除入向绑定
```

10.3.2 实战 2——使用基本 ACL 保护路由器安全

网络中的路由器如果配置了 VTY 端口，只要网络畅通，任何计算机都可以 Telnet 到路由器进行配置。一旦 Telnet 路由器的密码被泄露，路由器的配置就有可能被非法更改。因此可以创建标准 ACL，只允许特定 IP 地址能够 Telnet 路由器进行配置。

路由器 AR1 只允许 PC3 对其进行 Telnet 登录。在 AR1 路由器上创建基本 ACL 2001，并将其绑定到 user-interface vty 进站方向。

```
[RA1] acl 2001
    [RA1-acl-basic-2001]rule permit source 192.168.2.2 0      --不指定步长，默认是 5
    [RA1-acl-basic-2001]rule deny source any                  --拒绝所有
```

提示：拒绝所有的可以简写成[RA1-acl-basic-2001]rule deny。

查看定义的 ACL 2001 配置如下。

```
<RA1>display acl 2001
Basic ACL 2001, 2 rules
Acl's step is 5                                               --步长为 5
 rule 5 permit source 192.168.2.2 0 (1 matches)
 rule 10 deny (3 matches)
```

设置 Telnet 端口的身份验证模式和登录密码，为用户权限级别绑定基本 ACL 2001。

```
[RA1]user-interface vty 0 4
[RA1-ui-vty0-4]authentication-mode password          --设置身份验证模式
Please configure the login password (maximum length 16):91xueit
                                                     --设置登录密码 91xueit
[RA1-ui-vty0-4]user privilege level 3
[RA1-ui-vty0-4]acl 2001 inbound                      --绑定 ACL 2001 进站方向
```

删除绑定，执行以下命令。

```
[RA1-ui-vty0-4]undo acl inbound
```

10.3.3 实战 3——使用高级 ACL 实现网络安全

如图 10-6 所示，要求在 AR1 路由器上创建高级 ACL，实现以下功能。
（1）允许工程部能够访问 Internet。
（2）允许财务部能够访问 Internet，但只允许访问网站和收发电子邮件。
（3）允许财务部能够使用 ping 命令测试到 Internet 网络是否畅通。
（4）禁止财务部服务器访问 Internet。

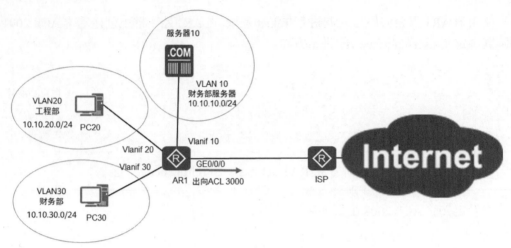

图 10-6 高级 ACL 的应用

本案例流量控制基于数据包的源 IP 地址、目标 IP 地址、协议和端口号，那就要使用高级 ACL 来实现。在 AR1 上创建一个高级 ACL，将该 ACL 绑定到 AR1 的 GE 0/0/0 接口的出向。

允许财务部能够访问 Internet 网站，访问网站需要域名解析，域名解析使用 DNS 协议，DNS 协议使用的是 UDP 的 53 端口，访问网站使用的协议是 HTTP 协议和 HTTPS 协议，HTTP 协议使用的是 TCP 的 80 端口，HTTPS 协议使用的是 TCP 的 443 端口。

为了避免以上实验创建的基本 ACL 对本实验产生影响，先删除全部 ACL，再在 Vlanif 1 和 GE0/0/0 上解除绑定的 ACL。

```
[AR1]undo acl all      --删除以上实验创建的全部 ACL
[AR1]interface Vlanif 10
[AR1-Vlanif10]undo traffic-filter outbound           --删除接口上的绑定
```

在 AR1 上创建高级 ACL，基于 TCP 和 UDP 创建规则时需要指定目标端口。

```
[AR1]acl 3000    --创建高级 ACL
[AR1-acl-adv-3000]rule 5 permit ?   --查看可用的协议
 <1-255>  Protocol number
 gre      GRE tunneling(47)
 icmp     Internet Control Message Protocol(1)
 igmp     Internet Group Management Protocol(2)
 ip       Any IP protocol    --ip 协议包含了 tcp、udp 和 icmp
 ipinip   IP in IP tunneling(4)
 ospf     OSPF routing protocol(89)
 tcp      Transmission Control Protocol (6)
 udp      User Datagram Protocol (17)
[AR1-acl-adv-3000]rule 5 permit ip source 10.10.20.0 0.0.0.255 destination any
```

```
    [AR1-acl-adv-3000]rule 10 permit udp source 10.10.30.0 0.0.0.255
destination any ?
     --查看可用参数
      destination-port    Specify destination port
      dscp                Specify dscp
      fragment            Check fragment packet
      none-first-fragment Check the subsequence fragment packet
     ……

    [AR1-acl-adv-3000]rule 10 permit udp source 10.10.30.0 0.0.0.255
destination any destination-port?--指定目标端口大于、小于或等于某个端口或端口范围
      eq    Equal to given port number
      gt    Greater than given port number
      lt    Less than given port number
      range Between two port numbers
    [AR1-acl-adv-3000]rule 10 permit udp source 10.10.30.0 0.0.0.255
destination any destination-port eq ?       --可以指定端口号或应用层协议协名称
      <0-65535>   Port number
      biff        Mail notify (512)
      bootpc      Bootstrap Protocol Client (68)
      bootps      Bootstrap Protocol Server (67)
      discard     Discard (9)
      dns         Domain Name Service (53)
      dnsix       DNSIX Security Attribute Token Map (90)
      echo        Echo (7)
     ……
    [AR1-acl-adv-3000]rule 10 permit udp source 10.10.30.0 0.0.0.255
destination any destination-port eq dns
    [AR1-acl-adv-3000]rule 15 permit tcp source 10.10.30.0 0.0.0.255
destination-port eq www
    [AR1-acl-adv-3000]rule 20 permit tcp source 10.10.30.0 0.0.0.255
destination-port eq 443
    [AR1-acl-adv-3000]rule 25 permit icmp source 10.10.30.0 0.0.0.255
    [AR1-acl-adv-3000]rule 30 deny ip
    [AR1-acl-adv-3000]quit
```

将ACL绑定到接口。

```
    [AR1]interface GigabitEthernet 0/0/0
    [AR1-GigabitEthernet0/0/0]traffic-filter outbound acl 3000
```

10.4 习题

一、选择题

1. 在 ACL 中，规则的匹配顺序是（　　）。
    A. 按照规则编号从小到大
    B. 按照规则编号从大到小
    C. 随机匹配
    D. 以上都不是
    答案：A

2. 将更具体和精确的规则放在较不具体的规则之前，这样做的目的是（　　）。
    A. 提高匹配效率
    B. 确保准确的匹配和处理
    C. 没有特别的意义
    D. 以上都不是
    答案：B

3. 如果规则顺序不当，可能会导致（　　）。
    A. 某些规则无法匹配到预期的流量
    B. 网络性能下降
    C. 增加配置复杂度
    D. 以上都不是
    答案：A

4. 在基本 ACL 中，规则的顺序对匹配结果（　　）。
    A. 有影响
    B. 没有影响
    C. 不确定
    D. 以上都不是
    答案：A

5. 高级 ACL 中，规则的顺序同样会影响（　　）。
    A. 匹配结果
    B. 网络性能
    C. 配置复杂度
    D. 以上都不是
    答案：A

6. 当报文匹配上了某条规则后，设备会（　　）。
    A. 对该报文执行这条规则中定义的处理动作，并且不再继续尝试与后续规则进行匹配
    B. 继续尝试与后续规则进行匹配
    C. 随机执行其他规则
    D. 以上都不是
    答案：A

7. 如果报文不能匹配上 ACL 的任何一条规则，则设备会对该报文执行（　　）处理动作。
    A. permit
    B. deny
    C. 丢弃
    D. 以上都不是
    答案：A

8. 基本 ACL 的规则通常基于（　　）进行匹配。
    A. 源 IP 地址
    B. 目的 IP 地址
    C. 源端口
    D. 目的端口

答案：A

9. 高级 ACL 可以基于更多的条件进行过滤，这些条件不包括（　　）。
   A. 源 IP 地址　　　　　　　　B. 目的 IP 地址
   C. 报文颜色　　　　　　　　　D. 协议
   答案：C

10. 对于规则中地址有重叠的情况，应该（　　）。
    A. 将更具体的规则放在前面　　B. 将范围更大的规则放在前面
    C. 随意排列　　　　　　　　　D. 以上都不是
    答案：A

11. 在路由器每个接口出向和入向每个方向只能绑定一个 ACL，这意味着（　　）。
    A. 不能同时应用多个 ACL　　　B. 一个 ACL 可以绑定到多个接口
    C. ACL 的规则数量有限制　　　D. 以上都不是
    答案：B

12. 当通配符全为 0 来匹配 IP 地址时，表示匹配（　　）。
    A. 某个 IP 地址　B. 所有地址　C. 网段　　D. 以上都不是
    答案：A

13. 当通配符全为 1 来匹配 0.0.0.0 地址时，表示匹配（　　）。
    A. 某个 IP 地址　B. 所有地址　C. 网段　　D. 以上都不是
    答案：B

14. 基本 ACL 和高级 ACL 的编号范围不同，这是为了（　　）。
    A. 便于区分和管理　　　　　　B. 没有特别的意义
    C. 随机分配　　　　　　　　　D. 以上都不是
    答案：A

15. 规则编号的步长可以调整，其目的是（　　）。
    A. 便于在规则之间插入新的规则　B. 没有特别的意义
    C. 随机设置　　　　　　　　　D. 以上都不是
    答案：A

16. 在实际网络中部署 ACL 后，应该（　　）。
    A. 持续监控网络性能和流量，根据需要对 ACL 规则进行优化和调整
    B. 不再关注
    C. 随机调整
    D. 以上都不是
    答案：A

二、简答题

1. ACL 有哪些优点？

参考答案：

（1）提高网络安全性：可以阻止未经授权的网络访问，降低网络遭受攻击的风险，如禁止特定 IP 地址或网段的主机访问内部网络资源。

（2）优化网络性能：通过限制某些类型的流量或特定主机的流量，优化网络带宽的使用，确保关键业务的流量优先得到处理。

（3）限制网络服务访问：可以禁止某些用户或网络对特定网络服务的访问，如 HTTP、FTP 等。

（4）防止网络滥用：阻止非法或不适当的网络活动，如 P2P 下载、在线游戏等，以提高工作效率和保障网络正常运行。

（5）实现网络隔离：在不同的网络区域之间设置访问控制，实现区域之间的隔离和保护。

（6）提高管理效率：有助于保障网络的正常运行和资源的合理使用。

2. 基本 ACL 和高级 ACL 的主要区别是什么？

答：基本 ACL 只能基于源 IP 地址进行过滤；高级 ACL 可以基于源 IP 地址、目的 IP 地址、协议类型、源端口、目的端口等多种参数进行过滤，功能更强大、更灵活。

3. ACL 的主要作用有哪些？

答：

（1）控制网络访问，允许或拒绝特定的 IP 地址、网络或用户对网络资源的访问。

（2）限制网络流量，如阻止特定类型的流量进入网络。

（3）提高网络安全性，防止未经授权的访问和攻击。

（4）实现网络服务质量控制，优先处理特定类型的流量。

4. 在配置基本 ACL 时，需要注意哪些问题？

答：

（1）要确保 ACL 应用在正确的接口和方向上。

（2）合理规划 ACL 编号，避免冲突。

（3）注意 ACL 的顺序，先匹配的规则优先执行。

（4）当修改 ACL 时，可能会影响正在进行的网络通信，需谨慎操作。

5. 高级 ACL 可以基于哪些参数进行过滤？

答：高级 ACL 可以基于源 IP 地址、目的 IP 地址、协议类型（如 TCP、UDP、ICMP 等）、源端口、目的端口、IP 优先级等参数进行过滤。

第 11 章

网络地址转换

> 📋 **本章内容**
> - 公网地址和私网地址：公网 IP 地址具有全球唯一性，可在互联网上直接访问资源；私网 IP 地址用于私有网络内部，在不同私有网络中可重复使用。
> - NAT 的类型：包括静态 NAT、动态 NAT、NAPT、Easy IP 和 NAT Server。
> - 配置 NAT 案例：涉及配置静态 NAT、NAPT 和 Easy IP 的相关内容。
> - NAT Server：当私网中的服务器需向公网提供服务时，需在路由器上配置 NAT Server，以将内网服务器映射到公网。

总的来说，本章详细阐述网络地址转换（NAT）的相关知识，包括公网地址和私网地址的概念、NAT 的多种类型、NAT 的配置实例等内容。

11.1 公网地址和私网地址

公网 IP 地址和私网 IP 地址是在网络中用于标识设备的两种不同类型的 IP 地址。

公网 IP 地址是在互联网上全球唯一的、可直接访问的 IP 地址。它由互联网服务提供商（ISP）分配给用户，使得用户能够通过这个地址与互联网上的其他设备进行通信。公网 IP 地址在整个互联网范围内是唯一的，通过它可以直接访问互联网上的资源。

私网 IP 地址则是在私有网络内部使用的 IP 地址，通常用于企业、家庭或组织内部的局域网中。私网 IP 地址在不同的私有网络中可以重复使用，常见的私网 IP 地址范围包括：10.0.0.0～10.255.255.255、172.16.0.0～172.31.255.255、192.168.0.0～192.168.255.255。当私有网络中的设备需要访问互联网时，通常需要通过网络地址转换（NAT）技术将私网 IP 转换为公网 IP 来实现。

企业或学校的内部网络，可以根据计算机数量、网络规模大小，选用适当的私网地址段。小型企业或家庭网络可以选择保留的 C 类私网地址，大中型企业网络可以选择保留的 B 类地址或 A 类地址。如图 11-1 所示，小型厂房园区选用 192.168.1.0/24 作为内网地址，家庭网络和咖啡厅也选择 192.168.1.0/24 作为内网地址，反正这三个网络现在不需要相互通信，将来也不打算相互访问，使用相同的网段或地址重叠也没关系。如果以后小型厂房园区和家庭网络需要相互通信，就不能再使用重叠的地址，而需要重新规划这两个网络的 IP 地址。

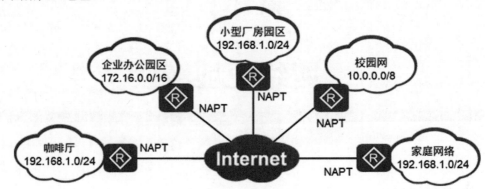

图 11-1　私网地址

企业内网通常使用私网地址，使用私网地址的计算机要想访问 Internet，就需要在边界路由器上配置网络地址转换（NAT）或网络地址端口转换（NAPT），NAPT 能够减少对公网地址的占用。

NAT 通常具有以下优点。

（1）通过使用 NAPT（网络地址端口转换）私网访问 Internet 时可以使用公网地址，节省公网 IP 地址。

（2）更换 ISP 时，内网地址不用更改，增强了 Internet 连接的灵活性。

（3）私网在 Internet 上不可直接访问，增强了内网的安全性。

但是 NAT 也有以下缺点。

（1）在路由器上做 NAT 或 NAPT，都需要修改数据包的网络层和传输层，并且在路由器中保留、记录端口地址转换对应关系，这相比路由数据包会产生较大的交换延迟，同时会消耗路由器较多的资源。

（2）使用私网地址访问 Internet，源地址被替换成公网地址，如果某学校的学生在论坛上发布消息，论坛只能记录发帖人的 IP 地址是该学校的公网地址，无法跟踪到是内网的哪个地址。也就是无法进行端到端的 IP 跟踪。

（3）公网不能访问私网计算机，如需访问，需要做端口映射。

（4）某些应用无法在 NAT 网络中运行，如 IPSec 不允许中间数据包被修改。

11.2　NAT 的类型

NAT 可分为五种类型：静态 NAT、动态 NAT、NAPT、Easy IP 和 NAT Server。

11.2.1 静态 NAT

静态 NAT 在连接私网和公网的路由器上进行配置，每个私网地址都有一个与之对并且固定的公网地址，即私网地址和公网地址之间的关系是一对一映射，这种类型的 NAT 不节省公网 IP 地址。

静态 NAT 支持双向互访。私网地址访问 Internet 经过出口设备 NAT 转换时，会被转换成对应的公网地址。同时，外部网络访问内部网络时，其报文中携带的公网地址（目标地址）也会被 NAT 设备转换成对应的私网地址。

如图 11-2 所示，在 R1 路由器上配置静态 NAT，内网 192.168.1.2 访问 Internet 时使用公网地址 12.2.2.2 替换源 IP 地址，内网 192.168.1.3 访问 Internet 时使用公网地址 12.2.2.3 替换源 IP 地址。图 11-2 展示了 PC1、PC2 访问 Web 服务器，数据包在内网时的源地址和目标地址，以及数据包发送到 Internet 后的源地址和目标地址；也展示了 Web 服务器发送给 PC1 和 PC2 的数据包在 Internet 的源地址和目标地址，以及进入内网后的源地址和目标地址。

PC3 不能访问 Internet，因为在 R1 路由器上没有为 IP 地址 192.168.1.4 指定用于替换的公网地址。配置好了静态 NAT，Internet 上的计算机就能通过访问 12.2.2.2 访问到内网的 PC1，通过访问 12.2.2.3 访问到内网的 PC2。

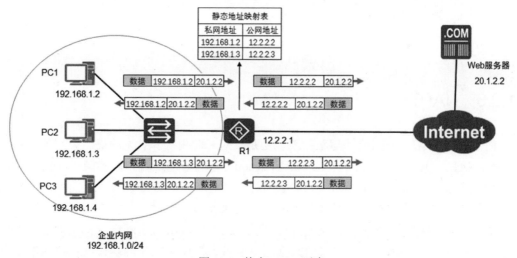

图 11-2 静态 NAT 示意

11.2.2 动态 NAT

静态 NAT 严格执行一对一地址映射，这就导致即便内网主机长时间离线或者不发送数据时，与之对应的公网地址也处于使用状态。为了避免地址浪费，动态 NAT 提出了地址池的概念，将所有可用的公网地址组成地址池。

当内部主机访问外部网络时临时分配一个地址池中未使用的地址，并将该地址标记为"In Use"。当该主机不再访问外部网络时回收分配的地址，重新标记为"Not Use"。

动态 NAT 在连接私网和公网的路由器上进行配置，在路由器上创建公网地址池（地址段），使用 ACL 定义哪些地址需要被转换，并不指定用哪个公网地址替换哪个私网地址。内网计算机访问 Internet，路由器会从公网地址池中随机选择一个没被使用的公网地址做源地址替换。动态 NAT 只允许内网主动访问 Internet，Internet 上的计算机不能主动通过公网地址访问内网的计算机，这一点与静态 NAT 不一样。

如图 11-3 所示，内网有 4 台计算机，公网地址池中有三个公网 IP 地址，这只允许内网的三台计算机访问 Internet，到底谁能访问 Internet，那就看谁先上网了，图中 PC4 没有可用的公网地址，就不能访问 Internet。

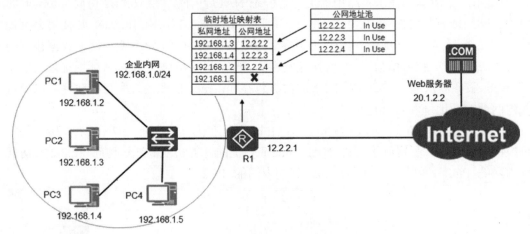

图 11-3　动态 NAT

11.2.3　NAPT

使用动态 NAT，公网地址与私网地址还是一对一映射关系，无法提高公网地址利用率。而 NAPT（Network Address and Port Translation，网络地址端口转换）在从地址池中选择地址进行地址转换时不仅转换 IP 地址，同时也会对端口号进行转换，从而实现公网地址与私网地址的一对多映射，可以有效提高公网地址利用率。

如果用于 NAT 的公网地址少于内网上网计算机的数量，内网计算机使用公网地址池中的 IP地址访问 Internet，出去的数据包就要替换源IP地址和源端口。在路由器中有一张表用于记录地址端口转换，如图11-4所示。

源端口（图 11-4 中的公网端口）由路由器统一分配，不会重复，路由器 R1 收到返回来的数据包，根据目标端口就能判定应该给内网中的哪台计算机。这就是网络地址端口转换（NAPT）的应用会节省公网地址的体现。

NAPT 只允许内网计算机发起对 Internet 的访问，Internet 中的计算机不能主动向内网计算机发起通信，这使得内网在 Internet 不可见。

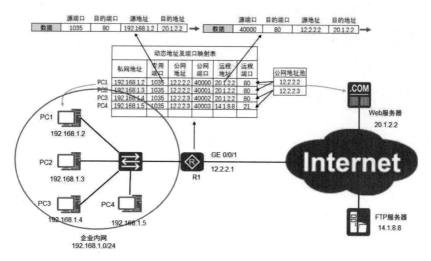

图 11-4 网络地址端口转换示意图

11.2.4 Easy IP

Easy IP 的实现原理与 NAPT 相同，同时转换 IP 地址、传输层端口，区别在于 Easy IP 没有地址池的概念，使用接口地址作为 NAT 转换的公网地址。

Easy IP 适用于不具备固定公网地址的场景，如通过 DHCP、PPPoE 拨号获取地址的网络出口，可以直接使用获取到的动态地址进行转换。

如图 11-5 所示，Easy IP 无须建立公网 IP 地址资源池，因为 Easy IP 只会用到一个公网地址，该地址就是路由器 R1 的 GE 0/0/1 接口的 IP 地址。Easy IP 也会建立并维护一张动态地址及端口映射表，并且 Easy IP 会将这张表中的公网 IP 地址绑定成的 GE 0/0/1 接口的 IP 地址。如果 R1 的 GE 0/0/1 接口的 IP 地址发生了变化，那么，这张表中的公网 IP 地址也会自动跟着变化。GE 0/0/1 接口的 IP 地址可以是手工配置的，也可以是动态分配的。

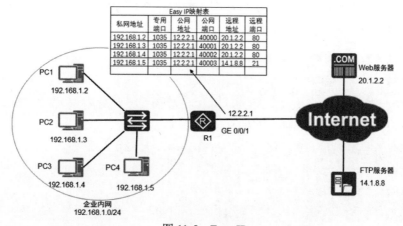

图 11-5 Easy IP

其他方面，Easy IP 都是与 NAPT 完全一样的，这里不再赘述。

11.3 配置 NAT 案例

11.3.1 配置静态 NAT

如图 11-6 所示，企业内网的私网地址的 192.168.0.0/24 网段，AR1 路由器接入 Internet，有一条默认路由指向 AR2 的 GE 0/0/0 端口地址，AR2 代表 ISP 的 Internet 上的路由器，该路由器没有到私网的路由。ISP 给企业分配了三个公网地址 11.2.2.1、11.2.2.2、11.2.2.3，其中 11.2.2.1 指定给 AR1 的 GE 0/0/1 端口。

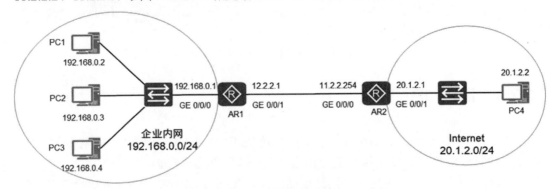

图 11-6　配置静态 NAT

现在要求在 AR1 路由器上配置静态 NAT，PC1 访问 Internet 的 IP 地址使用 11.2.2.2 替换、PC2 访问 Internet 的 IP 地址使用 11.2.2.3 替换。11.2.2.1 地址已经分配给 AR1 的 GE 0/0/1 端口使用了，静态映射不能再使用这个地址。

在配置静态 NAT 之前，内网计算机是不能访问 Internet 上的计算机的。思考一下这是为什么？是数据包不能到达目标地址？还是 Internet 上的计算机发出的响应数据包不能返回内网？

配置静态 NAT 有两种方式：接口视图下配置和全局视图下配置。对 AR1 在接口视图下配置静态 NAT 示例如下。

```
[AR1]interface GigabitEthernet 0/0/1
[AR1-GigabitEthernet0/0/1]nat static global 12.2.2.2 inside 192.168.0.2
[AR1-GigabitEthernet0/0/1]nat static global 12.2.2.3 inside 192.168.0.3
```

对 AR1 在系统视图下配置静态 NAT 示例如下。

```
[AR1]nat static global 12.2.2.2 inside 192.168.0.2
[AR1]nat static global 12.2.2.3 inside 192.168.0.3
[AR1]interface GigabitEthernet 0/0/1
[AR1-GigabitEthernet0/0/1]nat static enable  --在接口视图下启用静态 NAT
```

在AR1 上查看 NAT 静态映射如下。

```
<AR1>display nat static Static Nat Information:
Interface : GigabitEthernet0/0/1
Global IP/Port   : 12.2.2.2/----
Inside IP/Port            : 192.168.0.2/----
Protocol : ----
VPN instance-name : ----
Acl number   : ----
Netmask : 255.255.255.255
Description : ----

Global IP/Port   : 12.2.2.3/----
Inside IP/Port            : 192.168.0.3/----
Protocol : ----
VPN instance-name : ----
Acl number   : ----
Netmask : 255.255.255.255
Description : ----
Total : 2
```

配置完成后，PC1 和 PC2 能 ping 通 20.1.2.2。PC3 不能 ping 通 Internet 上计算机的 IP 地址。Internet 上的 PC4 能够通过 11.2.2.2 地址访问到内网的 PC1，能够通过 11.2.2.3 地址访问到内网的 PC3。

测试完成后，删除静态 NAT 设置。对于在接口视图下配置的静态 NAT，输入以下命令删除配置。

```
[AR1-GigabitEthernet0/0/1]undo nat static global 12.2.2.2 inside 192.168.0.2
 [AR1-GigabitEthernet0/0/1]undo nat static global 12.2.2.3 inside 192.168.0.3
```

对于在系统视图下配置的静态 NAT，输入以下命令删除配置。

```
[AR1]undo nat static global 12.2.2.2 inside 192.168.0.2
[AR1]undo nat static global 12.2.2.3 inside 192.168.0.3
[AR1]interface GigabitEthernet 0/0/1
[AR1-GigabitEthernet0/0/1]undo nat static enable
```

11.3.2 配置 NAPT

本节网络环境如图 11-6 所示，ISP 给企业分配了 11.2.2.1、11.2.2.2、11.2.2.3 三个公网地址，11.2.2.1 给 AR1 路由器的 GE 0/0/1 端口使用，11.2.2.2 和 11.2.2.3 这两个地址给内网计算机做 NAPT 使用。

在 AR1 路由器上创建公网地址池如下。

```
[AR1]nat address-group 1 ?  指定公网地址池编号 1
IP_ADDR<X.X.X.X>  Start address
[AR1]nat address-group 1 12.2.2.2 12.2.2.3       --指定开始地址和结束地址
```

如果企业内网有多个网段，也许只允许特定的几个网段能够访问 Internet。需要通过 ACL 定义允许通过 NAPT 访问 Internet 的私网网段，在本示例中内网只有一个网段。

```
[AR1]acl 2000
[AR1-acl-basic-2000]rule 5 permit source 192.168.0.0 0.0.0.255
[AR1-acl-basic-2000]rule deny
[AR1-acl-basic-2000]quit
```

在 AR1 上连接 Internet 的端口 GigabitEthernet 0/0/1 配置 NAPT。

```
[AR1]interface GigabitEthernet 0/0/1
[AR1-GigabitEthernet0/0/1]nat outbound 2000 address-group 1 ?
             --指定使用的公网地址池
no-pat  Not use PAT  --如果带 no-pat，就是动态 NAT
<cr>Please press ENTER to execute command
[AR1-GigabitEthernet0/0/1]nat outbound 2000 address-group 1
             --不带 no-pat，就是 NAPT
```

在 PC1、PC2、PC3 上 ping Internet 上的 PC4，测试是否能 ping 通。

11.3.3　配置 Easy IP

如图 11-7 所示，企业内网使用私网地址 192.168.0.0/24，ISP 只给了企业一个公网地址 11.2.2.1/24。在 AR1 上配置 NAPT，允许内网计算机使用 AR1 路由器上 GE 0/0/1 端口的公网地址做地址转换以访问 Internet。

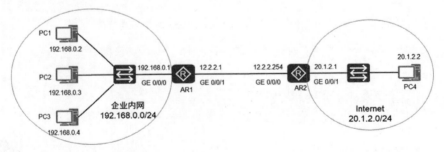

图 11-7　使用外网端口地址做 NAPT

如果企业内网有多个网段，也许只允许特定几个网段能够访问 Internet。通过 ACL 定义允许通过 NAPT 访问 Internet 的内网网段，在本示例中内网只有一个网段。

```
[AR1]acl 2000
[AR1-acl-basic-2000]rule 5 permit source 192.168.0.0 0.0.0.255
[AR1-acl-basic-2000]rule deny
[AR1-acl-basic-2000]quit
```

为AR1上连接Internet的端口GigabitEthernet 0/0/1配置NAPT。

```
[AR1]interface GigabitEthernet 0/0/1
[AR1-GigabitEthernet0/0/1]nat outbound 2000      --指定允许NAPT的ACL
```

11.4 NAT Server

11.4.1 介绍 NAT Server

当私网网络中的服务器需要对公网提供服务时，就需要在路由器上配置 NAT Server，指定[公网地址：端口]与[私网地址：端口]的一对一映射关系，将内网服务器映射到公网。公网主机访问[公网地址：端口]实现对内网服务器的访问。

如图 11-8 所示，RA 路由器连接内网和 Internet，现在打算让 Internet 上的计算机访问内网 Web 服务器的网站。实现以上功能，就需要在 RA 路由器上配置一个 NAT Server，这实质上就是在 NAT 映射表中添加一条静态 NAT 映射，将 TCP 的 80 端口映射到内网 Web 服务器的 80 端口。

图 11-8 中画出了 Internet 中 PC4 访问 11.2.2.8 地址 TCP80 端口的数据包，RA 路由器收到后，查找 NAT 映射表，根据[公网地址：端口]信息查找对应的[私网地址：端口]，并进行 IP 地址数据报文目标地址、端口转换，转换后将数据包发送到内网 Web 服务器。

RA 路由器收到 Web 服务器返回给 PC4 的数据包，再根据 NAT 映射表，将数据包的源 IP 地址和端口进行转换后，发送给 PC4。

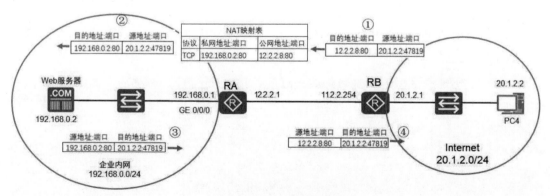

图 11-8 NAT Server

11.4.2 配置 NAT Server

如图 11-9 所示，某公司内网使用的是 192.168.0.0/24 网段，用 AR1 路由器连接 Internet，有公网 IP 地址 11.2.2.1，该公司内网中的 Web 服务器需要供 Internet 上的计算机访问，该公司 IT 部门的员工下班回家后，需要用远程桌面连接企业内网的 Server1 和 PC3。

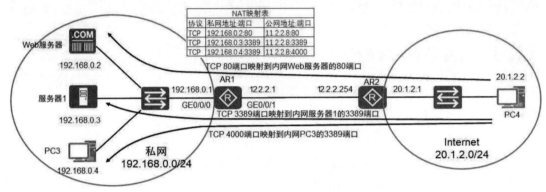

图 11-9　配置 NAT Server

访问网站使用的是 HTTP，该协议默认使用 TCP 的 80 端口，将 11.2.2.8 的 TCP 的 80 端口映射到内网 192.168.0.2 的 TCP 的 80 端口。

远程桌面使用的是 RDP，该协议默认使用 TCP 的 3389 端口，将 11.2.2.8 的 TCP 的 3389 端口映射到内网的 192.168.0.3 的 TCP 的 3389 端口。

TCP 的 3389 端口已经映射到内网的 Server1，使用远程桌面连接 PC3 时就不能再使用 3389 端口了，可以将 11.2.2.1 的 TCP 的 4000 端口映射到内网 192.168.0.4 的 3389 端口。通过访问 11.2.2.8 的 TCP 的 4000 端口就可以访问 PC3 的远程桌面（3389 端口）。

在 AR1 路由器的 GE 0/0/1 端口配置 Easy IP，内网访问 Internet 的数据包的源地址使用该接口的公网地址替换。本例配置 NAT Server，使用另外一个公网地址 11.2.2.8 作 NAT Server 地址，允许 Internet 访问内网中的 Web 服务器、Server1 和 PC3 的远程桌面。

将 AR1 上的 GigabitEthernet 0/0/1 接口的公网地址从 TCP 的 80 端口映射到内网的 192.168.0.2 地址的 80 端口。

```
[AR1-GigabitEthernet0/0/1]nat server protocol tcp global  12.2.2.8 ?
<0-65535>  Global port of NAT
             --可以跟端口号 ftpFile Transfer Protocol (21)
pop3 Post Office Protocol v3 (110)
smtp Simple Mail Transport Protocol (25) Telnet Telnet (23)
www  World Wide Web (HTTP, 80)   --www相当于 80端口
 [AR1-GigabitEthernet0/0/1]nat server protocol tcp global 12.2.2.8 www
inside 192.168.0.2 www
```

```
Warning:The port 80 is well-known port. If you continue it may cause function
failure.
Are you sure to continue?[Y/N]:y
```

将 AR1 上的 GigabitEthernet 0/0/1 接口的公网地址从 TCP 的 3389 端口映射到内网的 192.168.0.3 地址的 3389 端口。

```
[AR1-GigabitEthernet0/0/1]nat server protocol tcp global 12.2.2.8 3389
inside 192.168.0.3 3389
```

将 AR1 上的 GigabitEthernet 0/0/1 接口的公网地址从 TCP 的 4000 端口映射到内网的192.168.0.4 地址的 3389 端口。

```
[AR1-GigabitEthernet0/0/1]nat server protocol tcp global 12.2.2.8 4000
inside 192.168.0.4 3389
```

查看 AR1 上GigabitEthernet 0/0/1 接口的 NAT Server 配置如下。

```
<AR1>display nat server interface GigabitEthernet 0/0/1

Nat Server Information:
Interface : GigabitEthernet0/0/1
Global IP/Port : 12.2.2.8/80(www)
Inside IP/Port : 192.168.0.2/80(www)
Protocol : 6(tcp)
VPN instance-name : ----
Acl number : ----
Description : ----

Global IP/Port : 12.2.2.8/3389
Inside IP/Port      : 192.168.0.3/3389
Protocol : 6(tcp)
VPN instance-name : ----
Acl number : ----
Description : ----

Global IP/Port : 12.2.2.8/4000
Inside IP/Port      : 192.168.0.4/3389
Protocol : 6(tcp)
VPN instance-name : ----
Acl number : ----
Description : ----
Total : 3
```

11.5 习题

一、选择题

1. 下列哪个 IP 地址范围属于私网地址（　　）。
   A. 1.0.0.0～126.255.255.255　　　　　　B. 128.0.0.0～191.255.255.255
   C. 192.168.0.0～192.168.255.255　　　　D. 200.0.0.0～223.255.255.255
   答案：C

2. 公网地址由谁进行分配（　　）。
   A. 个人用户　　　　　　　　　　　　　B. 企业用户
   C. 互联网服务提供商（ISP）　　　　　　D. 任何组织都可以自行分配
   答案：C

3. NAT 的主要作用是（　　）。
   A. 增加网络带宽　　　　　　　　　　　B. 提高网络安全性
   C. 实现私网地址和公网地址的转换　　　D. 优化网络路由
   答案：C

4. NAPT 是基于（　　）进行地址转换的。
   A. IP 地址　　　　B. 端口号　　　　C. MAC 地址　　　　D. 协议类型
   答案：B

5. 下列哪种情况最适合使用端口映射（　　）。
   A. 当需要从公网访问内网的特定服务器时　B. 当需要增加网络带宽时
   C. 当需要隐藏内网结构时　　　　　　　D. 当需要提高网络安全性时
   答案：A

6. 私网地址在互联网上（　　）直接通信。
   A. 可以　　　　　　　　　　　　　　　B. 不可以
   C. 经过授权后可以　　　　　　　　　　D. 部分情况下可以
   答案：B

7. 在 NAT 转换中，内部网络向外部网络发送数据包时，源 IP 地址通常会被转换为（　　）。
   A. 另一个私网地址　　　　　　　　　　B. 公网地址
   C. 广播地址　　　　　　　　　　　　　D. 多播地址
   答案：B

8. 下列哪个是合法的公网 IP 地址（　　）。
   A. 192.168.1.1　　　　　　　　　　　　B. 10.0.0.1
   C. 172.16.0.1　　　　　　　　　　　　D. 202.106.0.20
   答案：D

9. 端口映射通常在（　　）设备上进行配置。
   A. 路由器　　　　B. 交换机　　　　C. 集线器　　　　D. 服务器

答案：A

10. NAPT 可以同时转换（　　）。
    A. IP 地址和 MAC 地址　　　　　　　B. IP 地址和端口号
    C. MAC 地址和端口号　　　　　　　D. 协议类型和端口号
    答案：B

11. 如果要实现从公网访问内网的 Web 服务器，需要进行（　　）。
    A. NAT 转换　　　　　　　　　　　B. NAPT 转换
    C. 端口映射　　　　　　　　　　　D. IP 地址转换
    答案：C

12. NAPT 技术可以将多个私网地址映射到一个公网地址的不同（　　）上。
    A. IP 地址　　　　　　　　　　　　B. 端口号
    C. MAC 地址　　　　　　　　　　　D. 协议类型
    答案：B

二、简答题

1. 请简述 NAT 的工作原理。

答：NAT 的工作原理是将内部网络中的私有 IP 地址转换为合法的公网 IP 地址，以便内部网络中的设备能够与外部网络进行通信。当内部网络中的设备向外部网络发送数据包时，NAT 设备将数据包的源 IP 地址（私有 IP）替换为一个公网 IP 地址，并记录这个转换关系。当外部网络的响应数据包返回时，NAT 设备根据之前记录的转换关系，将目的 IP 地址从公网 IP 转换回内部网络设备的私有 IP 地址，然后将数据包转发给内部设备。

2. NAPT 相比 NAT 有哪些优势？

答：NAPT（Network Address Port Translation，网络地址端口转换）相比 NAT 有以下优势。

（1）更高的地址利用率：NAPT 不仅可以转换 IP 地址，还可以同时转换传输层端口号，从而允许多个内部网络设备共享一个公网 IP 地址进行通信，大大提高了公网 IP 地址的利用率。

（2）灵活性更强：可以根据不同的端口号区分不同的内部设备和服务，实现更灵活的网络配置。

3. 什么情况下需要进行端口映射？

答：在以下情况下需要进行端口映射。

（1）当内部网络中有服务器（如 Web 服务器、FTP 服务器等）需要对外提供服务时，需要进行端口映射，将外部网络对特定公网端口的访问请求转发到内部服务器的相应端口上，以便外部用户能够访问内部服务器。

（2）当需要从外部网络远程访问内部网络中的特定设备或服务时，也可以通过端口映射实现。

4. 端口映射可能会带来哪些安全风险？如何降低这些风险？

答：端口映射可能带来的安全风险如下。

（1）增加了内部网络被外部攻击的风险，因为开放了特定端口，攻击者可能会针对这些端口进行攻击。

（2）如果配置不当，可能会导致内部网络的敏感信息被泄露。

降低这些风险的方法如下。

（1）仅开放必要的端口，对于不必要的端口不进行映射。

（2）使用强密码和安全认证机制，保护内部服务器和设备。

（3）定期更新内部服务器和设备的软件，以修复可能存在的安全漏洞。

（4）可以在端口映射的设备上配置防火墙规则，限制对映射端口的访问来源，只允许特定的 IP 地址或 IP 地址段访问。

第 12 章

IPv6 网络层协议

本章内容

- IPv6 概述：介绍了 IPv6 协议的背景、发展历史以及其相较于 IPv4 的主要改进和新特性。
- IPv6 数据包结构：介绍了 IPv6 数据包的基本首部和扩展首部，解释了各个字段的作用和意义。
- IPv6 的优势：列举了 IPv6 相较于 IPv4 的一些优势，如更大的地址空间、更精简的报文结构、更快的内容获取速度、更好的 QoS 支持和更高的网络安全性等。
- IPv6 编址：详细说明了 IPv6 地址的结构、特点和分类，包括单播地址、链路本地地址、全球单播地址、任播地址和组播地址等。
- IPv6 地址配置：描述了 IPv6 地址的配置方法，包括无状态自动配置和有状态地址配置，并详细解释了邻居发现协议（NDP）在地址配置中的作用。

如图 12-1 所示，IPv6 网络层的主要协议包括 IPv6 协议本身和 ICMPv6（Internet Control Message Protocol version 6，互联网控制报文协议版本 6）协议。

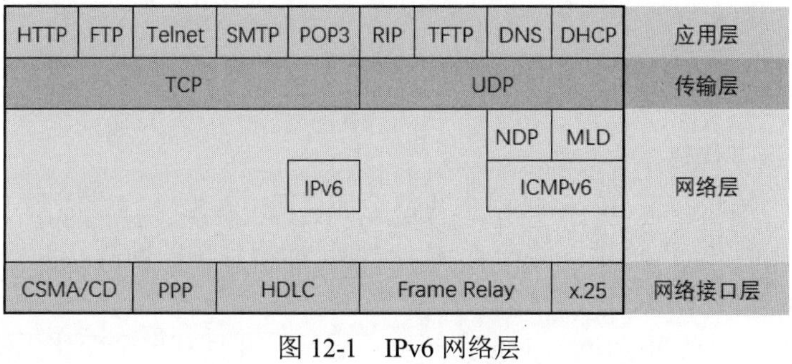

图 12-1 IPv6 网络层

NDP（Neighbor Discovery Protocol，邻居发现协议）和 MLD（Multicast Listener Discovery，组播侦听者发现协议）都是基于 ICMPv6 实现的。

NDP 用于 IPv6 节点发现邻居节点的链路层地址、查找路由器、维护邻居可达性信息等。

MLD 则用于 IPv6 中的组播管理，实现组播组成员的加入和离开等功能。

可以说，NDP 和 MLD 是 ICMPv6 协议在不同应用场景下的具体实现和扩展，它们利用了 ICMPv6 定义的消息格式和机制来完成各自特定的任务。在 IPv6 中，不再使用广播，而是将广播看作多播的一个特例。

12.1 IPv6 概述

12.1.1 IPv4 面临的困境

IPv4 面临以下几个主要问题。

（1）地址耗尽：IPv4 使用 32 位地址，所能提供的地址数量有限。随着互联网的迅速发展和普及，连接到网络的设备数量急剧增加，IPv4 地址资源逐渐枯竭。

（2）网络地址分配不均：IPv4 地址的分配在全球范围内存在不均衡的情况，一些地区和组织拥有大量地址，而另一些则存在地址短缺。

（3）NAT（网络地址转换）的复杂性：为了缓解地址不足的问题，广泛采用了网络地址转换（NAT）技术。但 NAT 增加了网络的复杂性，可能导致某些应用程序无法正常工作，如需要端到端连接的 P2P 应用。

（4）安全性问题：IPv4 在设计时对安全性考虑相对较少，缺乏内置的安全机制，使得网络容易受到各种攻击。

（5）路由表膨胀：随着网络规模的不断扩大，IPv4 路由表的规模也在不断增长，导致路由器处理路由信息的负担加重，影响网络的性能和可扩展性。

（6）难以支持新兴技术和应用：如物联网、5G 等新兴技术和应用需要大量的 IP 地址和更先进的网络功能，IPv4 在满足这些需求方面存在困难。

这些问题促使了 IPv6 的发展和推广，以提供更充足的地址空间和更好的网络性能。

12.1.2 IPv6 优势

IPv6 具有以下优势。

（1）更大的地址空间：IPv6 采用 128 位地址长度，其地址容量达到了 2^{128} 个，几乎可以不受限制地提供 IP 地址，解决了 IPv4 地址即将耗尽的问题，能够满足日益增长的互联网用户以及未来物联网地址的分配需求。

（2）报文结构更精简：IPv4 的报文长度不固定，并且有一个变化无常的 option 字段来实现一些特定功能，整体结构比较复杂。而 IPv6 的报文长度是固定的，将 option 字段、分片字段的功能转移到 IPv6 扩展报头中，极大地精简了报文结构，更多的功能通过添加不同的扩展报头来实现。

（3）内容获取速度更快：IPv6 的地址分配遵循"聚类"原则，可使路由器在路由表中用一条记录来表明一片子网，大大减小了路由器中路由表的长度，使路由器转发数据包的速度得到提升，从而使得通过 IPv6 连接并获取内容的速度相较 IPv4 更快。

（4）支持层次化网络结构：IPv6 不再像 IPv4 一样按照 A、B、C 等分类来划分地址，而是通过 IANA（国际互联网号码分配机构）→RIR（区域互联网注册管理机构）→ISP（运营商）这样的顺序来分配。这样可以更好地聚合路由，减少骨干网络上的路由条目，尽力避免出现网络地址子网不连续的情况。

（5）网络安全性更高：每个 IPv6 数据包的完整性和真实性都是通过加密和防止数据包欺骗的技术来保证的。在使用 IPv6 网络时，用户可以对网络层的数据进行加密并对 IP 报文进行校验，极大地增强了网络安全性能。

（6）对 QoS 的支持更好：IPv6 新增了流标记域，可以提供更好的 QoS（服务质量）保证。

（7）能更好地满足新兴技术的应用需求：IPv6 在建立网络连接方面具备优势，其扩展头机制具有良好的功能可扩展性，可以方便地支持网络连接属性的增强，满足不同业务的服务质量要求。IPv6 分段路由（SRv6）、网络切片、网络随路检测、确定性网络、无状态组播技术等基于 IPv6 的创新发展，满足了 5G、云计算、物联网、工业互联网等网络新兴业务的需求，对促进 IPv6 的部署起到了积极作用。

图 12-2 所示是对 TCP/IPv4 协议栈和 TCP/IPv6 协议栈的比较。

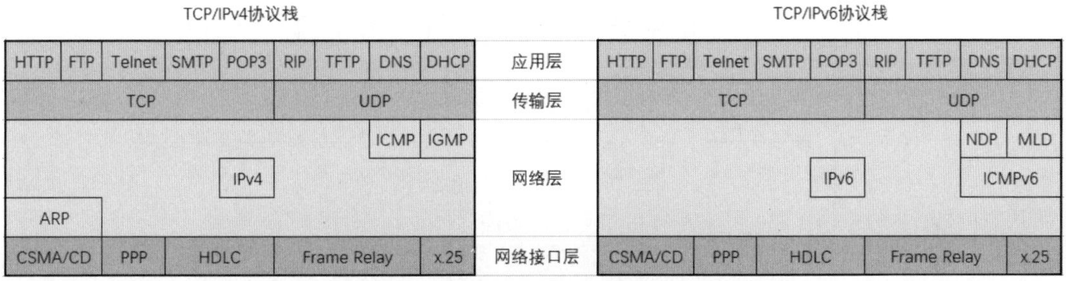

图 12-2　IPv4 协议栈和 IPv6 协议栈

从图 12-2 中可以看到，TCP/IPv4 协议栈与 TCP/IPv6 协议栈相比，其实现的功能是相同的，只是网络层发生了变化。IPv4 协议栈和 IPv6 协议栈主要有以下区别。

1. 网络层方面

（1）IPv6 协议栈的网络层没有 ARP 协议和 IGMP 协议。

（2）IPv6 对 ICMP 协议的功能做了很大扩展，IPv4 中 ARP 协议的功能被嵌入到 IPv6 的邻居发现协议（NDP）中，IGMP 协议的组播成员管理功能被嵌入到组播侦听器发现（MLD）协议中。

2. 功能方面

（1）ICMPV6 取代了 ICMP，用于测试网络、报告错误等，帮助判断网络故障。

（2）NDP 取代了 ARP，用于管理相邻 IPv6 节点间的交互，包括自动配置地址和地址解析。

（3）MLD 取代了 IGMP，用于管理 IPv6 组播组成员的身份。

12.1.3 IPv6 的基本首部

IPv6 数据包在基本首部（Base Header）的后面允许有零个或多个扩展首部（Extension Header），再后面才是数据，如图 12-3 所示。但需要注意，所有的扩展首部都不属于 IPv6 数据包的首部。所有的扩展首部和数据合起来叫作数据包的有效载荷（Payload）或净负荷。

图 12-4 所示是 IPv6 的基本首部。在基本首部后面是有效载荷，它包括传输层的数据和可能选用的扩展首部。

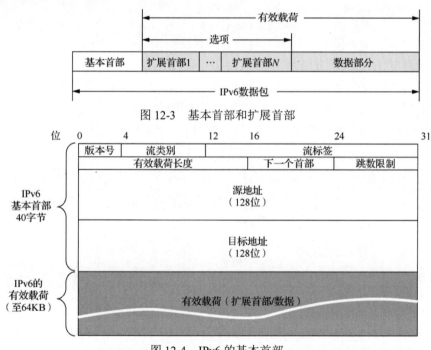

图 12-3　基本首部和扩展首部

图 12-4　IPv6 的基本首部

与 IPv4 相比，IPv6 对首部中的某些字段进行了以下更改。

（1）取消了首部长度字段：IPv6 的首部长度是固定的 40 字节。

（2）取消了服务类型字段：其功能由优先级和流标号字段实现。

（3）取消了总长度字段：改用有效载荷长度字段，该字段只表示数据部分的长度，不包括首部。

（4）取消了标识、标志和片偏移字段：这些功能已包含在分片扩展首部中。

（5）把 TTL 字段改称为跳数限制字段：作用不变，更强调"可通过路由器个数"的概念，数据过一次路由器就减 1，减到 0 则丢弃数据。

（6）取消了协议字段：改用下一个首部字段，当 IPv6 数据报没有扩展首部时，其作用与 IPv4 的协议字段一样，用于指出基本首部后面的数据应交付给 IP 层上面的哪一个高层协议；当出现扩展首部时，该字段的值标识了后面第一个扩展首部的类型。

（7）取消了检验和字段：加快了路由器处理数据报的速度。

（8）取消了选项字段：用扩展首部来实现选项功能，路由器通常不处理扩展首部（除逐跳扩展首部外），提高了处理效率。同时，IPv6 首部改为 8 字节对齐，而 IPv4 首部是 4 字节对齐。

（9）由于把首部中不必要的功能取消了，因此使得 IPv6 基本首部的字段数减少到了 8 个（虽然基本首部长度增大了一倍）。

下面解释 IPv6 的基本首部中各字段的作用。

（1）版本号：长度为 4 bit。对于 IPv6，该值为 6。

（2）流类别：长度为 8 bit。等同于 IPv4 中的 QoS 字段，表示 IPv6 数据包的类或优先级，主要应用于 QoS。

（3）流标签：长度为 20 bit。IPv6 中的新增字段，用于区分实时流量，不同的流标签+源地址可以唯一确定一条数据流，中间网络设备可以根据这些信息更加高效地区分数据流。

（4）有效载荷长度：长度为 16 bit。有效载荷是指紧跟 IPv6 基本首部数据包的其他部分（即扩展首部和上层协议数据单元）。

（5）下一个首部：长度为 8 bit。该字段可以定义紧跟在 IPv6 基本首部后面第一个扩展首部（如果存在）的类型，或者上层协议数据单元中的协议类型（类似于 IPv4 的 Protocol 字段）。

（6）跳数限制：长度为 8 bit。该字段类似于 IPv4 中的 Time to Live 字段，它定义了 IP 数据包所能经过的最大跳数。每经过一个路由器，该数值就减 1，当该字段的值为 0 时，数据包将被丢弃。

（7）源地址：长度为 128 bit。表示发送方的地址。

（8）目的地址：长度为 128 bit。表示接收方的地址。

12.1.4　IPv6 的扩展首部

IPv4 的数据包如果在其首部中使用了选项，那么沿数据包传送的路径上的每一个路由器都必须对这些选项一一进行检查，这样就降低了路由器处理数据包的速度。然而实际上很多的选项在途中的路由器上是不需要检查的（因为不需要使用这些选项的信息）。

IPv6 把原来 IPv4 首部中"选项"的功能都放在扩展首部中，并把扩展首部留给路径两端的源点和终点的计算机来处理，而数据包途中经过的路由器都不处理这些扩展首部（只有一个首部例外，即逐跳选项扩展首部），这样就大大提高了路由器的处理效率。在 RFC2460 中定义了以下六种扩展首部，当超过一种扩展首部被用在同一个 IPv6 报文中时，扩展首部必须按照下列顺序出现。

（1）逐跳选项首部：主要用于为在传送路径上的每跳指定发送参数，传送路径上的每台中间节点都要读取并处理该字段。

（2）目的选项首部：携带了一些只有目的节点才会处理的信息。

（3）路由选择首部：IPv6 源节点用于强制数据包经过特定的设备。

（4）分片首部：当报文长度超过最大传输单元（Maximum Transmission Unit，MTU）时就需要将报文分片发送，而在 IPv6 中，分片发送使用的是分片首部。

（5）认证首部：该首部由 IPsec 使用，主要用于提供认证、数据完整性以及重放保护等。

（6）封装安全有效载荷首部：该首部由 IPsec 使用，主要用于提供认证、数据完整性以及重放保护和 IPv6 数据包的保密等。

IPv6 基本首部的"下一个首部"字段，可用于指明基本首部后面的数据应交付给哪一层的哪一个协议。例如，6 表示应交付给传输层的 TCP，17 表示应交付给传输层的 UDP，58 表示应交付给网络层的 ICMPv6。

规范中定义的所有扩展首部对应的"下一个首部"的取值详见表 12-1。

表 12-1　扩展首部对应的首部值

扩展首部	下一个首部值
逐跳选项首部	0
目的选项首部	60
路由选择首部	43
分片首部	44
认证首部	51
封装安全有效载荷首部	50
无下一个扩展首部	59

每一个扩展首部都由若干个字段组成，它们的长度也各不相同。但所有扩展首部的第一个字段都是 8 位的"下一个首部"字段。此字段的值指出了在该扩展首部后面的字段是什么。如图 12-5 所示，IPv6 的扩展首部包括路由选择首部、分片首部及 TCP 首部。

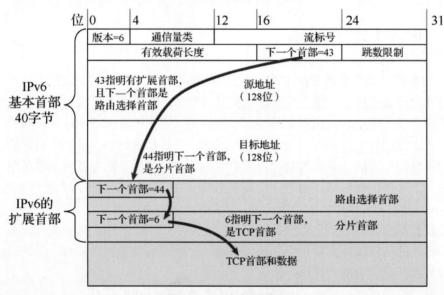

图 12-5　IPv6 扩展首部

12.2 IPv6 编址

12.2.1 IPv6 地址概述

128 位的 IPv6 地址可以划分更多地址层级、拥有更广阔的地址分配空间,并支持地址自动配置。近乎无限的地址空间是 IPv6 的最大优势,具体详见表 12-2。

表 12-2 IPv4 和 IPv6 地址数量对比

版本	长度	地址数量
IPv4	32 位	4,294,967,296
IPv6	128 位	340,282,366,920,938,463,374,607,431,768,211,456

如图 12-6 所示,IPv6 地址由 128 位二进制数组成,用于标识一个或一组接口。IPv6 地址通常写作 xxxx:xxxx:xxxx:xxxx:xxxx:xxxx:xxxx:xxxx。其中 xxxx 是 4 个十六进制数,等同于一个 16 位的二进制数;八组 xxxx 共同组成了一个 128 位的 IPv6 地址。一个 IPv6 地址由 IPv6 网络前缀(Network Prefix)和接口 ID(Interface Identify,又称接口标识)组成,IPv6 网络前缀用于标识 IPv6 网络,接口 ID 用于标识接口。

由于 IPv6 地址的长度为 128 位,因此书写时会非常不方便。此外,IPv6 地址的巨大地址空间使得地址中往往会包含多个 0。为了应对这种情况,IPv6 提供了压缩方式来简化地址的书写,具体的压缩规则如下。

(1)每 16 位中的前导 0 可以省略。

(2)地址中包含的连续两个或多个均为 0 的组,可以用双冒号"::"来代替。需要注意的是,在一个 IPv6 地址中只能使用一次双冒号,否则,设备将压缩后的地址恢复成 128 位时,无法确定每段中 0 的个数,如图 12-7 所示。

本示例展示了如何利用压缩规则对 IPv6 地址进行简化表示。

IPv6 地址分为 IPv6 网络前缀和接口标识,子网掩码使用前缀长度的方式标识。表示形式是:IPv6 地址/前缀长度。其中,"前缀长度"是一个十进制数,表示该地址的前多少位是地址前缀。例如,F00D:4598:7304:6540:FEDC:BA98:7654:3210,其地址前缀是 64 位,可以表示为 F00D:4598:7304:6540:FEDC:BA98:7654:3210/64,所在的网段是 F00D:4598:7304:6540::/64。

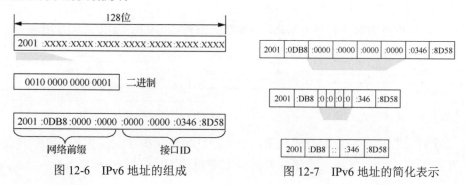

图 12-6 IPv6 地址的组成   图 12-7 IPv6 地址的简化表示

12.2.2 IPv6 地址分类

根据 IPv6 地址网络前缀，可将 IPv6 地址分为单播（Unicast）地址、组播（Multicast）地址和任播（Anycast）地址，如图 12-8 所示。单播地址又分为全球单播地址、唯一本地地址、链路本地地址、特殊地址和其他单播地址。IPv6 没有定义广播地址（Broadcast Address）。在 IPv6 网络中，所有广播的应用场景将会被 IPv6 组播所取代。

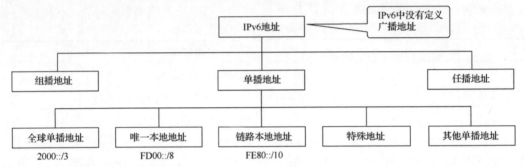

图 12-8　IPv6 地址分类

12.2.3 单播地址

1. 单播地址的组成

单播地址是点对点通信时使用的地址，此地址仅能标识一个接口，网络负责把对单播地址发送的数据包传送到该接口上。

一个 IPv6 单播地址可以分为以下两部分，如图 12-9 所示。

（1）网络前缀：n bit，相当于 IPv4 地址中的网络 ID。

（2）接口标识：$(128-n)$ bit，相当于 IPv4 地址中的计算机 ID。

常见的 IPv6 单播地址包括全球单播地址（Global Unicast Address，GUA）、唯一本地地址（Unique Local Address，ULA）、链路本地地址（Link-Local Address，LLA）等，要求网络前缀和接口标识必须为 64bit。

2. 全球单播地址

全球单播地址也称为可聚合全球单播地址。该类地址全球唯一，用于需要有 Internet 访问需求的计算机，相当于 IPv4 的公网地址。

通常 GUA 的网络部分长度为 64bit，接口标识也为 64bit，如图 12-10 所示。

图 12-9　IPv6 地址的组成　　　　图 12-10　全球单播地址的结构

IPv6 全球单播地址的分配方式如下：顶级地址聚集机构 TLA（大的 ISP 或地址管理机构）获得大块地址，TLA 负责给次级地址聚集机构 NLA（中小规模 ISP）分配地址，

NLA 再给站点级地址聚集机构 SLA（子网）和网络用户分配地址。

如有需要，用户可以向运营商申请全球单播地址或者直接向所在地区的 IPv6 地址管理机构申请。

（1）全局路由前缀（Global Routing Prefix）：由提供商指定给一个组织机构，一般至少为 45bit。

（2）子网 ID（Subnet ID）：组织机构根据自身网络需求划分子网。

（3）接口标识：用于标识一个设备（的接口）。

3. 唯一本地地址

唯一本地地址是 IPv6 私网地址，只能够在内网使用。该地址空间在 IPv6 公网中不可被路由，因此不能直接访问公网。如图 12-11 所示，唯一本地地址使用 FC00::/7 地址块，目前仅使用了 FD00::/8 地址段，FC00::/8 预留为以后扩展用。唯一本地地址虽然只在有限范围内有效，但也具有全球唯一的前缀（虽然是用随机方式产生的，但发生冲突的概率很低）。

8 bit	40 bit	16 bit	64 bit
1111 1101	Global ID	子网ID	接口标识

图 12-11 唯一本地地址

4. 链路本地地址

IPv6 中有种地址类型叫作链路本地地址，该地址用于在同一子网中的 IPv6 计算机之间进行通信。自动配置、邻居发现以及没有路由器的链路上的节点都可使用这类地址。链路本地地址的有效范围是本地链路，如图 12-12 所示，其前缀为 FE80::/10。任意需要将数据包发往单一链路上的设备，以及不希望数据包发往链路范围外的协议都可以使用链路本地地址。当配置一个单播 IPv6 地址时，接口上会自动配置一个链路本地地址。链路本地地址可以与可路由的 IPv6 地址共存。

10 bit	54 bit	16 bit	64 bit
1111 1101 10	0	子网ID	接口标识
	固定为0		

图 12-12 链路本地地址的有效范围

IPv6 地址的接口标识为 64bit，用于标识链路上的接口。接口标识有许多用途，其最常见的用法就是附加在链路本地地址前缀的后面，形成接口的链路本地地址；或者在无状态自动配置中，附加在获取到的 IPv6 全球单播地址前缀的后面构成接口的全球单播地址。

5. 单播地址接口标识生成方式

IPv6 单播地址接口标识可以通过以下三种方式生成。

（1）手工配置。

（2）系统自动生成。

（3）通过 IEEE EUI-64（612-bit Extended Unique Identifier）规范生成。

其中通过 EUI-64 规范生成最为常用，此规范将接口的 MAC 地址转换为 IPv6 接口标识。IEEE EUI-64 规范是在 MAC 地址中插入 FF-FE，MAC 地址的第 7 位取反，形成 IPv64 地址的 64bit 网络接口标识，如图 12-13 所示。

这种由 MAC 地址产生 IPv6 地址接口标识的方法可以减少配置的工作量，尤其是当采用无状态地址自动配置时，只需要获取一个 IPv6 前缀就可以与接口标识形成 IPv6 地址。

使用这种方式最大的缺点就是某些恶意者可以通过三层 IPv6 地址推算出二层 MAC 地址。

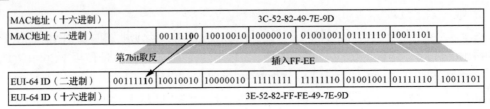

图 12-13　EUI-64 规范

12.2.4　组播地址

1. 组播地址的构成

与 IPv4 组播相同，IPv6 组播地址可以标识多个接口，一般用于"一对多"的通信场景。IPv6 组播地址只可以作为 IPv6 报文的目的地址。

组播地址相当于广播电台的频道，某个广播电台在特定频道发送信号，收音机只要调到该频道就能收到该广播电台的节目，没有调到该频道的收音机则忽略该信号。

如图 12-14 所示，组播源使用某个组播地址发送组播流，打算接收该组播信息的计算机需要加入该组播组，也就是网卡绑定该组播 IP 地址，生成对应的组播 MAC 地址。加入该组播的所有接口能接收组播数据包并对其进行处理，而没有绑定该组播地址的计算机则忽略组播信息。

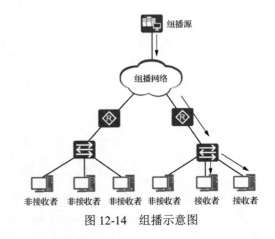

图 12-14　组播示意图

组播地址以 11111111（即 ff）开头，如图 12-15 所示。

8bit	4bit	4bit	80bit	32bit
11111111	Flags	Scope	Reserved（必须为0）	Group ID

图 12-15　组播地址的构成

（1）Flags：表示永久或临时组播组。0000 表示永久分配或众所周知的；0001 表示临时的。

（2）Scope：表示组播的范围详见表 12-3。

表 12-3　组播范围

Scope 取值	范围
0	表示预留
1	表示节点本地范围，单个接口有效，仅用于 Lookback 通信
2	表示链路本地范围，例如 FF02::1
5	表示站点本地范围
8	组织本地范围
E	表示全球范围
F	表示预留

（3）Group ID：组播组 ID。

（4）Reserved：占 80bit，必须为 0。

2. 被请求节点组播地址

当一个节点具备了单播或任播地址后，就会对应生成一个被请求节点组播地址，并且加入这个组播组。该地址主要用于邻居发现机制和地址重复检测功能。被请求节点组播地址的有效范围为本地链路范围。

如图 12-16 所示，被请求节点组播地址的前 104 位是固定的，前缀为 FF02:0000:0000:0000:0000:0001:FFxx:xxxx/104，或缩写成 FF02::1:FFxx:xxxx/104。将 IPv6 地址的后 24 位移下来填充到后面，就形成了被请求节点组播地址。

例如，IPv6 地址 2001::1234:5678/64 的被请求节点组播地址为 FF02::1:FF34:5678/104。其中，FF02::1:FF 为固定部分，共 104 位。

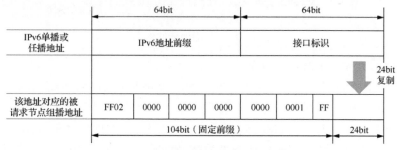

图 12-16　被请求节点组播地址的构成

在本地链路上，被请求节点的组播地址中只包含一个接口。只要知道了一个节点的 IPv6 地址，就能计算出其被请求节点的组播地址。

被请求节点组播地址的作用如下。

（1）在 IPv6 中没有 ARP。ICMP 取代了 ARP 的功能，被请求节点的组播地址会被节点用于获得相同本地链路上邻居节点的链路层地址。

（2）用于重复地址检测（Duplicate Address Detection，DAD），在使用无状态自动配置将某个地址配置为自己的 IPv6 地址之前，节点会利用 DAD 验证在其本地链路上该地址是否已被使用。

由于只有目标节点才会侦听这个被请求节点组播地址，所以该组播报文可以被目标节点所接收，同时不会占用其他非目标节点的网络性能。

12.2.5 任播地址

任播地址可标识一组接口，它与组播地址的区别在于发送数据包的方法。向任播地址发送的数据包并未被分发给组内的所有成员，而是发往该地址标识"最近"的那个接口。

如图 12-17 所示，Web 服务器 1 和 Web 服务器 2 分配了相同的 IPv6 地址 2001:0DB8::84C2，该单播地址就成了任播地址，PC1 和 PC2 需要访问 Web 服务，向 2001:0DB8::84C2 地址发送请求，PC1 和 PC2 就会访问到距离它们最近（路由开销最小，也就是路径最短）的 Web 服务器。

任播过程涉及一个任播报文发起方以及一个或多个响应方。

（1）任播报文的发起方通常为请求某一服务（如 Web 服务）的主机。

（2）任播地址与单播地址在格式上无任何差异，唯一的区别是一台设备可以给多个具有相同地址的设备发送报文。

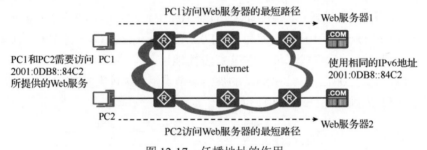

图 12-17　任播地址的作用

网络中运用任播地址有以下优势。

（1）业务冗余。例如，用户可以通过多台使用相同地址的服务器获取同一个服务（如 Web 服务）。这些服务器都是任播报文的响应方。如果不采用任播地址通信，那么当其中一台服务器发生故障时，用户就需要获取另一台服务器的地址才能重新建立通信。如果采用的是任播地址，那么当一台服务器发生故障时，任播报文的发起方能够自动与使用相同地址的另一台服务器通信，从而实现业务冗余。

（2）提供更优质的服务。例如，某公司在 A 省和 B 省各部署了一台提供相同 Web 服务的服务器。基于路由优选规则，A 省的用户在访问该公司提供的 Web 服务时，会优先访问部署在 A 省的服务器，提高访问速度，降低访问时延，大大提升了用户体验。

任播地址从单播地址空间中分配，使用单播地址的任何格式。因此，从语法上，任播地址与单播地址没有区别。当一个单播地址被分配给多于一个的接口时，就会将其转换为任播地址。被分配具有任播地址的节点必须得到明确的配置，从而知道它是一个任播地址。

12.2.6 常见的 IPv6 地址类型和地址范围

IPv6 常见的地址类型和地址范围详见表 12-4。

表 12-4 IPv6 常见的地址类型和地址范围

地址范围	地址类型
2000::/3	全球单播地址
2001:0DB8::/32	保留地址
FE80::/10	链路本地地址
FF00:;/8	组播地址
::/128	未指定地址
::1/128	环回地址

目前，有小部分全球单播地址已由 IANA（Internet 名称与数字地址分配机构 ICANN 的一个分支）分配给了用户。单播地址的格式是 2000::/3，代表公共 IP 网络上任意可到达的地址。IANA 负责将该段地址范围内的地址分配给多个区域 Internet 注册管理机构（RIR），RIR 负责全球五个区域的地址分配。下列几个地址范围已分配完毕：2400::/12（APNIC）、2600::/12（ARIN）、2800::/12（LACNIC）、2A00::/12（RIPE）和 2C00::/12（AFRINIC），它们会使用单一地址前缀标识特定区域中的所有地址。

在 2000::/3 地址范围内还为文档示例预留了地址空间，如 2001:0DB8::/32。

链路本地地址只能在同一网段的节点之间通信使用。以链路本地地址为源地址或目的地址的 IPv6 报文不会被路由器转发到其他链路。链路本地地址的前缀是 FE80::/10。使用 IPv6 通信的计算机会同时拥有链路本地地址和全球单播地址。

组播地址的前缀是 FF00::/8。组播地址范围内的大部分地址都是为特定组播组保留的。与 IPv4 一样，IPv6 组播地址还支持路由协议。IPv6 中没有广播地址，用组播地址替代广播地址可以确保报文只发送给特定的组播组，而非 IPv6 网络中的任意终端。

0:0:0:0:0:0:0:0/128 等于::/128，这是 IPv4 中 0.0.0.0 的等价地址，代表 IPv6 中未指定的地址。

0:0:0:0:0:0:0:1 等于::1，这是 IPv4 中 127.0.0.1 的等价地址，代表本地环回地址。

12.3 IPv6 地址配置

12.3.1 计算机和路由器的 IPv6 地址

配置或启用了 IPv6 地址的计算机和路由器接口，会自动加入组播特定的组播地址，如图 12-18 所示。

所有节点的组播地址：FF02:0:0:0:0:0:0:1。

所有路由器的组播地址：FF02:0:0:0:0:0:0:2。

被请求节点组播地址：FF02:0:0:0:0:1:FFXX:XXXX。

所有 OSPF 路由器组播地址：FF02:0:0:0:0:0:0:5。

所有 OSPF 的 DR 路由器组播地址：FF02:0:0:0:0:0:0:6。

所有 RIP 路由器组播地址：FF02:0:0:0:0:0:0:9。

在图 12-18 中可以看到，计算机和路由器的接口都生成了两个"被请求节点组播地址"，分别由接口的链路本地地址和管理员分配的全球单播地址生成。

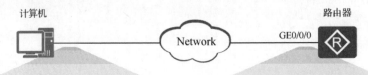

网卡的链路本地地址	FE80::2E0:FCFF:FE35:7287
管理员分配的全球单播地址	2001::1975
环回地址	::1
所有节点的组播地址	FF01::1 及 FF02::1
网卡的每个单播地址对应的被请求节点组播地址	FF02::1:FF35:7287 FF02::1:FF00:1975

网卡的链路本地地址	FE80::2E0:FCFF:FE99:1285
管理员分配的全球单播地址	2001::1977
环回地址	::1
所有节点的组播地址	FF01::1 及 FF02::1
所有路由器的组播地址	FF02::2 及 FF02::2
网卡的每个单播地址对应的被请求节点组播地址	FF02::1:FF99:1285 FF02::1:FF00:1977

图 12-18　IPv6 接口地址和加入的特定的组播组

12.3.2　邻居发现协议

邻居发现协议（NDP）作为 IPv6 的基础性协议，提供了地址自动配置、重复地址检测（DAD）、地址解析等功能，如图 12-19 所示。

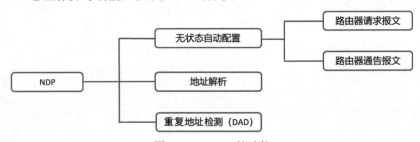

图 12-19　NDP 的功能

（1）无状态自动配置是 IPv6 的一个亮点功能，它使得 IPv6 计算机能够非常便捷地接入 IPv6 网络中，即插即用，无须手工配置繁冗的 IPv6 地址，无须部署应用服务器（如 DHCP 服务器）为计算机分发地址。无状态自动配置机制使用了 ICMPv6 中的路由器请求报文（Router Solicitation，RS）以及路由器通告报文（Router Advertisement，RA）。通过无状态自动配置机制，链路上的节点可以自动获得 IPv6 全球单播地址。

（2）地址解析是一种确定目的节点的链路层地址的方法。NDP 中的地址解析功能不仅替代了原 IPv4 中的 ARP，同时还用邻居不可达检测方法来维持邻居节点之间的可达性状态信息。地址解析过程使用了两种 ICMPv6 报文：邻居请求（Neighbor Solicitation，NS）

和邻居通告（Neighbor Advertisement，NA）。这里的邻居是指附着在相同链路的全部节点。

（3）重复地址检测使用 ICMPv6 NS 和 ICMPv6 NA 报文确保网络中无两个相同的单播地址。所有接口在使用单播地址前都需要做 DAD。

NDP 协议封装在 ICMPv6 中，NDP 使用了 ICMPv6 的以下几种报文类型。

（1）路由器请求报文：类型值为 133。主机使用 RS 报文来请求路由器发送路由器通告报文，以获取网络前缀、默认路由、链路参数等信息。

（2）路由器通告报文：类型值为 134。路由器会定期发送 RA 报文，或响应主机的 RS 报文，向主机提供网络参数信息。

（3）邻居请求报文：类型值为 135。NS 报文用于地址解析，类似于 IPv4 中的 ARP 请求报文，其作用是请求目标节点的链路层地址。

（4）邻居通告报文：类型值为 136。NA 报文用于响应 NS 报文，类似于 IPv4 中的 ARP 应答报文，它会携带发送者的链路层地址。

（5）重定向报文（Redirect）：类型值为 137，用于路由器告知其他设备到达目标网络的更优下一跳。

12.3.3　IPv6 单播地址业务流程

计算机或路由器在发送 IPv6 报文之前要经历地址配置、重复地址检测、地址解析三个阶段。如图 12-20 所示，邻居发现协议在其中扮演了重要角色，它使用 ICMPv6 报文实现其功能，从中可以看到在无状态自动配置、有状态地址配置、重复地址检测和地址解析时都会用到 NDP。

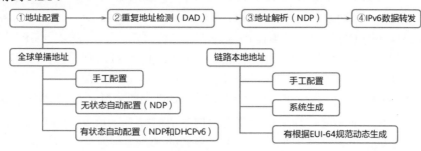

图 12-20　接口配置 IPv6 地址的过程

IPv6 地址配置到转发需要经历的过程如下。

（1）全球单播地址和链路本地地址是接口上最常见的 IPv6 单播地址，一个接口上可以配置多个 IPv6 地址。全球单播地址配置的既可以是手工配置静态 IPv6 地址，又可以是无状态自动配置，还可以是有状态自动配置。链路本地地址通常是由系统根据 EUI-64 规范动态生成的，很少手工配置。

（2）DAD 类似于 IPv4 中的免费 ARP 检测，用于检测当前地址是否与其他接口的 IPv6 地址相冲突。

（3）地址解析类似于 IPv4 中的 ARP 请求，通过 ICMPv6 报文形成 IPv6 地址与数据链路层地址（一般是 MAC 地址）的映射关系。

（4）IPv6 配置完毕后，才可以使用该地址转发 IPv6 数据。

12.3.4　IPv6 地址配置方式

使用 IPv6 通信的计算机，可以人工指定静态地址，也可以设置成自动获取 IPv6 地址，如图 12-21 所示。自动配置有两种方式，即无状态自动配置和有状态自动配置。

图 12-21　IPv6 静态地址和自动获取 IPv6 地址

12.3.5　IPv6 地址自动配置的两种方式

IPv6 支持地址有状态（Stateful）和无状态（Stateless）两种自动配置方式，通过路由器接口通告 RA 报文中的 M 标记（Managed Address Configuration Flag）和 O 标记（Other Stateful Configuration Flag）来控制终端自动获取地址的方式。

M 字段为管理地址配置标识（Managed Address Configuration）。当 M=0 时，标识为无状态地址分配，客户端可通过无状态协议（如 ND）获得 IPv6 地址。当 M=1 时，标识为有状态地址分配，客户端可通过有状态协议（如 DHCPv6）获得 IPv6 地址。

O 字段为其他有状态配置标识（Other Configuration）。当 O=0 时，标识客户端可通过无状态协议（如 ND）获取除地址外的其他配置信息。当 O=1 时，标识客户端可通过有状态协议（如 DHCPv6）获取除地址外的其他配置信息，如 DNS、SIP 服务器等信息。

协议规定，若 M=1，O=1，才有意义；若 M=0，O=1，则无意义。

下面介绍无状态地址自动配置过程，RA 中的 M=0，O=0。

NDP 的无状态自动配置包含两个阶段：链路本地地址的配置和全球单播地址的配置。当一个接口启用时，计算机会首先根据本地前缀 FE80::/64 和 EUI-64 接口标识符，为该接口生成一个链路本地地址，如果在后续的 DAD 中发生了地址冲突，就必须为该接口手动配置本地链路地址，否则该接口将不可用。

下面以图 12-22 中计算机 PC1 的 IPv6 无状态自动配置为例，讲解 IPv6 无状态自动配置的步骤。

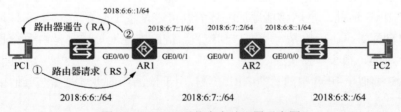

图 12-22　IPv6 无状态自动配置示意图

（1）计算机节点 PC1 在配置好链路本地地址后，发送 RS 报文，请求路由前缀信息。

（2）路由器收到 RS 报文后，发送单播 RA 报文，携带用于无状态地址自动配置的前缀信息，M 标记位为 0，O 标记位为 0，同时路由器也会周期性地发送组播 RA 报文。

（3）PC1 收到 RA 报文后，根据路由前缀信息和配置信息生成一个临时的全球单播地址。同时启动 DAD，发送 NS 报文验证临时地址的唯一性，此时该地址处于临时状态。

（4）链路上的其他节点收到 DAD 的 NS 报文后，如果没有节点使用该地址，就丢弃报文，否则会产生应答 NS 的 NA 报文。

（5）PC1 如果没有收到 DAD 的 NA 报文，就说明地址是全局唯一的，则用该临时地址初始化接口，此时地址进入有效状态。

无状态地址配置的关键在于路由器完全不关心计算机的状态如何，如是否在线等，所以称为无状态。无状态地址的配置多用于物联网等终端，且终端不需要地址外其他参数的场景。

下面以图 12-23 中计算机 PC1 的 IPv6 有状态自动配置（DHCPv6）为例，讲解 IPv6 有状态自动配置的步骤。

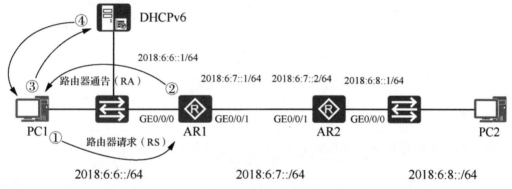

图 12-23　有状态自动配置示意图

（1）PC1 发送路由器请求（RS）。

（2）AR 路由器发送路由器通告（RA），RA 报文中有两个标志位。M 标记位是 1，告诉 PC1 可从 DHCPv6 服务端获取完整的 128 位 IPv6 地址。O 标记位是 1，告诉 PC1 可从 DHCPv6 服务器获取 DNS 等其他配置。如果这两个标记位都是 0，则是无状态自动配置，不需要 DHCPv6 服务器。

（3）PC1 发送 DHCPv6 征求消息。征求消息实际上就是组播消息，目标地址为 ff02::1:2，是所有 DHCPv6 服务器和中继代理的组播地址。

（4）DHCPv6 服务器给 PC1 提供 IPv6 地址和其他设置。此外，DHCPv6 服务端将会记录该地址的分配情况（这也是被称为有状态的原因）。

有状态地址配置要求网络中配置 DHCPv6 服务器，多用于公司内部有线终端的地址配置，以方便对地址进行管理。

12.3.6 无状态地址自动配置和有状态地址自动配置的优缺点

1. 无状态地址自动配置的优缺点

1）优点

（1）简单高效：不需要服务器的参与，设备可以直接根据网络中的路由器通告消息获取网络前缀信息，并结合自身的接口标识符生成 IPv6 地址，配置过程相对简单。减少了对服务器资源的依赖，降低了网络管理的复杂性。

（2）灵活性高：设备可以在不同的网络环境中快速自动配置地址，适应能力强。接口标识符的生成方式多样，可以根据设备的特性进行选择，提高了地址配置的灵活性。

2）缺点

（1）缺乏集中管理：由于没有服务器的参与，无法对地址进行集中管理和控制，因此可能会出现地址冲突或者地址分配不合理的情况，尤其是在大规模网络中。

（2）配置信息有限：只能获取网络前缀和默认的路由等基本信息，其他网络配置参数（如 DNS 服务器地址等）无法自动获取，需要通过其他方式进行配置。

2. 有状态地址自动配置（DHCPv6）的优缺点

1）优点

（1）集中管理：可以通过 DHCPv6 服务器对地址进行集中管理和分配，确保地址的唯一性和合理性。服务器可以根据网络策略和设备需求，为不同的设备分配不同的地址和网络配置参数，提高了网络管理的可控性。

（2）丰富的配置信息：除了 IPv6 地址外，还可以同时为设备提供其他网络配置参数，如 DNS 服务器地址、域名等，使得设备能够快速接入网络并获得完整的网络配置。

2）缺点

（1）依赖服务器：需要部署 DHCPv6 服务器，增加了网络的复杂性和成本。如果服务器出现故障，可能会影响设备的地址自动配置和网络接入。

（2）配置相对复杂：服务器的配置和管理相对复杂，需要专业的网络管理人员进行操作。设备与服务器之间的交互也可能会增加网络延迟和通信开销。

12.4 实现 IPv6 地址自动配置

12.4.1 实现 IPv6 地址无状态自动配置

实验环境如图 12-24 所示，有 3 个 IPv6 网络，需要参照拓扑中标注的地址配置 AR1 和 AR2 路由器接口的 IPv6 地址。将 Windows 10 的 IPv6 地址设置成自动获取 IPv6 地址，实现无状态自动配置。

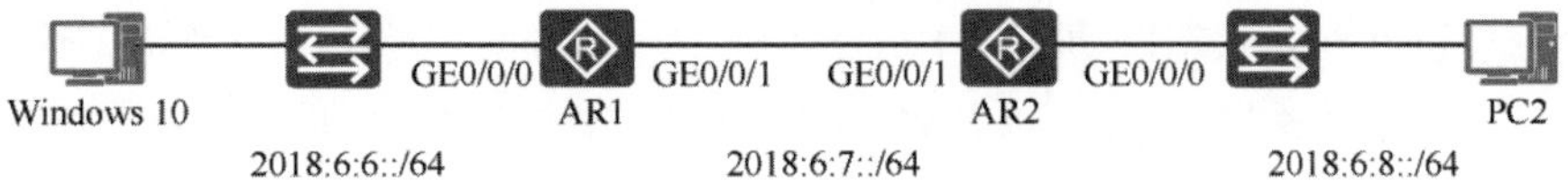

第 12 章 IPv6 网络层协议 255

```
                        2018:6:6::1/64   2018:6:7::1/64  2018:6:7::2/64   2018:6:8::1/64
                                  GE0/0/0      GE0/0/1  GE0/0/1      GE0/0/0
     Windows 10                       AR1                  AR2                      PC2
                        2018:6:6::/64            2018:6:7::/64          2018:6:8::/64
```

图 12-24 IPv6 地址无状态自动配置的实验拓扑图

AR1 路由器上的配置如下。

```
[AR1]ipv6                                             --全局开启对IPv6的支持
[AR1]interface GigabitEthernet 0/0/0
[AR1-GigabitEthernet0/0/0]ipv6 enable                 --在接口上启用IPv6支持
[AR1-GigabitEthernet0/0/0]ipv6 address 2018:6:6::1 64  --添加IPv6地址
[AR1-GigabitEthernet0/0/0]ipv6 address auto link-local
                                                      --配置自动生成链路本地地址
[AR1-GigabitEthernet0/0/0]undo ipv6 nd ra halt
                                    --允许接口发送RA报文，默认不发送RA报文
[AR1-GigabitEthernet0/0/0]quit
[AR1]display ipv6 interface GigabitEthernet 0/0/0
                                                      --查看接口的IPv6地址
GigabitEthernet0/0/0 current state : UP
IPv6 protocol current state : UP
IPv6 is enabled, link-local address is FE80::2E0:FCFF:FE29:31F0
                                                      --链路本地地址
 Global unicast address(es):
  2018:6:6::1, subnet is 2018:6:6::/64                --全局单播地址
 Joined group address(es):                            --绑定的组播地址
  FF02::1:FF00:1
  FF02::2                                             --路由器接口绑定的组播地址
  FF02::1                          --所有启用了IPv6的接口绑定的组播地址
  FF02::1:FF29:31F0                --被请求节点组播地址
 MTU is 1500 bytes
 ND DAD is enabled, number of DAD attempts: 1   --ND网络发现，地址冲突检测次数
 ......
 ND router advertisement max interval 600 seconds, min interval 200 seconds
 ND router advertisements live for 1800 seconds
 ND router advertisements hop-limit 64
 ND default router preference medium
 Hosts use stateless autoconfig for addresses   --计算机使用无状态自动配置
```

在 Windows 10 系统中，可设置 IPv6 地址自动获取。打开命令提示符，输入 ipconfig /all 命令可以看到无状态自动配置生成的 IPv6 地址，同时也能看到链路本地地址（Windows 系统称为本地连接 IPv6 地址），IPv6 网关是路由器的链路本地地址，如图 12-25 所示。

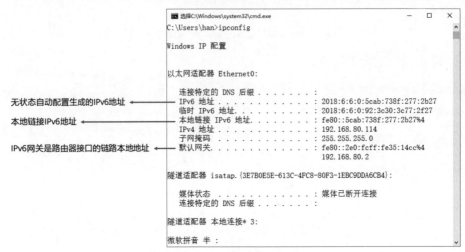

图 12-25　无状态自动配置生成的 IPv6 地址

12.4.2　抓包分析 RA 和 RS 数据包

IPv6 地址支持无状态地址自动配置，无须使用诸如 DHCP 之类的辅助协议，计算机即可获取 IPv6 前缀并自动生成接口 ID。路由发现功能是 IPv6 地址自动配置功能的基础，主要通过 RA、RS 两种报文实现。

每台路由器为了让二层网络上的计算机和其他路由器知道自己的存在，定期会以组播方式发送携带网络配置参数的 RA 报文。RA 报文的 Type 字段值为 134。

计算机接入网络后可以主动发送 RS 报文。RA 报文是由路由器定期发送的，但是如果计算机希望能够尽快收到 RA 报文，它可以主动发送 RS 报文给路由器。网络上的路由器收到 RS 报文后会立即向相应的计算机单播回应 RA 报文，告知计算机该网段的默认路由器和相关配置参数。RS 报文的 Type 字段值为 133。

为了让抓包工具能够捕获 IPv6 自动配置的 RS 报文和路由器响应的 RA 报文，先在 Windows 上运行抓包工具，然后在 Windows 10 上给 IPv6 指定一个静态 IPv6 地址，再选择"自动获取 IPv6 地址"，这样计算机就会发送 RS 报文，路由器就会响应 RA 报文。

如图 12-26 所示，抓包工具捕获的数据包中，在"显示筛选器"框中输入 icmpv6.type == 133 命令，显示的第 22 个数据包是 Windows 10 发送的路由器请求（RS）数据包，使用的是 ICMPv6 协议，类型字段是 133，可以看到目标地址是组播地址 ff02::2，代表网络中所有启用了 IPv6 的路由器接口，源地址是 Windows 10 的链路本地地址。

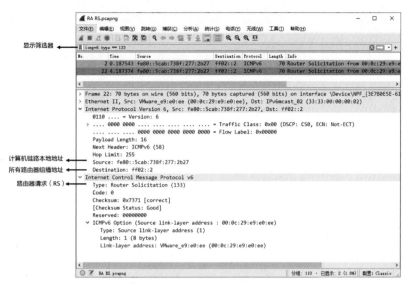

图 12-26　RS 数据包

在"显示筛选器"框中输入 icmpv6.type == 134 命令，显示的第 60 个数据包是路由器发送的路由器通告（RA）报文，目标地址是组播地址 ff02::1（代表网络中所有启用了 IPv6 的接口），使用的是 ICMPv6 协议，类型字段是 134。可以看到 M 标记位为 0，O 标记位为 0，这样就告诉 Windows 10，使用无状态自动配置，网络前缀为 2018:6:6::，如图 12-27 所示。

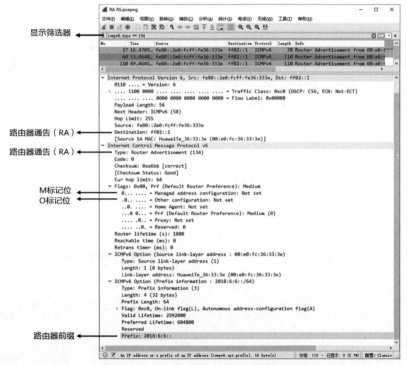

图 12-27　路由器通告（RA）数据包

在 Windows 10 上查看 IPv6 的配置，如图 12-28 所示。打开命令提示符，输入 netsh 命令，输入 interface ipv6 命令，再输入 show interface 命令查看"Ethernet0"的索引，可以看到是 4。再输入 show interface " 4 " 命令，可以看到 IPv6 相关的配置参数。"受管理的地址配置"是 disable，即不从 DHCPv6 服务器获取 IPv6 地址，"其他有状态的配置"是 disable，即不从 DHCPv6 服务器获取 DNS 等其他参数，也就是无状态自动配置。

图 12-28　查看 IPv6 的配置

12.4.3　实现 IPv6 地址有状态自动配置

使用 DHCPv6 可以为计算机分配 IPv6 地址和 DNS 等设置。

下面介绍 IPv6 有状态地址的自动配置，其网络环境如图 12-29 所示。配置 AR1 路由器为 DHCPv6 服务器，配置 GE 0/0/0 接口，路由器通告报文中的 M 标记位为 1，O 标记位也为 1，Windows 10 会从 DHCPv6 获取 IPv6 地址。

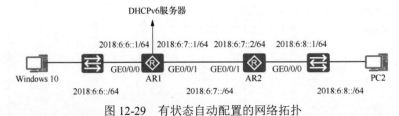

图 12-29　有状态自动配置的网络拓扑

```
[AR1]ipv6                                    --启用 IPv6
[AR1]dhcp enable                             --启用 DHCP 功能
[AR1]dhcpv6 duid ?                           --生成 DHCP 唯一标识的方法
  ll    DUID-LL
  llt   DUID-LLT
[AR1]dhcpv6 duid llt                         --使用 llt 方法生成 DHCP 唯一标识
[AR1]display dhcpv6 duid                     --显示 DHCP 唯一标识
```

```
The device's DHCPv6 unique identifier: 0001000122AB384A00E0FC2931F0
[AR1]dhcpv6 pool localnet           --创建 IPv6 地址池，名称为 localnet
[AR1-dhcpv6-pool-localnet]address prefix 2018:6:6::/64      --地址前缀
[AR1-dhcpv6-pool-localnet]excluded-address 2018:6:6::1      --排除的地址
[AR1-dhcpv6-pool-localnet]dns-domain-name huawei.com        --域名后缀
[AR1-dhcpv6-pool-localnet]dns-server 2018:6:6::2000         --DNS 服务器
[AR1-dhcpv6-pool-localnet]quit
```

查看配置的 DHCPv6 地址池如下。

```
<AR1>display dhcpv6 pool
DHCPv6 pool: localnet
 Address prefix: 2018:6:6::/64
  Lifetime valid 172800 seconds, preferred 86400 seconds
  2 in use, 0 conflicts
 Excluded-address 2018:6:6::1
 1 excluded addresses
 Information refresh time: 86400
 DNS server address: 2018:6:6::2000
 Domain name: 91xueit.com
 Conflict-address expire-time: 172800
 Active normal clients: 2
```

配置 AR1 路由器的 GE 0/0/0 接口。

```
[AR1]interface GigabitEthernet 0/0/0
[AR1-GigabitEthernet0/0/0]ipv6 enable
[AR1-GigabitEthernet0/0/0]dhcpv6 server localnet
                                        --指定从 localnet 地址池选择地址
[AR1-GigabitEthernet0/0/0]undo ipv6 nd ra halt    --允许发送 RA 报文
[AR1-GigabitEthernet0/0/0]ipv6 nd autoconfig managed-address-flag
--M 标记位为 1
[AR1-GigabitEthernet0/0/0]ipv6 nd autoconfig other-flag
--O 标记位为 1
[AR1-GigabitEthernet0/0/0]quit
```

为了让抓包工具能够捕获 IPv6 自动配置发送的 RS 报文和路由器响应的 RA 报文，先在 Windows 10 上给 IPv6 指定一个静态 IPv6 地址，再选择"自动获取 IPv6 地址"，这样计算机就会发送 RS 报文，路由器就会响应 RA 报文。从抓包工具中找到路由器通告（RA）报文，如图 12-30 所示，可以看到 M 标记位和 O 标记位的值都为 1，其中也通告了路由器前缀，但计算机还是会从 DHCPv6 服务器获取 IPv6 地址和其他设置。

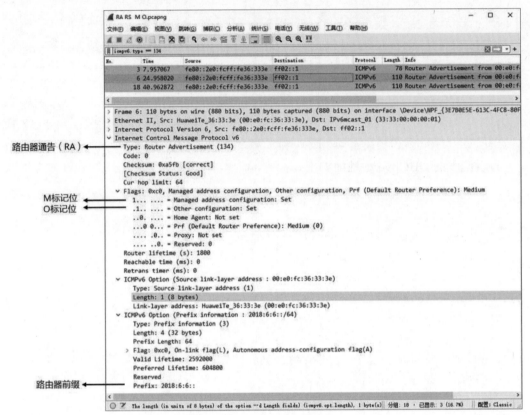

图 12-30 捕获的 RA 数据包

在 Windows 10 中打开命令提示符，如图 12-31 所示，输入 ipconfig /all 命令既可以看到从 DHCPv6 获得的 IPv6 配置，又可以看到从 DHCPv6 获得的 DNS 后缀搜索列表"huawei.com"、DNS、租约时间。

如图 12-32 所示，输入 show interface " 4 " 命令，可以看到"受管理的地址配置"为 enable，"其他有状态的配置"为 enable。

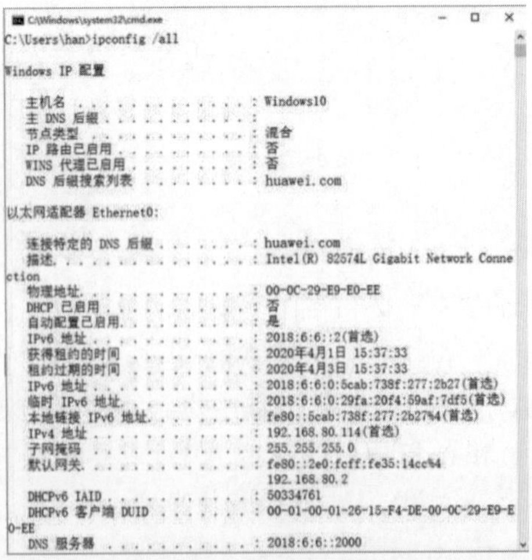

图 12-31 查看从 DHCPv6 获得的 IPv6 配置 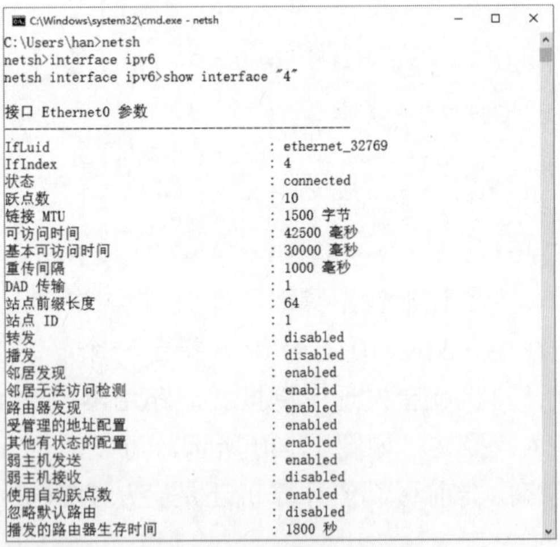　　　图 12-32 IPv6 的状态

12.5 习题

一、选择题

1. IPv6 地址的长度是（ ）位。
   A. 32　　　　　　B. 64　　　　　　C. 128　　　　　　D. 256
   答案：C

2. 下列哪个是有效的 IPv6 地址（ ）。
   A. 2001:0db8:85a3:0000:0000:0370:7334
   B. 2001:0db8:85a3::8a2e:0370:7334
   C. 2001:0db8:85a3:0000:0000:8a2e:0370:7334:
   D. 2001:0db8:85a3:0:0:8a2e:0370:7334:8888
   答案：B

3. IPv6 不支持下列哪种地址类型（ ）。
   A. 单播地址　　　B. 组播地址　　　C. 广播地址　　　D. 任播地址
   答案：C

4. 在 IPv6 中，下列哪个是环回地址（ ）。
   A. ::1　　　　　　B. ::2　　　　　　C. ::3　　　　　　D. ::4
   答案：A

5. IPv6 地址中全零的连续段可以用（ ）表示。
   A. ::　　　　　　B. ...　　　　　　C. ***　　　　　　D. ////
   答案：A

6. IPv6 的首部长度是固定的（ ）字节。
   A. 20　　　　　　B. 40　　　　　　C. 60　　　　　　D. 80
   答案：B

7. 下列哪个不是推动 IPv6 发展的原因（ ）。
   A. IPv4 地址耗尽　　　　　　　B. 提高网络性能
   C. 增加网络复杂性　　　　　　D. 支持更多的设备连接
   答案：C

8. IPv6 地址可以分为（ ）个部分。
   A. 2　　　　　　B. 3　　　　　　C. 4　　　　　　D. 8
   答案：B（网络前缀、子网 ID、接口标识）

9. 在 IPv6 中，组播地址的前缀是（ ）。
   A. FF00::/8　　　B. FE00::/8　　　C. FC00::/8　　　D. FD00::/8
   答案：A

10. IPv6 中的任播地址和下列哪种地址类型类似（ ）。
    A. 单播地址　　　B. 组播地址　　　C. 广播地址　　　D. 以上都不是
    答案：A（任播地址与单播地址使用相同的地址空间，在语法上无法区分）

11. 下列哪个协议是用于 IPv6 地址自动配置的（ ）。
    A. DHCPv4   B. DHCPv6   C. ARP   D. RARP
    答案：B
12. 下列哪个是 IPv6 的扩展首部（ ）。
    A. 选项字段   B. 路由首部   C. 子网掩码   D. 广播地址选项
    答案：B（IPv6 有路由首部、分片首部等扩展首部）。

二、问答题

1. IPv6 地址由哪两部分组成？

答：IPv6 地址由两部分组成：IPv6 网络前缀（Network Prefix）和接口 ID（Interface Identify，又称接口标识）。IPv6 网络前缀用于标识 IPv6 网络，接口 ID 用于标识接口。

2. IPv6 地址由多少个十六进制数组成？

答：IPv6 地址由 8 组十六进制数组成，每组包含 4 个十六进制数。这 8 组十六进制数共同组成了一个 128 位的 IPv6 地址。例如，一个典型的 IPv6 地址表示形式为 2001:0db8:85a3:0000:0000:8a2e:0370:7334。

3. IPv6 地址中每个十六进制数代表多少位二进制数？

答：IPv6 地址中每个十六进制数代表 4 位二进制数。

4. IPv6 单播地址接口标识可以通过哪几种方式生成？

答：IPv6 单播地址接口标识可以通过以下三种方式生成。

（1）手工配置：用户可以根据需要手动配置接口标识。

（2）系统自动生成：系统可以根据一定的算法自动生成接口标识。

（3）通过 IEEE EUI-64 规范生成：这是最常用的方式，将接口的 MAC 地址转换为 IPv6 接口标识。具体步骤是在 MAC 地址中插入 FF-FE，并将 MAC 地址的第 7 位取反，形成 IPv6 地址的 64 位网络接口标识。

第 13 章

无线局域网

> 📖 **本章内容**
> - 介绍无线局域网:通过无线技术构建的无线局域网络,本课程特指基于 802.11 标准系列、利用高频信号的无线局域网。IEEE 802.11 是现今无线局域网的标准,Wi-Fi 是一种商业认证和无线联网技术,两者密切相关。
> - 无线设备:无线设备有家庭 WLAN 产品和家庭 Wi-Fi 路由器,企业 WLAN 产品包括 AP、AC、PoE 交换机和工作站。
> - 组网架构:有线侧使用以太网协议,从最初的 FAT AP 架构演进为 AC + FIT AP 架构,涉及 CAPWAP 协议、AP - AC 组网方式(二层组网和三层组网)和 AC 连接方式(直连式组网和旁挂式组网)。无线侧使用 802.11 标准,涉及无线电磁波、无线信道、BSS/SSID/BSSID、VAP、ESS 等概念。
> - WLAN 工作流程:WLAN 的工作流程分为配置 AP 上线、业务配置下发、STA 接入、业务数据转发四个阶段。
> - 案例:二层直连隧道转发。

本章主要介绍无线局域网(WLAN)的相关知识,包括 WLAN 的概念、设备和组网架构、工作原理以及二层直连隧道转发的配置案例。

13.1 介绍无线局域网

无线局域网是指通过无线技术构建的无线局域网络。无线局域网广义上是指以无线电波、激光、红外线等无线信号来替代有线局域网中的部分或全部传输介质所构成的网络。注意:这里指的无线技术不仅包含 Wi-Fi,还有红外、蓝牙、ZigBee 等。

通过 WLAN 技术,用户可以方便地接入到无线网络,并在无线网络覆盖区域内自由移动,摆脱了有线网络的束缚。图 13-1 所示是一个家庭中网络,因为房间的门窗、墙壁会减弱无线信号,分别在客厅和卧室部署了无线设备,客厅和卧室之间的无线设备使用有线连接。无线网络为网络末端的设备提供接入服务,无线局域网需要有线网络进行扩展。

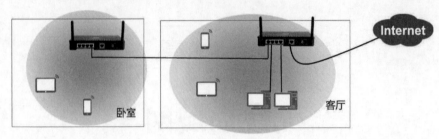

图 13-1　家庭无线网络

无线网络使用自由，部署灵活。凡是自由空间均可连接网络，不受限于线缆和端口位置。在办公大楼、机场候机厅、度假村、商务酒店、体育场馆、咖啡店等场所尤为适用。对于地铁、公路交通监控等难于布线的场所，采用 WLAN 进行无线网络覆盖，免去或减少了繁杂的网络布线，实施简单、成本低、扩展性好。

本课程介绍的 WLAN 特指通过 Wi-Fi 技术基于 802.11 标准系列，利用高频信号（如 2.4GHz 或 5GHz）作为传输介质的无线局域网。

IEEE 802.11 是现今无线局域网的标准，它是由国际电机电子工程协会（IEEE）定义的无线网络通信标准。

Wi-Fi 是无线保真的缩写，英文全称为"Wireless Fidelity"，在无线局域网的范畴是指"无线相容性认证"，它实质上是一种商业认证，同时也是一种无线联网的技术。Wi-Fi 是一个无线网路通信技术的品牌，由 Wi-Fi 联盟（Wi-Fi Alliance）所持有，其目的是改善基于 IEEE 802.11 标准的无线网路产品之间的互通性。基于两套系统的密切相关，也常有人把 Wi-Fi 当作 IEEE 802.11 标准的同义术语。

IEEE 802.11 标准与 Wi-Fi 的世代详见表 13-1。

表 13-1　IEEE 802.11 标准和 Wi-Fi 世代

频率	2.4GHz	2.4GHz	2.4GHz 5GHz	2.4GHz & 5GHz	5GHz	5GHz	2.4GHz & 5GHz
速率	2Mbit/s	11Mbit/s	54Mbit/s	300Mbit/s	1300Mbit/s	6.9Gbit/s	9.6Gbit/s
标准	802.11	802.11b	802.11a、802.11g	802.11n	802.11ac wave1	802.11ac wave2	802.11ax
Wi-Fi	Wi-Fi 1	Wi-Fi 2	Wi-Fi 3	Wi-Fi 4	Wi-Fi 5		Wi-Fi 6

IEEE 802.11 标准聚焦在 TCP/IP 对等模型的下两层。数据链路层主要负责信道接入、寻址、数据帧校验、错误检测、安全机制等内容，物理层主要负责在空口（空中接口）中传输比特流，如规定所使用的频段等。

IEEE 802.11 第一个版本发表于 1997 年。此后，更多基于 IEEE 802.11 的补充标准逐渐被定义，最为熟知的是影响 Wi-Fi 代际演进的标准：802.11b、802.11a、802.11g、802.11n、802.11ac 等。

在 IEEE 802.11ax 标准推出之际，Wi-Fi 联盟将新 Wi-Fi 规格的名称简化为 Wi-Fi 6，主流的 IEEE 802.11ac 改称 Wi-Fi 5、IEEE 802.11n 改称 Wi-Fi 4，其他世代以此类推。

13.2 无线设备和组网架构

13.2.1 无线设备介绍

华为无线局域网产品形态丰富，覆盖了室内室外、家庭、企业等各种应用场景，提供了高速、安全和可靠的无线网络连接，如图 13-2 所示。

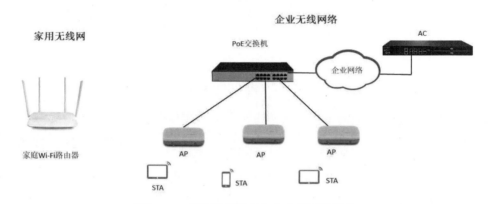

图 13-2　家用无线设备和企业用无线设备

家庭 WLAN 产品有家庭 Wi-Fi 路由器，家庭 Wi-Fi 路由器通过把有线网络信号转换成无线信号，供家庭计算机、手机等设备接收，实现无线上网功能。

企业 WLAN 产品包括 AP、AC、PoE 交换机和工作站。

无线接入点（Access Point，AP）即无线接入点，它用于无线网络的无线交换机，也是无线网络的核心。无线 AP 是移动计算机用户进入有线网络的接入点，主要用于宽带家庭、大楼内部以及园区内部，可以覆盖几十米至上百米。

无线接入控制器（Access Controller，AC）一般位于整个网络的汇聚层，提供高速、安全、可靠的 WLAN 业务，提供大容量、高性能、高可靠性、易安装、易维护的无线数据控制业务，具有组网灵活、绿色节能等优势。

PoE（Power over Ethernet，以太网供电）交换机是指通过网线供电。在 WLAN 网络中，可以通过 PoE 交换机对 AP 设备进行供电。

工作站 STA（Station）支持 802.11 标准的终端设备。例如，带无线网卡的计算机、支持 WLAN 的手机等。

13.2.2 无线组网架构

WLAN 网络架构分为有线侧和无线侧两部分，如图 13-3 所示。有线侧是指 AP 上行到 Internet 的网络，使用以太网协议。无线侧是指 STA 到 AP 之间的网络，使用 802.11 标准。

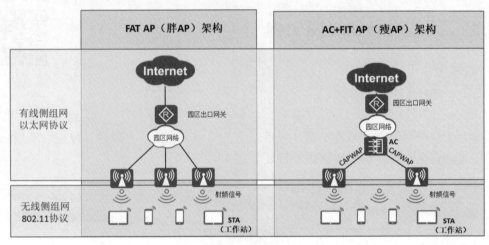

图 13-3　无线组网架构

无线侧接入的 WLAN 网络架构为集中式架构，从最初的 FAT AP 架构演进为 AC+FIT AP 架构。

（1）FAT AP（胖 AP）架构

这种架构不需要专门的设备集中控制就可以完成无线用户的接入、业务数据的加密和业务数据报文的转发等功能，因此又称为自治式网络架构。它适用于家庭无线覆盖。如果 WLAN 覆盖面积增大，接入用户增多，需要部署的 FAT AP 数量也会增多，但 FAT AP 是独立工作的，缺少统一的控制设备，因此管理维护这些 FAT AP 就十分麻烦。

（2）AC+FIT AP（瘦 AP）架构

大中型企业通常采用这种架构，需要配合 AC 使用，由 AC 统一管理和配置，AC 负责 WLAN 的接入控制、转发和统计、AP 的配置监控、漫游管理、AP 的网管代理、安全控制。FIT AP 负责 802.11 报文的加解密、802.11 的物理层功能、接受 AC 的管理等简单功能。这种架构功能丰富，对网络运维人员的技能要求高。适用于大中型企业无线覆盖。

在本课程中，我们主要以 AC+FIT AP 架构为例进行课程的讲解。

13.2.3　有线侧组网相关概念

无线局域网有线侧组网涉及的概念有 CAPWAP 协议、AP-AC 组网方式和 AC 连接方式。

1. CAPWAP 协议

为满足大规模组网的要求，需要对网络中的多个 AP 进行统一管理，IETF 成立了无线接入点控制和配置协议（Control And Provisioning of Wireless Access Points Protocol，CAPWAP）工作组，最终制定了 CAPWAP 协议。该协议定义了 AC 如何对 AP 进行管理、业务配置，即 AC 与 AP 间首先会建立 CAPWAP 隧道，然后 AC 通过 CAPWAP 隧道来实现对 AP 的集中管理和控制，如图 13-4 所示。

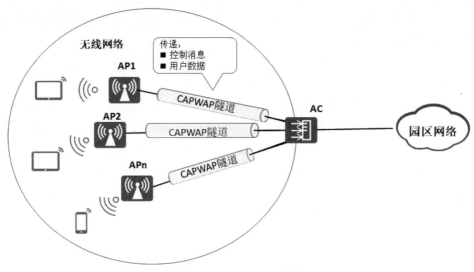

图 13-4　CAPWAP 隧道

CAPWAP 隧道维护 AP 与 AC 间的状态，进行业务配置下发。当采用隧道模式转发时，AP 将 STA 发出的数据通过 CAPWAP 隧道实现与 AC 之间的交互。

CAPWAP 是基于 UDP 进行传输的应用层协议。CAPWAP 协议在传输层运输两种类型的消息。

（1）业务数据流量，封装转发无线数据帧。

（2）管理流量，管理 AP 和 AC 之间交换的管理消息。

CAPWAP 数据和控制报文基于不同的 UDP 端口发送。管理流量端口为 UDP 端口 5246，业务数据流量端口为 UDP 端口 5247。

2. AP-AC 组网方式

AP 与 AC 间的组网分为二层组网和三层组网，如图 13-5 和图 13-6 所示。

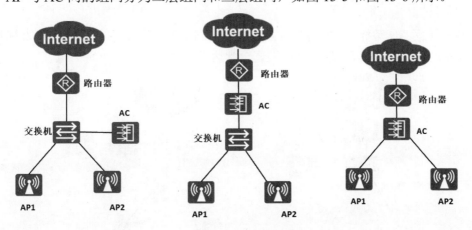

图 13-5　二层组网架构

二层组网是指 AP 和 AC 之间的网络为直连或者二层网络（使用交换机连接），AP 和 AC 在同一个网段。二层组网 AP 可以通过二层广播或者 DHCP 过程，实现 AP 即插即用上线。二层组网比较简单，适用于简单临时的组网，能够进行比较快速的组网配置，但不适用于大型组网架构。

三层组网是指 AP 与 AC 之间的网络为三层网络，如图 13-6 所示，AP 和 AC 没在一个网段，通信需要经过路由器。三层组网 AP 无法直接发现 AC，需要通过 DHCP 或 DNS 方式动态发现，或者配置静态 IP。在实际组网中，一台 AC 可以连接几十甚至几百台 AP，组网一般比较复杂。比如，在企业网络中，AP 可以布放在办公室、会议室、会客间等场所，而 AC 可以安放在公司机房。这样，AP 和 AC 之间的网络就是比较复杂的三层网络。因此，在大型组网中一般采用三层组网。

3. AC 连接方式

AC 的连接方式可分为直连式组网和旁挂式组网。

如图 13-7 所示，直连式组网 AC 部署在用户的转发路径上，直连模式用户流量要经过 AC，会消耗 AC 的转发能力，对 AC 的吞吐量以及处理数据能力要求比较高，如果 AC 性能差，则有可能是整个无线网络带宽的瓶颈。但使用此种组网，组网架构清晰，组网实施起来简单。

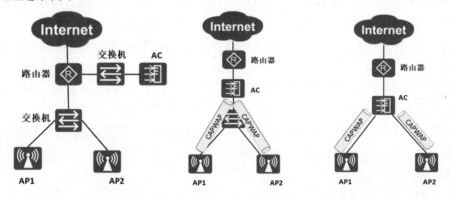

图 13-6　三层组网架构　　　　图 13-7　直连式组网

旁挂式组网 AC 旁挂在 AP 与上行网络的直连网络中，不再直接连接 AP，如图 13-8 所示，AP 的业务数据可以不经过 AC 而直接到达上行网络。

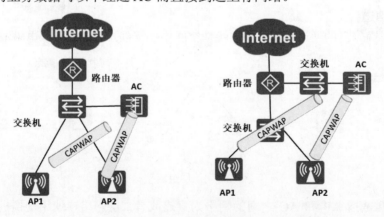

图 13-8　旁挂式组网

由于实际组网中，大部分都不是早期就规划好无线网络，因此无线网络的覆盖架设大部分是后期在现有网络中扩展而来。而采用旁挂式组网就比较容易进行扩展，只需将AC旁挂在现有网络中，如旁挂在汇聚交换机上，就可以对终端 AP 进行管理。所以此种组网方式使用率比较高。

在旁挂式组网中，AC 可以只承载对 AP 的管理功能，管理流封装在 CAPWAP 隧道中传输。数据业务流可以通过 CAPWAP 数据隧道经 AC 转发，也可以不经过 AC 转发直接转发，后者无线用户业务流经汇聚交换机，由汇聚交换机传输至上层网络。

13.2.4 无线侧组网概念

1. 无线电磁波

无线电磁波是频率介于 3Hz 和 300GHz 之间的电磁波，也叫作射频电波，或简称射频、射电，如图 13-9 所示。无线电技术将声音信号或其他信号经过转换，利用无线电磁波传播。

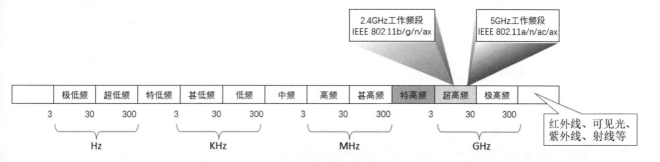

图 13-9 无线电磁波频谱

WLAN 技术就是通过无线电磁波在空间传输信息。当前使用的频段是超高频的 2.4GHz 频段（2.4GHz~2.4835GHz）和 5GHz 频段（5.15GHz~5.35GHz，5.725GHz~5.85GHz）。

2. 无线信道

信道是传输信息的通道，无线信道就是空间中的无线电磁波。无线电磁波无处不在，如果随意使用频谱资源，那将带来干扰问题，所以无线通信协议除了要定义出允许使用的频段，还要精确划分出频率范围，每个频率范围就是信道。

无线网络（路由器、AP 热点、计算机无线网卡）可以在多个信道上运行。在无线信号覆盖范围内的各种无线网络设备应该尽量使用不同的信道，以避免信号之间的干扰。

图 13-10 所示为 2.4GHz（2400MHz）频带的信道划分。实际一共有 14 个信道（下面的图中标出了第 14 信道），但第 14 信道一般不用。表中只列出了信道的中心频率。每个信道的有效宽度是 20MHz，另外还有 2MHz 的强制隔离频带（类似于公路上的隔离带），即对于中心频率为 2412 MHz 的 1 信道，其频率范围为 2401~2423MHz。

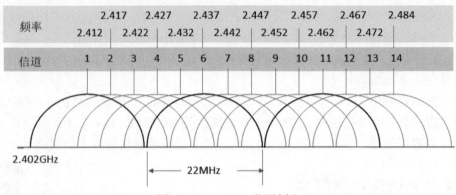

图 13-10 2.4GHz 信道划分

目前主流的无线 Wi-Fi 网络设备不管是 802.11b/g 标准还是 802.11b/g/n 标准，一般都支持 13 个信道。它们的中心频率虽然不同，但是因为都占据一定的频率范围，所以会有一些相互重叠的情况。图 13-10 画出了这 13 个信道的频率范围列表。了解这 13 个信道所处的频段，有助于我们理解人们经常说的三个不互相重叠的信道含义。

从图 13-10 很容易看到，其中 1、6、11 这三个信道（深颜色标记）之间是完全没有交叠的，也就是人们常说的三个不互相重叠的信道。每个信道 20MHz 带宽。图 13-10 中也很容易看清楚其他各信道之间频谱重叠的情况。另外，除 1、6、11 三个一组互不干扰的信道外，还有 2、7、12，3、8、13，4、9、14 三组互不干扰的信道。

WLAN 中，AP 的工作状态会受到周围环境的影响。例如，当相邻 AP 的工作信道存在重叠频段时，某个 AP 的功率过大会对相邻 AP 产生信号干扰。

通过射频调优功能，动态调整 AP 的信道和功率，可以使同一 AC 管理的各 AP 的信道和功率保持相对平衡，保证 AP 工作在最佳状态。

3. BSS/SSID/BSSID

基本服务集 BSS（Basic Service Set）是一个 AP 覆盖的范围，是无线网络的基本服务单元，通常由一个 AP 和若干 STA 组成，BSS 是 802.11 网络的基本结构，如图 13-11 所示。由于其无线介质共享性，BSS 中报文收发需携带 BSSID（MAC 地址）。

终端要发现和找到 AP，需要通过 AP 的一个身份标识，这个身份标识就是 BSSID（Basic Service Set Identifier，基本服务集标识符）。BSSID 是 AP 上的数据链路层 MAC 地址。为了区分 BSS，要求每个 BSS 都有唯一的 BSSID，因此使用 AP 的 MAC 地址来保证其唯一性。

如果一个空间部署了多个 BSS，终端就会发现多个 BSSID，只要选择加入的 BSSID 即可。但是做选择的是用户，为了使得 AP 的身份更容易辨识，则用一个字符串来作为 AP 的名字。这个字符串就是 SSID（Service Set Identifier，服务集标识符），使用 SSID 代替 BSSID。

SSID 是无线网络的标识，用于区分不同的无线网络，AP 可以发送 SSID 以便于无线设备选择和接入。例如，当在笔记本电脑上搜索可接入无线网络时，显示出来的网络名称就是 SSID，如图 13-12 所示。

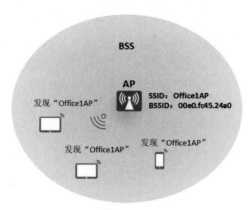

图 13-11　BSS　　　　　图 13-12　发现的 SSID

4. VAP

早期的 AP 只支持一个 BSS，如果要在同一个空间部署多个 BSS，则需要安放多个 AP，这不仅增加了成本，还占用了信道资源。为了改善这种情况，现在的 AP 通常支持创建多个虚拟 AP（Virtual Access Point，VAP）。

虚拟接入点 VAP 是在一个物理实体 AP 上虚拟出多个 AP。每个被虚拟出来的 AP 就是一个 VAP。每个 VAP 提供与物理实体 AP 一样的功能。如图 13-13 所示，每个 VAP 对应一个 BSS，这样一个 AP 就可以提供多个 BSS，可以再为这些

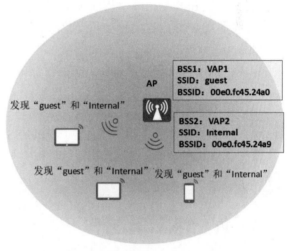

图 13-13　VAP

BSS 设置不同的 SSID 和不同的接入密码，指定不同的业务 VLAN。这样可以为不同的用户群体提供不同的无线接入服务，如通过 VAP1 接入无线网络的计算机在 VLAN 10，不允许访问 Internet，通过 VAP2 接入无线网络的计算机在 VLNA 20，允许访问 Internet。

VAP 简化了 WLAN 的部署，但不意味 VAP 越多越好，而是要根据实际需求进行规划。一味增加 VAP 的数量，不仅要让用户花费更多的时间找到 SSID，还会增加 AP 配置的复杂度。而且 VAP 并不等同于真正的 AP，所有的 VAP 都共享这个 AP 的软件和硬件资源，所有 VAP 的用户都共享相同的信道资源，所以 AP 的容量是不变的，并不会随着 VAP 数目的增加而成倍地增加。

5. ESS

为了满足实际业务的需求，需要对 BSS 的覆盖范围进行扩展。如果打算让用户从一个 BSS 移动到另一个 BSS 时感觉不到 SSID 的变化，则可以通过扩展服务集 ESS（Extend Service Set）实现，如图 13-14 所示。配置时将 AP1 和 AP2 加入到一个 AP 组，在 AP

组上应用 VAP 设置，就能实现 ESS。

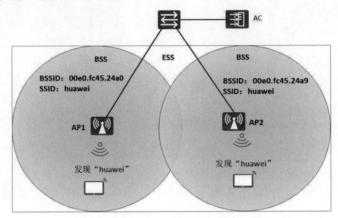

图 13-14　扩展服务集

扩展服务集 ESS 是由采用相同 SSID 的多个 BSS 组成的更大规模的虚拟 BSS。用户可以带着终端在 ESS 内自由移动和漫游，不管用户移动到哪里，都可以认为使用的是同一个 WLAN。

STA 在同属一个 ESS 的不同 AP 的覆盖范围之间移动且保持用户业务不中断的行为，我们称之为 WLAN 漫游。

WLAN 网络的最大优势就是 STA 不受物理介质的影响，可以在 WLAN 覆盖范围内四处移动并且能够保持业务不中断。同一个 ESS 内包含多个 AP 设备，当 STA 从一个 AP 覆盖区域移动到另外一个 AP 覆盖区域时，利用 WLAN 漫游技术可以实现 STA 用户业务的平滑切换。

13.3　WLAN 工作流程

AC+FIT AP 组网架构中，是通过 AC 对 AP 进行统一的管理，因此所有的配置都是在 AC 上进行的。WLAN 的工作流程分为四个阶段，如图 13-15 所示。

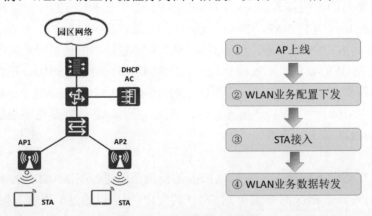

图 13-15　WLAN 工作流程

13.3.1 配置 AP 上线

FIT AP 需完成上线过程，AC 才能实现对 AP 的集中管理和控制以及业务下发。AP 的上线过程包括以下步骤：

1. AC 上预先配置

为确保 AP 能够上线，AC 需要预先配置以下内容。

（1）配置网络互通：配置 DHCP 服务器，为 AP 和 STA 分配 IP 地址，也可以将 AC 设备配置为 DHCP 服务器。配置 AP 到 DHCP 服务器之间的网络互通，配置 AP 到 AC 之间的网络互通。

（2）创建 AP 组：每个 AP 都会加入并且只能加入到一个 AP 组中，AP 组通常用于多个 AP 的通用配置。

（3）配置 AC 的国家及地区码（域管理模板）：域管理模板提供对 AP 的国家及地区码、调优信道集合和调优带宽等配置。国家及地区码用于标识 AP 频射所在的国家，不同国家及地区码规定了不同的 AP 频射特性，包括 AP 的发送功率、支持的信道等。配置国家及地区码是为了使 AP 的射频特性符合不同国家或区域的法律法规要求。

（4）配置源接口或源地址（与 AP 建立隧道）：每台 AC 都必须唯一指定一个 IP 地址、VLANIF 接口或者 Loopback 接口，该 AC 设备下挂接的 AP 学习到此 IP 地址或者此接口下配置的 IP 地址，用于 AC 和 AP 间的通信。此 IP 地址或者接口称为源地址或源接口。只有为每台 AC 指定唯一一个源接口或源地址，AP 才能与 AC 建立 CAPWAP 隧道。设备支持使用 VLANIF 接口或 Loopback 接口作为源接口，支持使用 VLANIF 接口或 Loopback 接口下的 IP 地址作为源地址。

（5）配置 AP 上线时自动升级（可选）：自动升级是指 AP 在上线过程中自动对比自身版本与 AC 或 SFTP 或 FTP 服务器上配置的 AP 版本是否一致，如果不一致，则进行升级，然后 AP 自动重启，再重新上线。

（6）添加 AP 设备（配置 AP 认证模式）：即配置 AP 认证模式，AP 上线。添加 AP 有三种方式：离线导入 AP、自动发现 AP 以及手工确认未认证列表中的 AP。

2. AP 获取 IP 地址

AP 必须获得 IP 地址才能够与 AC 通信，WLAN 网络才能够正常工作。AP 获取 IP 地址有两种方式：一种方式是静态方式，需要登录到 AP 设备上手工配置 IP 地址；另一种方式是 DHCP 方式，通过配置 DHCP 服务器，使 AP 作为 DHCP 客户端向 DHCP 服务器请求 IP 地址。

用户可以部署 Windows 服务器或 Linux 服务器作为专门的 DHCP 服务器为 AP 分配 IP 地址。也可以使用 AC 的 DHCP 服务为 AP 分配 IP 地址，或使用网络中的设备，如三层交换或路由器为 AP 分配 IP 地址。

3. AP 发现 AC 并与之建立 CAPWAP 隧道

AP 通过发送 Discovery Request 报文，找到可用的 AC。AP 发现 AC 有以下两种方式。

（1）静态方式：AP 上预先配置 AC 的静态地址列表。AP 上预先配置了 AC 的静态 IP

地址列表，如图 13-16 所示，AP 上线时，AP 分别发送 Discovery Request 单播报文到所有预配置列表对应 IP 地址的 AC。然后 AP 通过接收到 AC 返回的 Discovery Response 报文，选择一个 AC 开始建立 CAPWAP 隧道。

（2）动态方式：分为 DHCP 方式、DNS 方式和广播方式。本章主要介绍 DHCP 方式和广播方式。

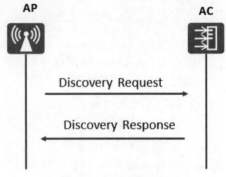

图 13-16　AP 发现 AC

1）DHCP 方式发现 AC 的过程。AP 要想通过配置 DHCP 服务器发现 AC，DHCP 响应报文中必须携带 Option 43，且 Option 43 携带 AC 的 IP 地址列表。DHCP 的 option 43 选项是告诉 AP 相应 AC 的 IP 地址，让 AP 寻找 AC 进行注册。

华为设备如交换机、路由器、AC 等作为 DHCP 服务器时要配置 Option 43 选项。

以 AC 的 IP 地址为 192.168.22.1 为例，DHCP 服务器配置命令为 option 43 sub-option 3 hex 3139322E3136382E32322E31 或者 option 43 sub-option 3 ascii 192.168.22.1。

其中：sub-option 3 为固定值，代表子选项类型；hex 3139322E3136382E32322E31 与 ascii 192.168.22.1 分别是 AC 地址 192.168.22.1 的 HEX（十六进制）格式和 ASCII 格式。

对于涉及多个 AC，Option 要填写多个 IP 地址的情形，IP 地址同样要以英文的“,”间隔，逗号“,”对应的 ASCII 值为 2C。比如，两个 AC 的 IP 地址分别为 192.168.22.1 和 192.168.22.2，则 DHCP 服务器上的配置命令为 option 43 sub-option 3 hex 3139322E3136382E3130302E32**2C**3139322E3136382E3130302E33 或者 option 43 sub-option 3 ascii 192.168.22.1,192.168.22.2。

AP 通过 DHCP 服务获取 AC 的 IP 地址后，使用 AC 发现机制来获知哪些 AC 是可用的，决定与最佳 AC 建立 CAPWAP 的连接。

AP 启动 CAPWAP 协议的发现机制，以单播或广播的形式发送发现请求报文试图关联 AC，AC 收到 AP 的 Discovery Request 以后，会发送一个单播 Discovery Response 给 AP，AP 可以通过 Discover Response 中所带的 AC 优先级或者 AC 上当前 AP 的个数等，确定与哪个 AC 建立会话。

2）广播方式发现 AC 的过程。当 AP 启动后，如果 DHCP 方式和 DNS 方式均未获得 AC 的 IP 或 AP 发出发现请求报文后未收到响应，则 AP 启动广播发现流程，以广播包方式发出发现请求报文。

接收到发现请求报文的 AC 检查该 AP 是否有接入本机的权限（已经授权的 MAC 地址或者序列号），如果有则发回响应；如果该 AP 没有接入权限，AC 将拒绝请求。

广播发现方式只适用于 AC、AP 间为二层可达的网络场景。

AP 发现 AC 后完成 CAPWAP 隧道的建立。CAPWAP 隧道包括数据隧道和控制隧道，用于维护 AP 与 AC 间的状态。

数据隧道用于把 AP 接收的业务数据报文经过 CAPWAP 数据隧道集中到 AC 上进行转发，同时还可以选择对数据隧道进行数据传输层安全 DTLS（Datagram Transport Layer Security）加密，启用 DTLS 加密功能后，CAPWAP 数据报文都会经过 DTLS 加解密。

控制隧道用于 AP 与 AC 之间管理报文的交换，同时还可以选择对控制隧道进行数据传输层安全 DTLS 加密，启用 DTLS 加密功能后，CAPWAP 控制报文都会经过 DTLS 加解密。

4. AP 接入控制

AP 发现 AC 后，会发送 Join Request 报文。AC 收到 AP 发送的 Join Request 报文之后，会进行 AP 合法性的认证，认证通过则添加相应的 AP 设备，并响应 Join Response 报文，如图 13-17 所示。

AC 上支持以下三种对 AP 的认证方式。

（1）MAC 认证。

（2）序列号（SN）认证。

（3）不认证。

配置过程如下。

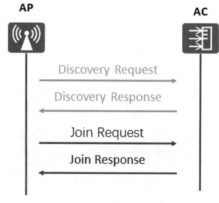

图 13-17　AP 加入 AC

```
[AC1]wlan
[AC1-wlan-view]ap auth-mode ?
  mac-auth   MAC     --地址身份验证，默认认证模式。
  no-auth         --不认证
  sn-auth         --SN 认证
[AC1-wlan-view]ap auth-mode no-auth      --配置不认证
```

AC 上添加 AP 的方式有以下三种。

（1）离线导入 AP：预先配置 AP 的 MAC 地址和 SN，当 AP 与 AC 连接时，如果 AC 发现 AP 与预先增加的 AP 的 MAC 地址和 SN 匹配，则开始与 AP 建立连接。

（2）自动发现 AP：若配置 AP 的认证模式为不认证或配置 AP 的认证模式为 MAC 或 SN 认证且将 AP 加入 AP 白名单中，则当 AP 与 AC 连接时，AP 将被 AC 自动发现并正常上线。

（3）手工确认未认证列表中的 AP：若配置 AP 的认证模式为 MAC 或 SN 认证，但 AP 没有离线导入且不在已设置的 AP 白名单中，则该 AP 会被记录到未授权的 AP 列表中，需要用户手工确认后，此 AP 才能正常上线。

5. AP 的版本升级

AP 根据收到的 Join Response 报文中的参数判断当前的系统软件版本是否与 AC 上指定的一致。如果不一致，则 AP 通过发送 Image data Request 报文请求软件版本，然后进行版本升级，升级方式包括 AC 模式、FTP 模式和 SFTP 模式。AP 在软件版本更新完成后重启，重复进行前面的三个步骤，如图 13-18 所示。

在 AC 上给 AP 升级方式分为自动升级和定时升级。

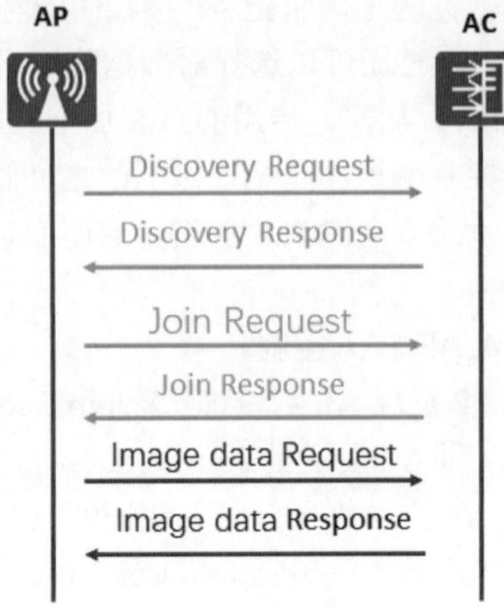

（1）自动升级主要用于 AP 还未在 AC 中上线的场景。通常先配置好 AP 上线时的自动升级参数，然后再配置 AP 接入。AP 在之后的上线过程中会自动完成升级。如果 AP 已经上线，配置完自动升级参数后，任意方式触发 AP 重启，AP 也会进行自动升级。但相比于自动升级，使用在线升级方式升级能够减少业务中断的时间。

1）AC 模式：AP 升级时从 AC 上下载升级版本，适用于 AP 数量较少时的场景。

2）FTP 模式：AP 升级时从 FTP 服务器上下载升级版本，适用于网络安全性要求不是很高的文件传输场景中，这种模式采用明文传输数据，存在安全隐患。

3）SFTP 模式：AP 升级时从 SFTP 服务器上下载升级版本，适用于网络安全性要求高的场景，对传输数据进行了严格加密和完整性保护在线升级，主要用于 AP 已经在 AC 中上线并已承载了 WLAN 业务的场景。

（2）定时升级主要用于 AP 已经在 AC 中上线并且已承载了 WLAN 业务的场景，通常指定在网络访问量少的时间段升级。

6. CAPWAP 隧道维持

数据隧道维持通过 AP 与 AC 之间交互 Keepalive（UDP 端口号为 5247）报文来检测数据隧道的连通状态。

控制隧道维持通过 AP 与 AC 交互 Echo（UDP 端口号为 5246）报文来检测控制隧道的连通状态。

13.3.2 业务配置下发

AC 向 AP 发送 Configuration Update Request 请求消息，AP 回应 Configuration Update Response 消息，AC 再将 AP 的业务配置信息下发给 AP，如图 13-19 所示。

AP 上线后，会主动向 AC 发送 Configuration Status Request 报文，该信息中包含 AP 的现有配置。当 AP 的现有配置与 AC 要求不符合时，AC 会通过 Configuration Status Response 通知 AP。

说明：AP 上线后，首先会主动向 AC 获

图 13-18 版本升级请求和响应

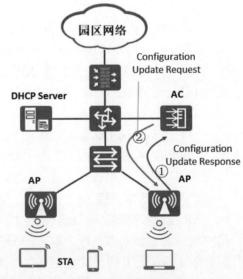

图 13-19 配置升级请求和响应

取当前配置，而后统一由 AC 对 AP 进行集中管理和业务配置下发。

1. 配置模板

WLAN 网络中存在大量的 AP，为了简化 AP 的配置操作步骤，可以将 AP 加入 AP 组中，在 AP 组中统一对 AP 进行同样的配置。但是每个 AP 具有不同于其他 AP 的参数配置，不便于通过 AP 组来进行统一配置，这类个性化的参数可以直接在每个 AP 下配置。每个 AP 在上线时都会加入并且只能加入一个 AP 组中。当 AP 从 AC 上获取到 AP 组和 AP 个性化的配置后，会优先使用 AP 下的配置。

AP 组和 AP 都能够引用域管理模板、射频模板、VAP 模板，如图 13-20 所示。部分模板还能继续引用其他模板，这些模板统称为 WLAN 模板。

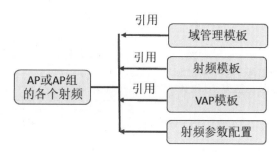

图 13-20　AP 或 AP 组引用的模板

（1）域管理模板。域管理模板最重要的一个参数是配置国家及地区码。国家及地区码用于标识 AP 射频所在的国家，不同国家及地区码规定了不同的 AP 射频特性，包括 AP 的发送功率、支持的信道等。配置国家及地区码是为了使 AP 的射频特性符合不同国家或区域的法律法规要求。

通过配置调优信道集合，可以在配置射频调优功能时指定 AP 信道动态调整的范围，同时避开雷达信道和终端不支持信道。

（2）射频模板。根据实际的网络环境对射频的各项参数进行调整和优化，使 AP 具备满足实际需求的射频能力，提高 WLAN 网络的信号质量。射频模板中各项参数下发到 AP 后，只有 AP 支持的参数才会在 AP 上生效。

可配置的参数包括：射频的类型、射频的速率、射频的无线报文组播发送速率、AP 发送 Beacon 帧的周期等。

（3）VAP 模板。在 VAP 模板下配置各项参数，然后在 AP 组或 AP 中引用 VAP 模板，AP 上就会生成 VAP，VAP 用于为 STA 提供无线接入服务。通过配置 VAP 模板下的参数，使 AP 实现为 STA 提供不同无线业务服务的能力。

VAP 模板下还能继续引用 SSID 模板、安全模板、流量模板等。

（4）射频参数配置。AP 射频需要根据实际的 WLAN 网络环境来配置不同的基本射频参数，以使 AP 射频的性能达到更优。

WLAN 网络中，相邻 AP 的工作信道存在重叠频段时，容易产生信号干扰，对 AP 的工作状态产生影响。为避免信号干扰，使 AP 工作在更佳状态，提高 WLAN 网络质量，可以手动配置相邻 AP 工作在非重叠信道上。

根据实际网络环境的需求,配置射频的发射功率和天线增益,使射频信号强度满足实际网络需求,提高 WLAN 网络的信号质量。

实际应用场景中,两个 AP 之间的距离可能为几十米到几十公里,因为 AP 间的距离不同,所以 AP 之间传输数据时等待 ACK 报文的时间也不相同。通过调整合适的超时时间参数,可以提高 AP 间的数据传输效率。

2. VAP 模板

VAP 模板要引用 SSID 模板、安全模板,配置数据转发方式和业务 VLAN,如图 13-21 所示。

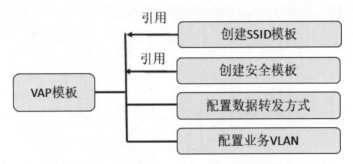

图 13-21　VAP 需要配置的参数和引用的模板

(1) SSID 模板。主要用于配置 WLAN 网络的 SSID 名称,还可以配置其他功能,主要包括以下功能。

1) 隐藏 SSID 功能:用户在创建无线网络时,为了保护无线网络的安全,可以对无线网络名称进行隐藏设置。这样,只有知道网络名称的无线用户才能连接到这个无线网络中。

2) 单个 VAP 下能够关联成功的最大用户数:单个 VAP 下接入的用户数越多,每个用户能够使用的平均网络资源就越少,为了保证用户的上网体验,可以根据实际的网络状况配置合理的最大用户接入数。

3) 用户数达到最大时自动隐藏 SSID 的功能:使能用户数达到最大时自动隐藏 SSID 的功能后,当 WLAN 网络下接入的用户数达到最大时,SSID 会被隐藏,新用户将无法搜索到 SSID。

(2) 安全模板。配置 WLAN 安全策略,可以对无线终端进行身份验证,对用户的报文进行加密,保护 WLAN 网络和用户的安全。

WLAN 安全策略支持开放认证、WEP、WPA/WPA2-PSK、WPA/WPA2-802.1X 等,在安全模板中选择其中一种进行配置。

(3) 数据转发方式。控制报文是通过 CAPWAP 的控制隧道转发的,用户的数据报文分为隧道转发(又称为"集中转发")方式、直接转发(又称为"本地转发")方式。这部分内容在后面的课程中会详细介绍。

(4) 业务 VLAN。由于 WLAN 无线网络灵活的接入方式,STA 可能会在某个地点(如办公区入口或体育场馆入口)集中接入到同一个 WLAN 无线网络中,然后漫游到其他 AP 覆盖的无线网络环境下。

当业务 VLAN 配置为单个 VLAN 时，在接入 STA 数众多的区域容易出现 IP 地址资源不足、而其他区域 IP 地址资源浪费的情况。

当业务 VLAN 配置为 VLAN pool 时，可以在 VLAN pool 中加入多个 VLAN，然后通过将 VLAN pool 配置为 VAP 的业务 VLAN，实现一个 SSID 能够同时支持多个业务 VLAN。新接入的 STA 会被动态的分配到 VLAN pool 中的各个 VLAN 中，减少了单个 VLAN 下的 STA 数目，缩小了广播域；同时每个 VLAN 尽量均匀地分配 IP 地址，减少了 IP 地址的浪费。

13.3.3　STA 接入

CAPWAP 隧道建立完成后，用户即可接入无线网络。STA 接入过程分为六个阶段：扫描阶段、链路认证阶段、关联阶段、接入认证阶段、STA 地址分配（DHCP）、用户认证。

1. 扫描阶段

STA 可以通过主动扫描，定期搜索周围的无线网络，获取到周围的无线网络信息。根据 Probe Request 帧（探测请求帧）是否携带 SSID，可以将主动扫描分为两种，如图 13-22 所示。

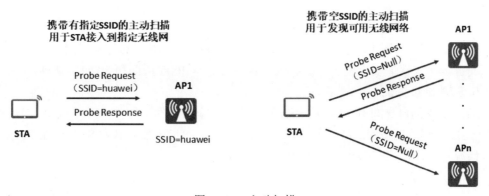

图 13-22　主动扫描

（1）携带有指定 SSID 的主动扫描方式。适用于 STA 通过主动扫描接入指定无线网络的情形。客户端发送携带指定 SSID 的 Probe Request（探测请求），STA 依次在每个信道发出 Probe Request 帧，寻找与 STA 有相同 SSID 的 AP，只有能够提供指定 SSID 无线服务的 AP 接收到该探测请求后才回复探查响应。

（2）携带空 SSID 的主动扫描方式。适用于 STA 通过主动扫描可以获知是否存在可使用无线服务的情形。客户端发送广播 Probe Request，客户端会定期地在其支持的信息列表中，发送 Probe Request 帧扫描无线网络。当 AP 收到 Probe Request 帧后，会回应 Probe Response（探测响应）帧通告可以提供的无线网络信息。

STA 也支持被动扫描搜索无线网络。被动扫描是指客户端通过侦听 AP 定期发送的 Beacon 帧（信标帧，包含 SSID、支持速率等信息）发现周围的无线网络，默认状态下

AP 发送 Beacon 帧的周期为 100TU（1TU=1024μs）。

2. 链路认证阶段

WLAN 技术是以无线射频信号作为业务数据的传输介质，这种开放的信道使攻击者很容易对无线信道中传输的业务数据进行窃听和篡改，因此，安全性成为阻碍 WLAN 技术发展的重要因素。

WLAN 安全提供了 WEP（Wired Equivalent Privacy）、WPA、WPA2 (Wi-Fi Protected Access)等安全策略机制。每种安全策略体现了一整套安全机制，包括无线链路建立时的链路认证方式，无线用户上线时的用户接入认证方式和无线用户传输数据业务时的数据加密方式。

为了保证无线链路的安全，接入过程 AP 需要完成对 STA 的认证。802.11 链路定义了两种认证机制：开放系统认证和共享秘钥认证。

（1）开放系统认证即不认证，任意 STA 都可以认证成功。

（2）共享秘钥认证即 STA 和 AP 预先配置相同的共享秘钥，验证两边的秘钥配置是否相同，如果一致，则认证成功，否则认证失败。

3. 关联阶段

完成链路认证后，STA 会继续发起链路服务协商，具体的协商通过 Association 报文实现。终端关联过程实质上就是链路服务协商的过程，协商内容包括支持的速率，信道等。

4. 接入认证阶段

接入认证即对用户进行区分，并在用户访问网络之前限制其访问权限。相对于链路认证而言，接入认证安全性更高。接入认证主要包含 PSK 认证和 802.1X 认证。

5. STA 地址分配

STA 获取到自身的 IP 地址是 STA 正常上线的前提条件。如果 STA 是通过 DHCP 获取 IP 地址，则可以使用 AC 设备或汇聚交换机作为 DHCP 服务器为 STA 分配 IP 地址。一般情况下使用汇聚交换机作为 DHCP 服务器。

6. 用户认证

用户认证是一种"端到端"的安全结构，包括 802.1X 认证、MAC 认证和 Portal 认证。Portal 认证也称 Web 认证，一般将 Portal 认证网站称为门户网站。用户上网时，必须在门户网站进行认证，只有认证通过后才可以使用网络资源。这个认证通常需要微信登录或手机短信验证用户身份，因为微信或手机都是实名认证的，这样就能记录接入网络的用户的信息，如果出现安全事件，可以追查到具体的人。

13.3.4 业务数据转发

CAPWAP 中的数据包括控制报文（管理报文）和数据报文。控制报文通过 CAPWAP 的控制隧道转发。用户的数据报文分为隧道转发（又称为"集中转发"）方式和直接转发（又称为"本地转发"）方式。

隧道转发方式是指用户的数据报文到达 AP 后，需要经过 CAPWAP 数据隧道封装后发送给 AC，然后再由 AC 转发到上层网络，如图 13-23（a）所示。

直接转发方式是指用户的数据报文到达 AP 后，不经过 CAPWAP 的隧道封装而直接转发到上层网络，如图 13-23（b）所示。

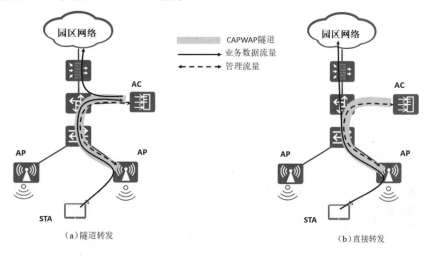

图 13-23　隧道转发和直接转发

隧道转发方式的优点就是 AC 集中转发数据报文，安全性高，方便集中管理和控制；缺点是业务数据必须经过 AC 转发，报文转发效率比直接转发方式低，AC 所受压力较大。

直接转发方式的优点是数据报文不需要经过 AC 转发，报文转发效率高，AC 所受压力较小；缺点是业务数据不便于集中管理和控制。

13.4　案例：二层直连隧道转发

业务需求：企业有一个 AP 和一个 AC，销售部和市场部两个部门的移动设备需要连接该 AP，接入网络后要分配到不同的 VLAN，接入无线网络要使用不同的密码。

组网需求如下。

（1）AC 组网方式：二层直连组网。

（2）DHCP 部署方式：AC 作为 DHCP 服务器为 AP 和 STA 分配 IP 地址。

（3）业务数据转发方式：隧道转发。

一个 AP 要想让两个部门的计算机连接到不同的业务 VLAN，就需要创建两个 VAP。SSID 分别设置为 sales-AP 和 market-AP，连接无线的密码为 a1234567、b1234567，这两个部门的业务 VLAN 分别为 VLAN 101 和 VLAN 102，管理 VLAN 是 VLAN 100，AC 和上游路由器 R1 的连接使用 VLAN 111。

图 13-24 所示为物理拓扑和逻辑拓扑。由于是隧道转发，两个办公室的业务 VLAN 数据通过 CAPWAP 隧道发送到 AC，因此就相当于 AC 上连接了两个 VLAN。AC 和 AP

之间的通信使用管理 VLAN 100。为了更容易理解各个设备承担的角色，图 13-24 右侧画出了逻辑拓扑。

可以看出 AC 就相当于一个路由器连接着 VLAN 100、VLAN 101 和 VLAN 102 以及 VLAN 111。需要在 AC 上创建 VLAN 100、VLAN 101、VLAN 102、VLAN 111。由于是隧道转发，业务 VLAN 101 和 VLAN 102 的数据包都要通过 CAPWAP 隧道提交给 AC，因此 AC 和 AP1 连接的接口配置成 Access 接口，将该接口指定到 VLAN 100 即可。

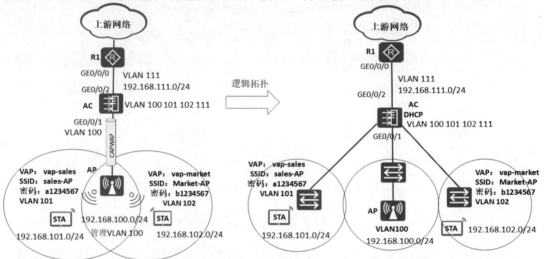

图 13-24 网络拓扑

地址规划和模板配置详见表 13-2 和表 13-3。

表 13-2 VLAN 和地址规划

数据	配置
AP 管理 VLAN	VLAN 100
销售部业务 VLAN	VLAN 101
市场部业务 VLAN	VLAN 102
AC 和 R1 互联 VLAN	VLAN 111
VLAN 100 网段	192.168.100.0/24
VLAN 101 网段	192.168.101.0/24
VLAN 102 网段	192.168.102.0/24
VLAN 111 网段	192.168.111.0/24
DHCP 服务器	AC 作为 DHCP 服务器为 AP 和 STA 分配地址
AC 的源接口 IP 地址	VLANIF100:192.168.100.1/24

表 13-3　AP 组和模板配置

域管理模板	名称：domain-CN。 国家码：cn
AP 组	名称：default。 引用模板 VAP 模板：**vap-sales** 和 **vap-market** 域管理模板：domain-CN
SSID 模板	名称：sales-AP。 SSID 名称：sales-AP 名称：market-AP。 SSID 名称：market-AP
安全模板	名称：Sec-sales。 安全策略：WPA-WPA2+PSK。 密码：a1234567 名称：Sec-market。 安全策略：WPA-WPA2+PSK。 密码：b1234567
VAP 模板	名称：vap-sales。 转发模式：隧道转发。 业务 VLAN：VLAN 101 引用 SSID 模板：sales-AP 安全模板：Sec-sales 名称：vap-market。 转发模式：隧道转发。 业务 VLAN：VLAN 102 引用 SSID 模板：market-AP 安全模板：Sec-market

13.4.1　配置网络互通

在 R1 上配置接口地址和到内网的路由。

```
[Huawei]sysname R1
[R1]interface GigabitEthernet 0/0/0
[R1-GigabitEthernet0/0/0]ip address 192.168.111.1 24
[R1-GigabitEthernet0/0/0]quit
[R1]ip route-static 192.168.100.0 24 192.168.111.2
[R1]ip route-static 192.168.101.0 24 192.168.111.2
[R1]ip route-static 192.168.102.0 24 192.168.111.2
```

在 AC 上创建 VLAN，给 VLAN 接口配置 IP 地址，添加默认路由，配置 DHCP，为管理 VLAN、业务 VLAN 分配 IP 地址。

```
[AC6005]sysname AC
[AC]vlan batch 100 101 102 111
[AC]interface Vlanif 100
[AC-Vlanif100]ip address 192.168.100.1 24
[AC-Vlanif100]interface Vlanif 101
[AC-Vlanif101]ip address 192.168.101.1 24
[AC-Vlanif101]interface Vlanif 102
[AC-Vlanif102]ip address 192.168.102.1 24
[AC-Vlanif102]interface Vlanif 111
[AC-Vlanif111]ip address 192.168.111.2 24
[AC-Vlanif111]quit
[AC]interface GigabitEthernet 0/0/1
[AC-GigabitEthernet0/0/1]port link-type access
[AC-GigabitEthernet0/0/1]port default vlan 111
[AC-GigabitEthernet0/0/1]interface GigabitEthernet 0/0/2
[AC-GigabitEthernet0/0/2]port link-type access
[AC-GigabitEthernet0/0/2]port default vlan 100
                        --一定要把接口的指定到管理VLAN
[AC-GigabitEthernet0/0/2]quit
[AC]ip route-static 0.0.0.0 0 192.168.111.1
```

将 AC1 配置成 DHCP 服务器，为管理 VLAN 和业务 VLAN 分配 IP 地址。

```
[AC]dhcp enable
[AC]ip pool vlan100
[AC-ip-pool-vlan100]network 192.168.100.0 mask 24
[AC-ip-pool-vlan100]gateway-list 192.168.100.1
[AC-ip-pool-vlan100]quit
[AC]ip pool vlan101
[AC-ip-pool-vlan101]network 192.168.101.0 mask 24
[AC-ip-pool-vlan101]gateway-list 192.168.101.1
[AC-ip-pool-vlan101]dns-list 8.8.8.8
[AC-ip-pool-vlan101]quit
[AC]ip pool vlan102
[AC-ip-pool-vlan102]network 192.168.102.0 mask 24
[AC-ip-pool-vlan102]gateway-list 192.168.102.1
[AC-ip-pool-vlan102]dns-list 8.8.8.8
[AC-ip-pool-vlan102]quit
[AC]interface Vlanif 100
[AC-Vlanif100]dhcp select global
```

```
[AC-Vlanif100]interface Vlanif 101
[AC-Vlanif101]dhcp select global
[AC-Vlanif101]interface Vlanif 102
[AC-Vlanif102]dhcp select global
```

在 AP 上查看获取的 IP 地址，该 IP 地址就是 AP 的管理地址。

```
<Huawei>display ip interface brief
Interface                IP Address/Mask      Physical    Protocol
NULL0                    unassigned           up          up(s)
Vlanif1                  192.168.100.177/24   up          up
```

13.4.2　配置 AP 上线

本案例不对接入网络的 AP 进行验证，AP 连接网络由 AC 分配管理 IP 地址。AP 发现 AC 后，会自动加入到 default 组。

指定与 AP 建立 capwap 的地址或接口。

```
[AC]capwap source interface Vlanif 100
```

配置 AP 接入验证模式，本案例指定 AP 认证模式为不认证。

```
[AC]wlan
[AC-wlan-view]ap auth-mode ?              --查看支持的身份验证模式。
 mac-auth  MAC authenticated mode, default authenticated mode
                                          --MAC 地址身份验证。
 no-auth   No authenticated mode          --指定 AP 认证模式为不认证。
 sn-auth   SN authenticated mode          --指定 AP 认证模式为 SN 认证。
[AC-wlan-view]ap auth-mode no-auth        --不需要身份验证。
```

显示上线的 AP，新加入的 AP 默认属于 default 组。

```
[AC]display ap all
Info: This operation may take a few seconds. Please wait for a moment.done.
Total AP information:
nor  : normal          [1]
--------------------------------------------------------------------------
ID   MAC          Name           Group    IP             Type      State    STA Uptime
--------------------------------------------------------------------------
0    00e0-fc23-1c70  00e0-fc23-1c70  default  192.168.100.244  AP2050DN
nor  2   26M:0S
```

创建和配置域管理模板。

```
[AC]wlan
```

```
[AC-wlan-view]regulatory-domain-profile name domain-CN
[AC-wlan-regulate-domain- domain-CN]country-code cn
[AC-wlan-regulate-domain- domain-CN]quit
```
给 dedault 组指定域管理模板。

```
[AC-wlan-view]ap-group name default
[AC-wlan-ap-group-default]regulatory-domain-profile domain-CN
Warning: Modifying the country code will clear channel, power and antenna gain configurations of the radio and reset the AP. Continue?[Y/N]:y
[AC-wlan-ap-group-default]quit
```

13.4.3 配置无线网业务参数

AC 中的 AP 组可以应用多个 VAP 模板，一个物理 AP 或一组 AP 就能够充当多个虚拟 AP。VAP 模板需要指定 SSID 模板、安全模板、转发模式、业务 VLAN。

在 AC 上创建 SSID 模板。

```
[AC-wlan-view]ssid-profile name sales-AP
[AC-wlan-ssid-prof-sales-AP]ssid sales-AP
[AC-wlan-ssid-prof-sales-AP]quit
[AC-wlan-view]ssid-profile name market-AP
[AC-wlan-ssid-prof-market-AP]ssid market-AP
[AC-wlan-ssid-prof-market-AP]quit
```

在 AC 上创建安全模板，指定连接无线需要的密码，分别为 a1234567 和 b1234567。

```
[AC-wlan-view]security-profile name Sec-sales
[AC-wlan-sec-prof-Sec-sales]security wpa-wpa2 psk pass-phrase a1234567 aes
[AC-wlan-sec-prof-Sec-sales]quit
[AC-wlan-view]security-profile name Sec-market
[AC-wlan-sec-prof-Sec-market]security wpa-wpa2 psk pass-phrase b1234567 aes
[AC-wlan-sec-prof-Sec-market]quit
```

在 AC 上为销售部和市场部创建虚拟 AP（VAP），指定转发模式、业务 VLAN、SSID 模板、安全模板。

```
[AC-wlan-view]vap-profile name vap-sales
[AC-wlan-vap-prof-vap-sales]forward-mode tunnel
[AC-wlan-vap-prof-vap-sales]service-vlan vlan-id 101
[AC-wlan-vap-prof-vap-sales]ssid-profile sales-AP
```

```
[AC-wlan-vap-prof-vap-sales]security-profile Sec-sales
[AC-wlan-vap-prof-vap-sales]quit
[AC-wlan-view]vap-profile name vap-market
[AC-wlan-vap-prof-vap-market]forward-mode tunnel
[AC-wlan-vap-prof-vap-market]service-vlan vlan-id 102
[AC-wlan-vap-prof-vap-market]security-profile Sec-market
[AC-wlan-vap-prof-vap-market]ssid-profile market-AP
[AC-wlan-vap-prof-vap-market]quit
```

管理员需要在 AP 组中应用配置好的 VAP 模板，AC 才能将 VAP 模板的配置分发给 AP，AP 才能工作。AP 上射频 0 和射频 1 都使用 VAP 模板。

进入默认 AP 组 defualt，应用创建好的两个 VAP 模板 vap-sales 和 vap-market。

```
[AC-wlan-view]ap-group name default
[AC-wlan-ap-group-default]vap-profile vap-sales wlan 1 radio 0
[AC-wlan-ap-group-default]vap-profile vap-sales wlan 1 radio 1
[AC-wlan-ap-group-default]vap-profile vap-market wlan 2 radio 1
[AC-wlan-ap-group-default]vap-profile vap-market wlan 2 radio 0
```

在 AP 组视图中，管理员使用 vap-profile 命令把指定的 VAP 模板与指定射频进行绑定。这条命令的完整语法为 vap-profile profile-name wlan wlan-id { radio {radio-id | all } }。参数 profile-name 是之前创建的 VAP 模板名称；参数 wlan-id 是指 AC 中 VAP 的 ID，一个 AC 中最多可以创建 16 个 VAP，VAP ID 的取值范围是 1～16，本例使用了 ID 1、ID 2；参数 radio-id 是射频 ID，本例中的 AP 支持 0～1 个射频，即射频 0 和射频 1，其中射频 0 为 2.4GHz 射频，射频 1 为 5GHz 射频。

输入 display station all 命令可以查看已连接移动设备的 MAC 地址，以及所属的业务 VLAN，获得 IP 地址、连接的 SSID。

```
<AC>display station all
Rf/WLAN: Radio ID/WLAN ID
Rx/Tx: link receive rate/link transmit rate(Mbps)
--------------------------------------------------------------------------------
STA MAC        AP ID Ap name    Rf/WLAN Band  Type Rx/Tx RSSI  VLAN    IP
address     SSID
--------------------------------------------------------------------------------
54813-9857-7a58  0   00e0-fc23-1c70 0/1  2.4G  -    -/-   -     101
192.168.101.100 sales-AP
54813-98613-159b 0   00e0-fc23-1c70 0/2  2.4G  -    -/-   -     102
192.168.102.181 market-AP
--------------------------------------------------------------------------------
Total: 2 2.4G: 2 5G: 0
```

本案例如果在 AC 上连接 AP1、AP2、AP3 三个 AP，只需将 GE0/0/1、GE0/0/3 和 GE0/04 接口设置成 Access 接口，指定到 VLAN 100 即可。这三个 AP 就能自动获得管理 IP 地址，发现 AC，自动加入 AC 的 defualt 组，defualt 组应用两个 vap-sales 和 vap-market 模板。这样三个物理 AP 就可以充当两个虚拟 AP（VAP）。由此可见，一个物理 AP 应用多个 VAP 模板可以虚拟出多个 AP（VAP），AP 组中多个物理 AP 应用多个 VAP 模板就能虚拟出多个 AP。

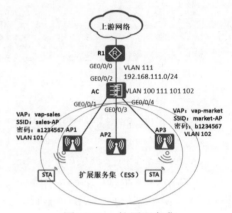

图 13-25　扩展服务集

多个 AP 应用了一个 VAP 就形成一个扩展服务集（ESS），图 13-25 所示的三个 AP 应用了两个 VAP，就形成两个扩展服务集。

13.4.4　更改为直接转发

如果将 vap-sales 和 vap-market 配置成直接转发，需要将连接 AP1、AP2 和 AP3 的接口配置成 Trunk 接口，允许管理 VLAN 和业务 VLAN 通过，将接口 PVID 设置成 VLAN100，即管理 VLAN。

```
[AC]interface GigabitEthernet 0/0/1
[AC-GigabitEthernet0/0/1]undo port default vlan
                                    --删除接口以前的配置，必须先执行该命令
[AC-GigabitEthernet0/0/1]undo port link-type        --删除接口以前的配置
[AC-GigabitEthernet0/0/1]port link-type trunk
[AC-GigabitEthernet0/0/1]port trunk pvid vlan 100   --设置接口 VLAN ID
[AC-GigabitEthernet0/0/1]port trunk allow-pass vlan 100 101 102
                                    --允许管理 VLAN 和业务 VLAN 通过
[AC-GigabitEthernet0/0/1]quit
[AC]interface GigabitEthernet 0/0/2
[AC-GigabitEthernet0/0/2]undo port default vlan
[AC-GigabitEthernet0/0/2]undo port link-type
[AC-GigabitEthernet0/0/2]port link-type trunk
[AC-GigabitEthernet0/0/2]port trunk pvid vlan 100
[AC-GigabitEthernet0/0/2]port trunk allow-pass vlan 100 101 102
[AC-GigabitEthernet0/0/2]quit
[AC]interface GigabitEthernet 0/0/4
[AC-GigabitEthernet0/0/4]undo port default vlan
[AC-GigabitEthernet0/0/4]undo port link-type
[AC-GigabitEthernet0/0/4]port link-type trunk
```

```
[AC-GigabitEthernet0/0/4]port trunk pvid vlan 100
[AC-GigabitEthernet0/0/4]port trunk allow-pass vlan 100 101 102
```
更改销售部和市场部 VAP 配置,将转发模式设置成直接转发。

```
[AC-wlan-view]vap-profile name vap-sales
[AC-wlan-vap-prof-vap-sales]forward-mode direct-forward
[AC-wlan-vap-prof-vap-sales]quit
[AC-wlan-view]vap-profile name vap-market
[AC-wlan-vap-prof-vap-market]forward-mode direct-forward
[AC-wlan-vap-prof-vap-market]quit
[AC-wlan-view]
```

13.5 习题

一、选择题

1. FIT AP 发现 AC 的方式有(   )。(多选)
   A. 静态发现　　　　　　　　　　B. DHCP 动态发现
   C. FTP 动态发现　　　　　　　　D. DNS 动态发现
   答案:ABD

2. 下列哪个标准组织是为 WLAN 设备认证实现 WLAN 技术互操作性的(   )。
   A. WiFi 联盟　　B. IEEE　　C. IETF　　D. FCC
   答案:A

3. CAPWAP 协议是由 IEEE 标准组织在 2009 年 4 月份提出的一个 WLAN 标准,用于 AC 与 AP 之间的通信。这句话是否正确(   )。
   A. 正确　　　　　　　　B. 错误
   答案:B

4. 中国在 2.4GHz 频段支持的信道个数有(   )个。
   A. 11　　B. 13　　C. 3　　D. 5
   答案:B

5. WLAN 工作频段包括(   )。(多选)
   A. 2 GHz　　B. 5 GHz　　C. 5.4 GHz　　D. 2.4 GHz
   答案:BD

6. 下列哪个是 IEEE 最初制定的一个无线局域网标准(   )。
   A. IEEE 802.11　　B. IEEE 802.10　　C. IEEE 802.12　　D. IEEE 802.16
   答案:A

7. 华为的 AP 产品仅能支持配置一个 SSID,这个说法(   )。
   A. 正确　　　　　　　　B. 错误
   答案:B

8. SSID 的中文名称是（   ）。
   A. 基本服务集   B. 基本服务区域
   C. 扩展服务集   D. 服务集标识
   答案：D

9. 由多个 AP 以及连接它们的分布式系统组成的基础架构模式网络，也称为（   ）。
   A. 基本服务集   B. 基本服务区域
   C. 扩展服务集   D. 扩展服务区域
   答案：C

10. 用于做为 AP 和 AC 建立 CAPWAP 隧道 VLAN 的是（   ）。
    A. 管理 VLAN   B. 服务 VLAN
    C. 用户 VLAN   D. 认证 VLAN
    答案：A

11. 配置 AP 的认证模式，AP 支持的认证方式有下列哪几种（   ）。(多选)
    A. mac-auth   B. sn-auth   C. no-auth   D. mac-sn-auth
    答案：ABC

12. 当 AC 为旁挂式组网时，如果数据是直接转发，则数据流（   ）AC；如果数据是隧道转发模式，则数据流（   ）AC。
    A. 不经过，经过   B. 不经过，不经过
    C. 经过，经过   D. 经过，不经过
    答案：A

13. 当 AC 只有一个接口接入汇聚层交换机，用户流量直接通过汇聚层交换机出公网，不流经 AC 时，此时组网模式应为（   ）。
    A. 旁挂模式+ 隧道转发   B. 旁挂模式+ 直接转发
    C. 直连模式+隧道转发   D. 直连模式+直接转发
    答案：B

二、简答题

如何在 AC 上配置对 AP 的认证方式？
答：在 AC 上配置对 AP 的认证方式的步骤如下。
[AC1]wlan
[AC1-wlan-view]ap auth-mode ?
    mac-auth   MAC 地址身份验证，默认认证模式。
    no-auth   不认证
    sn-auth   SN 认证
[AC1-wlan-view]ap auth-mode no-auth 不认证
添加 AP 设备时，可以选择离线导入 AP、自动发现 AP 以及手工确认未认证列表中的 AP 等方式。此外，AC 上还支持 MAC 认证和 SN 认证，具体配置方式可以根据实际需求进行选择。

第14章

网络排错

本章内容

- 排查网络不通的故障。
- 排查网络拥堵的故障。

本章主要内容是关于网络排错的相关知识,包括排查网络不通和网络拥堵的故障,具体如下。

1. 排查网络不通故障

网络排错过程:先看症状,列出可能原因,针对每个原因进行排查,找到原因并解决问题,其中列出尽可能多的原因极为重要,排错一般采用替换法。

网络排错案例:以一台处于内网的计算机无法访问 Internet 为例,展示网络排错的流程,包括检查本地连接、网线连接、网卡驱动、IP 地址配置、MAC 地址欺骗、域名解析等多个方面。

2. 排查网络拥堵的故障

判断网络是否拥堵:通过 ping 命令初步判断,观察往返时间和丢包率,时间大幅度波动或出现丢包通常表示网络拥堵。

判断哪一段拥堵:通过逐一 ping 网关、路由器等,由近到远判断丢包发生的链路,也可以使用 tracert 命令跟踪数据包路径。

抓包分析可疑广播包:网络中的正常广播一般不会产生拥堵,恶意广播会导致网段拥堵,可通过抓包工具分析是否有来自特定地址的密集广播包。

分析程序占用的带宽:定位到发恶意广播的计算机后,可打开资源监视器查看计算机上程序通信占用的带宽,分析占用带宽高的程序是否为恶意程序并进行卸载,也可以使用 360 安全卫士的流量防火墙进行分析和管理。

14.1 排查网络不通故障

14.1.1 网络排错过程

（1）先看症状。
（2）列出引起该症状的尽可能多的原因。
（3）然后针对每个原因进行排查。
（4）找到原因。
（5）解决问题。

在此处，第二步极为重要，原因在于列出的原因越多，便越能够排除较为复杂的网络故障。至于第三步，一般采用替换法进行排错，即将可能引发问题的因素去除，以查看是否能够解决问题。例如，若单位计算机访问 Internet 的速度缓慢，怀疑是由防火墙设备所致，那么可以去掉防火墙设备，观察访问速度是否恢复正常。又如，某企业的某一个网段无法访问 Internet，若怀疑是路由器的访问控制列表配置错误引起的，那么可以删除访问控制列表，查看是否能够访问 Internet。再如，若单位的一台计算机与网络中的其他计算机无法通信，怀疑是网线存在问题，则可以找一根使用正常的网线进行替换，如果能够恢复访问，就可以断定是网线的问题。

现在以一台处于内网的计算机无法访问 Internet 为例，来呈现网络排错的流程。

14.1.2 网络排错案例

如图 14-1 所示，公司 A 计算机是 windows11，不能访问 Internet 中的 www.taobao.com 网站。

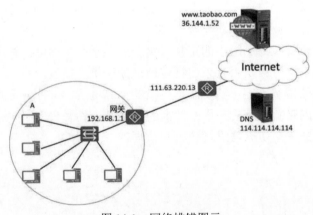

图 14-1 网络排错图示

可能的原因如下。
（1）A 计算机的网线没有连接好。

（2）A 计算机的网卡没有安装驱动。

（3）A 计算机 IP 地址、子网掩码、网关错误。

（4）A 计算机被 ARP 欺骗。

（5）A 计算机域名解析出现故障。

（6）公司路由器 C 设置访问控制列表错误。

排错过程如下。

（1）确定是 A 计算机不能访问 Internet，还是与 A 计算机在一个网段的所有计算机都不能访问。如果是只有 A 计算机不能访问 Internet，就在 A 计算机上找原因。

（2）打开 A 计算机的网络连接，看看是否有本地连接。如图 14-2 所示就是没有本地连接的情况，需要安装网卡驱动。

（3）如果有本地连接，看看网线是否连接正常，如图 14-3 所示，有大红叉就是网线没接好的情况。

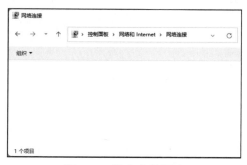

图 14-2　没有安装驱动

图 14-3　网线没接好

（4）看看本地连接是否有收发的数据包。如果只有收的包或只有发的包，则需要重新连接网线，或重新做网线的水晶头。网络通信要求必须能够接收数据包和发送数据包。要是还不行，就重新卸载网卡驱动，重新扫描硬件，加载驱动。

（5）同时也要看看网卡的速度是否与交换机的接口匹配，默认是自动协商速度。如果强制指定带宽和交换机的接口速度不能匹配成功，网络也不通，如图 14-4 所示。

图 14-4　查看收发包以及带宽情况

（6）打开 TCP/IP 属性，可以看到配置的静态 IP 地址、子网掩码和网关以及 DNS 是否设置正确，如图 14-5 所示。

（7）如图 14-6 所示，在命令行下输入 ipconfig /all 命令查看自动获取的 IP 地址和配置的静态的 IP 地址。

如果从这看到的地址和配置的静态地址不一致，则需要禁用、启用一下网卡，要是还不行，可以重启一下系统。默认情况下 Windows 更改 IP 地址后就直接生效，但是个别情况下有例外。使用 ipconfig /all 命令看到的地址是当前生效的地址。

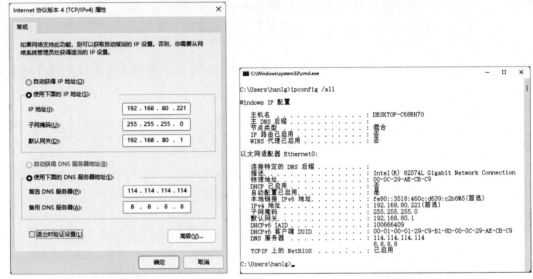

图 14-5　查看网络配置　　　　　　图 14-6　查看网络配置

（8）如果设置的 IP 地址和网络中的其他计算机冲突，如图 14-7 所示，使用 ipconfig /all 命令可以看到 192.168.80.19 这个地址后面有（复制），这就代表该地址和其他计算机冲突，169.254.194.182 是计算机自己生成的临时地址，该地址后有（首选），这就意味着该地址是当前生效的地址。遇到这种情况，需要给计算机换一个 IP 地址。

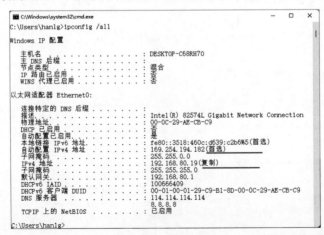

图 14-7　地址冲突

（9）禁用没有用的网卡。多余网卡上的错误 IP 地址和网关也会导致网络问题，如图 14-8 所示，使用无线网卡上网，就把有线网卡禁用。

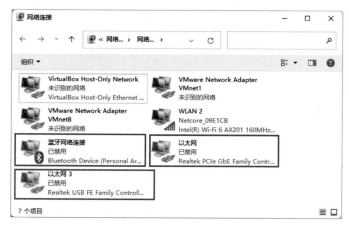

图 14-8　禁用没用连接

（10）ping 网关测试计算机所在网段是否拥堵。如图 14-9 所示，查看丢包率和时间的值，如果网络不拥堵，丢包率应该为 0，延迟应该小于 10ms。如果持续大于 10ms，则要考虑使用抓包工具抓包分析是否有恶意广播，找到发送广播的计算机。

（11）如果某个计算机 ping 网关不通，其他计算机 ping 网关够通，则要考虑是否存在 MAC 地址欺骗。如图 14-10 所示，输入 arp –a 命令查看缓存的网关 MAC 地址，检查缓存的网关的 MAC 地址是否正确。

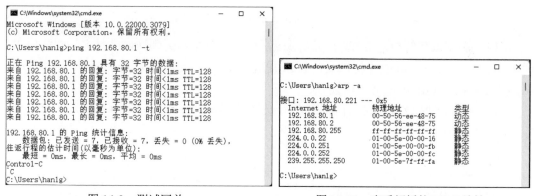

图 14-9　测试网关　　　　　　　图 14-10　查看解析的 MAC 地址

（12）如果计算机缓存了一个错误的网关 MAC 地址，则需要安装 ARP 防火墙，防止 ARP 欺骗，如图 12-11 所示，360 安全卫士可以绑定网关的 MAC 地址，防止 ARP 欺骗。

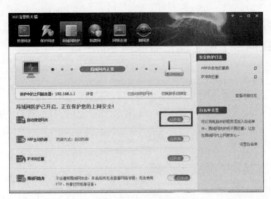

图 14-11　360 安全卫士绑定网关 MAC 地址

（13）如果内网能够正常访问，测试到 Internet 的网络是否畅通，ping 公网地址 8.8.8.8，该地址为谷歌的 DNS 服务器。如图 14-12 所示，说明内网到 Internet 的网络是通的。

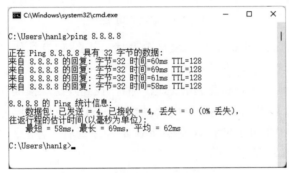

图 14-12　测试到 Internet 网络是否畅通

（14）测试域名解析是否成功，ping 域名，查看是否能解析到网站的域名。如图 14-13 所示，ping www.jd.com 能够将域名解析出 IP 地址，且还能够 ping 通。ping www.df.com 虽然请求超时，但解析域名也成功。

（15）如果 DNS 设置错误，计算机就不能进行域名解析，可以为计算机配置多个 DNS 服务器，如图 14-14 所示。

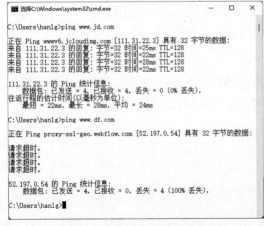

图 14-13　测试域名解析

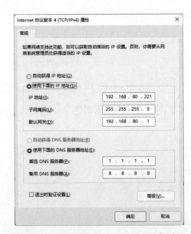

图 14-14　配置多个 DNS 服务器

（16）如果个别网站无法访问，有可能是病毒在你的计算机 C:\Windows\System32\drivers\etc\hosts 文件中添加了内容，可以使用记事本打开这个文件。该文件用于存储域名和 IP 地址的对应关系，若文件中有对应记录，则无须通过 DNS 进行解析。所以，如果病毒在这个记事本中添加了"22.22.22.22 www.baidu.com"这样一条记录，那么就无法访问百度网站了。通过 ping www.baidu.com 可以看到解析的地址为 22.22.22.22，如图 14-15 所示。

（17）如果计算机使用错误的 DNS 服务器解析到了错误的 IP 地址，或 ARP 解析到了错误的 MAC 地址，则单击"诊断"按钮就能清除缓存，如图 14-16 所示。

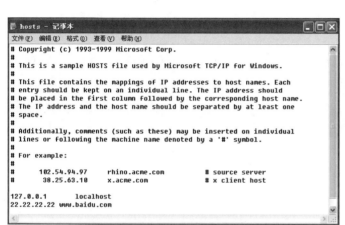
图 14-15 Host 文件

图 14-16 修复网络连接

（18）如果 ping www.inhe.net 能够解析到 IP 地址，测试是否能够访问 Web 服务，就要使用 telnet www.inhe.net 80 进行测试。如图 14-17 所示，如果能够测试成功，则计算机就应该能够访问该网站。

图 14-17 telnet 测试

到目前为止已经尽可能多地为读者展示了访问 Internet 失败的原因以及解决办法。在真实的环境中还可能使用抓包工具分析网络中是否有大量广播包导致网络堵塞。

14.2 排查网络拥堵的故障

14.2.1 判断网络是否拥堵

网络中试图通过某一链路的流量超过了该链路的最大传输能力，路由器就会丢弃一些数据包，该网段就是拥堵的链路。用户可以通过 ping 命令初步判断网络是否拥堵。如图 14-18 所示，ping www.cctv.com 时间为往返时间，平均为 9ms，经过的路由器数量越多，往复时间越长，只要没有大幅度波动，网络就不拥堵。其次就是查看丢包率，出现丢包，通常也是网络拥堵导致的。

如图 14-19 所示，ping www.ddg.com -t 时可以看到平均时间 193ms，并且伴随有"请求超时"提示，丢包率为 2%，说明某一段网络出现了拥堵。

图 14-18　网络畅通的情况

图 14-19　网络拥堵的情况

14.2.2 判断哪一段拥堵

如图 14-20 所示，PC1 ping Web1 丢包，也就是出现请求超时，如何判断丢包发生在哪一段呢？

在 PC1、PC2 上 ping 网关，如果丢包，那就是企业内网拥堵。如果 ping 网关不丢包，ping 路由器 B 丢包，则拥堵发生在路由器 A 和 B 之间。如果 ping 路由器 B 不丢包，ping 路由器 C 丢包，则拥堵发生在路由器 B 和 C 之间。以此类推，由近到远逐一 ping，就能发现丢包发生在哪一条链路。

使用 tracert 命令能够跟踪数据包到达目标地址经过了哪些路由器。如图 14-21 所示，到达 20.0.0.2 经过了三个路由器 192.168.80.1、1.0.0.2、2.0.0.2。

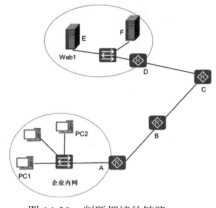
图 14-20　判断拥堵的链路

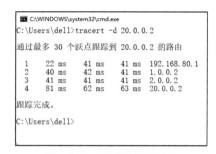
图 14-21　跟踪数据包路径

14.2.3　抓包分析可疑广播包

企业的管理员主要负责管理企业的网络，如果网络中有计算机中病毒，在网上一直发送广播包，就会导致计算机所在网段拥堵。网络中以下应用会用到广播。

（1）ARP 广播。
（2）DHCP 请求 P 地址的广播。
（3）计算机名称解析的广播。
（4）IP 地址冲突检测的广播。

这些广播不会一直发，正常的广播不会导致整个网段拥堵。有些计算机病毒会在网上一直发广播，或伪装成 ARP 广播，或伪装成计算机请求地址的广播，或伪装成计算机名解析的广播等。无论什么广播，目标 MAC 地址都是 FF-FF-FF-FF-FF-FF。

如图 14-22 所示，ping 网关，前面网络正常的情况下，响应时间应小于 1ms，并且不丢包（没有出现请求超时）。后面响应时间大于 10ms，甚至出现请求超时，这时就应该抓包分析一下是否有恶意广播。恶意广播就是来自一个计算机的密集的持续的广播包。

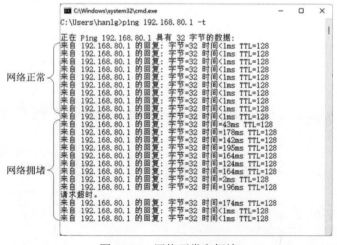
图 14-22　网络正常和拥堵

运行 Wireshark 抓包工具，如图 14-23 所示，选中抓包的网卡 WLAN 2，单击按钮开始抓包。

图 14-23　选择抓包的网卡

停止抓包后，输入显示筛选表达式 eth.addr == ff:ff:ff:ff:ff:ff，筛选出所有广播包，按源地址排序，分析是否有来自特定地址的密集的大量的广播。如图 14-24 所示，广播包占 58.6%，大量广播来自源 MAC 地址后四位为 12:b4 的计算机，该计算机在网络中发送 ARP 广播包，通过 Info 信息可知发送 ARP 广播包的源 IP 地址为 169.254.162.198，通过该地址定位网络中的计算机。

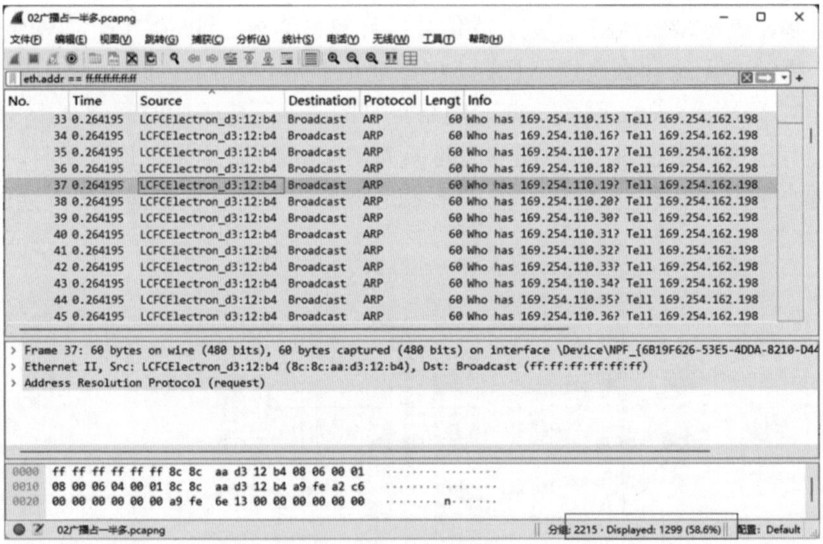

图 14-24　筛序分析恶意广播包

14.2.4　分析程序占用的带宽

通过 IP 地址或 MAC 地址定位到了发恶意广播的计算机，打开资源监视器，就可以查看计算机上程序通信占用的带宽。分析占用带宽高的程序是否为恶意程序，并将其卸载。

在"运行"对话框中输入"resmon"，然后单击"确定"按钮或按回车键。如图 14-25 所示，按发送字节排序，可以看到直播伴侣、Doubao 每秒发送的字节较多。如果发现了莫明程序在疯狂地发送数据包，就要想办法卸载该程序或安装杀毒软件杀毒。

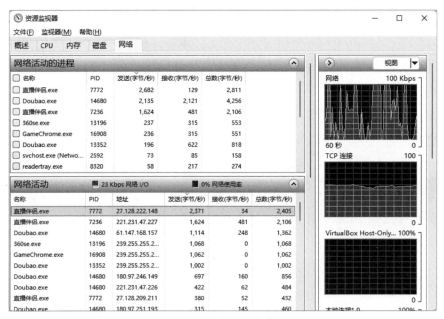

图 14-25　查看程序发送

如果计算机上安装有 360 安全卫士，如图 14-26 所示，则可以打开流量防火墙。

图 14-26　流量防火墙

如图 14-27 所示，按上传速度排序，如果发现上传速度非常高的程序是可疑的，可以右击"管理"按钮，可以先"禁止访问网络"，再想办法卸载该程序。

图 14-27　分析可疑程序

14.3　习题

一、选择题

1. 当网络连接突然中断，首先应该检查（　　）。
   A. 网卡驱动　　　　　　　　　B. 网线是否插好
   C. 路由器设置　　　　　　　　D. 操作系统更新
   答案：B。通常先检查物理连接是否正常

2. 在网络排错中，tracert 命令主要用于（　　）。
   A. 测试网络带宽　　　　　　　B. 检查网络连通性
   C. 跟踪数据包的路由路径　　　D. 查看网络设备状态
   答案：C

3. 当出现 IP 地址冲突时，正确的做法是（　　）。
   A. 手动更改冲突设备的 IP 地址　B. 重启路由器
   C. 更换网卡　　　　　　　　　D. 等待一段时间自动恢复
   答案：A

4. 网络连接不稳定，时断时续，可能的原因有（　　）。
   A. 网络信号干扰　　　　　　　B. 网卡硬件故障
   C. 网络线路过长　　　　　　　D. 以上都有可能
   答案：D

5. ping 命令返回"请求超时"，可能是（　　）。
   A. 目标设备关机　　　　　　　　　　B. 网络线路故障
   C. 防火墙阻止　　　　　　　　　　　D. 以上都有可能
   答案：D

6. 若网络中出现大量丢包现象，可能的原因是（　　）。
   A. 网络拥塞　　　　　　　　　　　　B. 网络设备故障
   C. 网络线路质量差　　　　　　　　　D. 以上都有可能
   答案：D

7. 在网络排错过程中，使用 ipconfig 命令可以查看（　　）。
   A. IP 地址、子网掩码等信息　　　　B. 网络带宽
   C. 网络延迟　　　　　　　　　　　　D. 网络设备型号
   答案：A

8. 如果一台计算机无法连接到局域网内的其他计算机，可能是（　　）。
   A. 网络设置问题　　　　　　　　　　B. 防火墙阻止
   C. 网卡故障　　　　　　　　　　　　D. 以上都有可能
   答案：D

9. 网络排错的基本步骤通常不包括（　　）。
   A. 更换所有网络设备　　　　　　　　B. 确定问题现象
   C. 收集相关信息　　　　　　　　　　D. 逐步排查可能的原因
   答案：A

10. 在 Wireshark 中看到很多 TCP 重传的数据包，这可能表明（　　）。
    A. 网络拥塞　　　　　　　　　　　　B. 接收方设备故障
    C. 发送方设备故障　　　　　　　　　D. 网络线路质量差
    答案：A

二、简答题

1. 详细介绍一下网络排错的具体步骤。

答：网络排错的具体步骤如下。

（1）确定故障范围：确定是单台计算机不能访问 Internet，还是同一网段的所有计算机都不能访问。如果只有单台计算机不能访问，就在该计算机上找原因。

（2）检查本地连接：打开计算机的网络连接，查看是否有本地连接。如果没有本地连接，则可能需要安装网卡驱动。如果有本地连接，则查看网线是否连接正常，若有大红叉表示网线没接好。

（3）检查数据包收发情况：查看本地连接是否有收发的数据包。如果只有收的包或只有发的包，则需要重新连接网线，或重新做网线的水晶头。若问题仍未解决，则可以重新卸载网卡驱动，重新扫描硬件，加载驱动。

检查网卡速度匹配情况：查看网卡的速度是否和交换机的接口匹配，默认是自动协商速度。如果强制指定带宽和交换机的接口速度不能匹配成功，则网络也不通。

（4）检查网络配置：打开 TCP/IP 属性，查看配置的静态 IP 地址、子网掩码和网关，以及 DNS 是否设置正确。

在命令行下输入 ipconfig /all 命令查看自动获取的 IP 地址和配置的静态的 IP 地址。如果地址不一致，则需要禁用、启用一下网卡，若仍不行，可以重启一下系统。

（5）检查 IP 地址冲突：如果 ipconfig /all 看到 IP 地址后面有（复制），则代表该地址与其他计算机冲突；若看到计算机自己生成的临时地址（如 169.254.194.182）后有（首选），则意味着该地址是当前生效的地址。遇到这种情况，需要给计算机换一个 IP 地址。

（6）禁用多余网卡：禁用没有用的网卡，多余网卡上的错误 IP 地址可能会导致网络问题。

（7）测试网络通信：ping 网关、ping 本网段的其他计算机测试通信是否正常。网络不拥堵时，丢包率应该为 0，延迟应该小于 10 ms。若延迟持续大于 10 ms，则要考虑使用抓包工具抓包分析是否有恶意广播，找到发广播的计算机。

如果 ping 网关不通，ping 本网段其他计算机能够通，则要考虑是否 MAC 地址欺骗。输入 arp –a 命令查看缓存的网关 MAC 地址，检查是否正确。如果计算机缓存了错误的网关 MAC 地址，则要安装 ARP 防火墙，防止 ARP 欺骗。

如果内网能够正常访问，测试到 Internet 的网络是否畅通，ping 公网地址（如 8.8.8.8）。

测试域名解析是否成功，ping 域名，查看是否能解析到网站的域名。如果 DNS 设置错误，计算机就不能进行域名解析，可以为计算机配置多个 DNS 服务器。

如果个别网站无法访问，有可能是病毒在计算机 C:\Windows\System32\drivers\etc\hosts 文件中添加了内容，可以使用记事本打开这个文件查看。

如果计算机使用错误的 DNS 服务器解析到了错误的 IP 地址或 ARP 解析到了错误的 MAC 地址，则单击"诊断"按钮就能清除缓存。

如果 ping 域名能够解析到 IP 地址，测试是否能够访问 Web 服务，可使用 telnet 域名 80 进行测试。

2. 网络排错的注意事项有哪些？

答：网络排错的注意事项如下。

（1）全面列出可能原因：在排错过程中，要尽可能列出引起症状的所有可能原因，这有助于排除复杂的网络故障。

（2）仔细检查硬件连接：包括网线是否连接好、网卡驱动是否安装正确、网卡是否正常工作等。

（3）正确配置网络参数：确保 IP 地址、子网掩码、网关、DNS 等网络参数设置正确，避免地址冲突。

（4）注意网卡与交换机的匹配：网卡的速度应与交换机的接口匹配，否则可能导致网络不通。

（5）排查 MAC 地址欺骗：及时检查缓存的网关 MAC 地址是否正确，防止 ARP 欺骗。

（6）检测域名解析：配置正确的 DNS 服务器，确保域名解析正常，能够访问所需网站。

（7）留意 Hosts 文件：检查 Hosts 文件中是否存在异常记录，防止病毒修改导致网站无法访问。

（8）分析网络拥堵情况：通过 ping 命令判断网络是否拥堵，以及确定拥堵发生的链路。

（9）抓包分析广播包：注意网络中是否存在恶意广播包，及时定位并处理发送恶意广播的计算机。

（10）监控程序带宽占用：使用资源监视器或相关工具查看计算机上程序通信占用的带宽，发现恶意程序及时卸载或杀毒。

3．如何处理 DNS 服务器故障导致的网络问题？

答：当遇到 DNS 服务器故障导致的网络问题时，可以采取以下措施进行处理。

（1）检查 DNS 设置：首先确认计算机的 DNS 设置是否正确。可以查看 TCP/IP 属性，确保 DNS 服务器地址配置正确。

（2）测试域名解析：通过 ping 域名来测试域名解析是否成功。如果无法解析域名，则可能是 DNS 服务器出现问题。

（3）配置多个 DNS 服务器：如果发现当前的 DNS 服务器存在问题，则可以为计算机配置多个 DNS 服务器，以增加域名解析的可靠性。

（4）清除 DNS 缓存：如果计算机使用错误的 DNS 服务器解析到了错误的 IP 地址，单击"诊断"按钮就能清除缓存；也可以在命令提示符中输入相关命令来清除 DNS 缓存。

（5）检查 Hosts 文件：有些病毒可能会在 Hosts 文件中添加异常记录，导致域名解析错误。使用记事本打开 Hosts 文件，检查是否有可疑的记录，如有则删除。

（6）重启相关网络设备：尝试重启计算机、路由器等网络设备，有时这样可以解决 DNS 相关的问题。

通过以上步骤，可以尝试解决 DNS 服务器故障导致的网络问题。